Walter Ameling · Grundlagen der Elektrotechnik I

Walter Ameling

Grundlagen der Elektrotechnik I

4., berichtigte Auflage

CIP-Titelaufnahme der Deutschen Bibliothek

Ameling, Walter:
Grundlagen der Elektrotechnik / Walter
Ameling. – Braunschweig; Wiesbaden:
Vieweg.
1. Aufl. im Bertelsmann-Univ.-Verl.,
Düsseldorf. – Literaturangaben
1.–4., berichtigte Aufl. – 1988
(Studienbücher Naturwissenschaft
und Technik; Bd. 11)
ISBN 978-3-528-49149-9 ISBN 978-3-322-91554-2 (eBook)
DOI 10.1007/978-3-322-91554-2
NE: GT

1. Auflage 1974
2., durchgesehene Auflage 1980
Nachdruck 1983
3., durchgesehene auflage 1984
Nachdruck 1986
4., berichtigte Auflage 1988

Umschlaggestaltung: Peter Steinthal, Detmold
Satz: G. Hartmann, Braunshardt

Gedruckt auf säurefreiem Papier

ISBN 978-3-528-49149-9

Vorwort

Die Bände „Grundlagen der Elektrotechnik" sind aus Vorlesungen hervorgegangen, die von mir seit Jahren für Studierende der Elektrotechnik an der Rheinisch-Westfälischen Technischen Hochschule Aachen gehalten werden.
Seit der Einführung eines neuen Studienplanes im Jahre 1965 werden die Studierenden der Elektrotechnik in den ersten vier Semestern ihres Studiums in die Grundlagen der Elektrotechnik eingeführt. In „Grundlagen der Elektrotechnik, Band 1" ist der Vorlesungsstoff des ersten und zweiten Semesters, in „Grundlagen der Elektrotechnik, Band 2" der des dritten und vierten Semesters enthalten. Ein weiterer Band mit Übungsaufgaben zum Gesamtgebiet ist geplant und soll den dargebotenen Lehrstoff durch eine größere Auswahl von Beispielen sinnvoll ergänzen. Der Umfang des Lehrstoffs und das die Vorlesung begleitende dreisemestrige Grundlagenpraktikum sind aufeinander abgestimmt, so daß die in den ersten vier Semestern erworbenen Kenntnisse es dem Studierenden ermöglichen, in theoretischer und praktischer Hinsicht die Anforderungen des Hauptstudiums in den verschiedenen Studienrichtungen mit Erfolg zu erfüllen, und ihm notwendige Grundlagen für sein zukünftiges Berufsleben vermitteln.

Der vorliegende Band 1 behandelt nach der Einführung von Größen, Maßsystemen und Größengleichungen neben dem zeitlich konstanten elektrischen Strom das elektrische Feld, das magnetische Feld, die elektromagnetische Induktion und die komplexe Berechnung von Wechselstromschaltungen. Besonderer Wert wird auf eine saubere Darstellung und die Klärung der physikalischen Zusammenhänge gelegt, da nur so ein tieferes Verständnis und neben umfassender Kenntnis auch eine möglichst klare und zweckentsprechende Anwendung ermöglicht wird. Auf den jeweiligen Stand der mathematischen Ausbildung des Studierenden wird entsprechend Rücksicht genommen. Aus diesem Grunde sind unterschiedliche Methoden bei der Behandlung von linearen Netzen ausführlich dargestellt und neben dem Überlagerungsverfahren die Darstellung der Ersatzzweipolquellen auf verschiedene Arten herausgearbeitet. Am Beispiel der Leistungsanpassung und des Wirkungsgrades wird schon sehr früh ein grundlegender Unterschied in der Betrachtung von Problemen der Nachrichtentechnik und Energietechnik vorgestellt.
Da in den ersten zwei Semestern noch nicht alle erforderlichen mathematischen Kenntnisse vorausgesetzt werden können, werden den Berechnungen und Betrachtungen der elektromagnetischen Felder einige Abschnitte über skalare Felder und Vektorfelder sowie deren mathematische Behandlung vorausgeschickt. Auch beim magnetischen Feld wird versucht, durch die Deutung magnetischer Erscheinungen

ein besseres Verständnis für die verschiedenen Erscheinungen und Wirkungen magnetischer Felder zu erreichen. Bevor im letzten Kapitel dieses Bandes zur komplexen Berechnung von Wechselstromschaltungen übergegangen wird, werden die notwendigen mathematischen Grundlagen in Form einer Einführung in das Rechnen mit komplexen Zahlen und die Darstellung von Wechselgrößen gegeben. Im Anschluß daran wird der große Themenkreis Wechselstrommeßbrücken, Resonanzkreise und Sonderschaltungen sowohl mathematisch sauber behandelt als auch genügend ausführlich mit der Auswertung von Kreisdiagrammen und Ortskurven dargestellt.

Mehrphasensysteme, Transformatoren, elektrische Maschinen, die Behandlung nichtsinusförmiger Vorgänge, Schaltvorgänge, Leitungen, wichtige Grundbegriffe der Netzwerktheorie und nichtlineare Bauelemente der Nachrichtentechnik sind dem Band 2 meiner Darstellungen der Grundlagen der Elektrotechnik vorbehalten.

Diese beiden Bände sollen dem Studierenden schon zu Beginn der Studienzeit Anregungen zu weiterem intensiven Studium sein und auch eine frühzeitige aktive Mitarbeit in Seminaren, Übungen und Vorlesungen ermöglichen. Nach Erarbeitung dieses Gesamtumfangs der Grundlagen der Elektrotechnik wird der Studierende in die Lage versetzt, umfangreiche Gebiete der Nachrichten- und Energietechnik, Festkörperelektronik und Technischen Informatik zu bearbeiten, da diese Studienrichtungen alle auf den hier dargestellten Grundlagen aufbauen.

Die die Vorlesung begleitenden Übungen wurden in den zwei Bänden „Grundlagen der Elektrotechnik" nicht dargestellt, sondern sollen in Kürze in einem dritten Band herausgebracht werden. Denn zur Einarbeitung in die Methoden zur Lösung elektrotechnischer und elektrophysikalischer Aufgaben kann auf eine große Übungserfahrung nicht verzichtet werden.

Allen Mitarbeitern meines Institutes möchte ich an dieser Stelle für die geleistete Mitarbeit im Laufe der letzten Jahre danken. Einen besonderen Dank möchte ich meinem ehemaligen Oberingenieur, Herrn Dr.-Ing. Otto *Lange*, aussprechen, der sich in der ersten Phase der neuen Studienplangestaltung sehr aktiv, mit großer Sorgfalt und mit großem Fleiß bei der Erstellung der Vorlesungsmitschriften eingesetzt hat. Ebenso sei Herrn Dr.-Ing. Herbert *Sonnen* gedankt, der als mein ehemaliger Assistent über einige Jahre die Mitverantwortung für die Übungen trug. Herrn Dr.-Ing. Peter *Rütters* danke ich für die mühevolle Arbeit beim Lesen der Korrekturen.

Meinen Dank möchte ich auch dem *Bertelsmann Universitätsverlag*, hier insbesondere den Herren Winfried *Wendt* und Jürgen *Seifert*, aussprechen, die über einen großen Zeitraum die Betreuung durchführten und auf vielfältige Wünsche eingingen.

Allen Beteiligten, auch den hier nicht ausdrücklich genannten Mitarbeitern meines Lehrstuhls, die an der Entwicklung und Gestaltung der Unterlagen für Übungen, Praktika und Vorlesungen Anteil hatten, sei herzlichst gedankt.

In der 2. und 3. Auflage sind Fehler korrigiert und geringfügige Änderungen angebracht worden.

Walter Ameling

Inhalt

Grundlagen der Elektrotechnik II

Inhaltsüberblick

1. Größengleichungen und Maßsysteme

Jedes physikalische bzw. technische Geschehen spielt sich für das Bewußtsein in Raum und Zeit ab. Damit drängen sich unmittelbar zwei Größen auf: die Länge als räumliche Größe und die Zeit. Doch sind die Vorstellungen von Raum und Zeit subjektiv. So erscheint einem Kind die Länge eines Weges viel größer als einem erwachsenen Menschen auf Grund der viel größeren Schrittzahl. Die Zeit wird ebenfalls unterschiedlich „erlebt". Ereignisreiche Zeitabschnitte erscheinen kürzer als ereignisarme. Um von dieser subjektiven Beurteilung frei zu werden, sind die Größen Länge und Zeit zu messen.
Eine physikalische Größe messen heißt aber angeben, wie oft eine andere Größe derselben Art, also eine Größe mit der gleichen Eigenschaft wie die zu messende, als Maßeinheit in ihr enthalten ist. Jede Messung einer Größe bedeutet daher einen Vergleich dieser Größe mit einer Vergleichsgröße, die als *Einheit* bezeichnet wird. Die Wahl der Einheit ist im Grunde willkürlich, obgleich sie des öfteren durch die Zweckmäßigkeit diktiert wird. Bei der Messung ergibt sich nun eine Verhältniszahl, *Zahlenwert* genannt, die aussagt, wie oft die Vergleichsgröße, d.h. die Einheit, in der gemessenen Größe enthalten ist. Dies wird wie folgt formuliert:

$$\text{Physikalische Größe} = \text{Zahlenwert} \times \text{Einheit},$$

in Worten:
Jede physikalische Größe wird dargestellt als Produkt der beiden Faktoren Zahlenwert und Einheit, von denen der erste den Betrag und der zweite die Eigenschaft der Größe zum Ausdruck bringt.
Zur Unterscheidung von Größe, Zahlenwert und Einheit einer Größe a werden im folgenden die Symbole $\{a\}$ für den Zahlenwert und $[a]$ für die Einheit benutzt, so daß sich die Größe a darstellen läßt als

$$a = \{a\} \cdot [a]. \qquad (1.1)$$

Die physikalischen Größen sind nun begrifflich und formelmäßig durch allgemeine Gleichungen miteinander verknüpft. So ist z.B. der Gleichstromwiderstand R definiert als Quotient der an ihm abfallenden Gleichspannung U und des durch ihn fließenden Gleichstromes I; es gilt also

$$(1.2) \qquad R = \frac{U}{I}.$$

Gleichungen vom Typ der Gl. (1.2) werden mit *Größengleichungen* bezeichnet, da in ihnen die physikalischen Größen auftreten. Daneben wird noch zwischen *Zahlenwertgleichungen* und *Einheitengleichungen* unterschieden. Was darunter verstanden werden soll, wird am Beispiel der Gl. (1.2) deutlich gemacht. Unter Verwendung der Schreibweise gemäß Gl. (1.1) ergibt sich für Gl. (1.2)

$$(1.3) \qquad \{R\} \cdot [R] = \frac{\{U\} \cdot [U]}{\{I\} \cdot [I]}.$$

Wird die Beziehung (1.3) durch

$$(1.4) \qquad [R] = \frac{[U]}{[I]}$$

dividiert, so folgt

$$(1.5) \qquad \{R\} = \frac{\{U\}}{\{I\}}.$$

Gleichungen vom Typ der Gl. (1.4) heißen Einheitengleichungen, Gleichungen vom Typ der Gl. (1.5) Zahlenwertgleichungen. Bei der Bestimmung eines Widerstandes wurden beispielsweise gemessen:

$$U = 50\ V \qquad (\{U\} = 50 \quad , [U] = V) \qquad *$$

$$I = 10^{-3}\ A \qquad (\{I\} = 10^{-3} \quad , [I] = A). \qquad **$$

Es ergeben sich somit

$$(1.6) \qquad [R] = \frac{V}{A} = \Omega \qquad ***$$

als Einheit des Widerstandes und

* V, lies Volt; Alessandro Graf Volta, 1745–1827.
** A, lies Ampere; Andre Marie Ampère, 1775–1836.
*** Ω, lies Ohm; Georg Simon Ohm, 1789–1854.

(1.7) $$\{R\} = \frac{50}{10^{-3}} = 50.000$$

als Zahlenwert des Widerstandes.
In dem Beispiel ergibt sich die Einheit des Widerstandes Ω direkt aus den Einheiten von Spannung V und Strom A. Das braucht allgemein nicht der Fall zu sein. Des öfteren erweist es sich aus Gründen meßtechnischer Art als zweckmäßig, eine Größe nicht in der abgeleiteten Einheit (z.B. $\frac{V}{A} = \Omega$), sondern in einer von dieser um einen beliebigen Zahlenfaktor betragsmäßig verschiedenen Einheit zu messen (z.B. in $10^3\ \Omega = k\,\Omega$). Dabei haben sich für dezimale Vielfache und Teile von Einheiten die in Tabelle 1.1 aufgeführten, vor die Einheitenbezeichnung zu setzenden Vorsatzwörter eingebürgert.

Tabelle 1.1: Dezimale Teile und Vielfache von Einheiten.

Zehnerpotenz	Vorsatzwort	Abkürzung	Zehnerpotenz	Vorsatzwort	Abkürzung
+ 1	Deka	da	− 1	Dezi	d
+ 2	Hekto	h	− 2	Zenti	c
+ 3	Kilo	k	− 3	Milli	m
+ 6	Mega	M	− 6	Mikro	μ
+ 9	Giga	G	− 9	Nano	n
+12	Tera	T	−12	Pico	p

Zahlenwertgleichungen wie Gl. (1.7) drücken zwar dem Betrage nach auch die sie beschreibende Gesetzmäßigkeit aus, sind aber nur richtig, wenn die Größen in ganz bestimmten Einheiten eingeführt werden. Eine heute noch gern in der Technik verwendete Zahlenwertgleichung lautet

(1.8) $$M = 974\,\frac{P}{n} \quad (\text{M in mkp, P in kW, n in min}^{-1})$$

oder mit der inzwischen veralteten Einheit PS

$$M = 716{,}2\,\frac{P}{n} \quad (\text{M in mkp, P in PS, n in min}^{-1}).$$

Sie beschreibt den gesetzmäßigen Zusammenhang zwischen dem Drehmoment M, der Leistung P und der Drehzahl n nur dann exakt, wenn M in Meterkilopond, P in Kilowatt und n in Anzahl der Umdrehungen pro Minute gemessen werden. Als Größengleichung lautet Gl. (1.8)

(1.9) $$M = \frac{P}{\omega} = \frac{P}{2\pi n}\,.$$

Sie ist für alle beliebigen Einheiten der Größen richtig.
Die heute im wesentlichen verwendeten Größengleichungen haben den Vorteil völliger Unabhängigkeit von der Einheitenwahl. Jede Größe wird als Produkt der beiden Faktoren Zahlenwert und Einheit in die Größengleichung eingeführt. Die Symbole für die Einheiten werden dann wie algebraische Größen behandelt. Mit der Festlegung der Einheiten der gegebenen Größen ergibt sich die zu berechnende Größe in einer auf die übrigen Einheiten abgestimmten Einheit.
Eine Abart der Größengleichungen sind die zugeschnittenen Größengleichungen. Sie bieten praktische Vorteile bei der Auswertung von Meßreihen. Aus einer Größengleichung wird eine zugeschnittene Größengleichung dadurch, daß zunächst die einzelnen Größen gleichzeitig mit den gewünschten Einheiten multipliziert und durch sie dividiert werden – wodurch sich nichts ändert –, dann die Quotienten aus Größen und gewünschten Einheiten als zusammengehörig aufgefaßt und schließlich die auf diese Weise nicht berücksichtigten Einheiten miteinander verrechnet werden. Das soll an einem Beispiel klargemacht werden. Ausgangspunkt der Überlegungen ist die Größengleichung

(1.10) $$v = \frac{l}{t}\,.$$

Es soll nun die Geschwindigkeit v in Kilometer pro Stunde berechnet werden, obgleich die Strecke l in Metern und die Zeit t in Sekunden gemessen werden. Dazu ist v gleichzeitig mit bzw. durch $\frac{\text{km}}{\text{h}}$, l mit bzw. durch m und t mit bzw. durch s zu multiplizieren bzw. zu dividieren:

(1.11) $$\frac{v}{\frac{\text{km}}{\text{h}}} \cdot \frac{\text{km}}{\text{h}} = \frac{l}{\text{m}} \cdot \text{m} \cdot \frac{1}{\frac{t}{\text{s}} \cdot \text{s}}\,.$$

In obiger Gleichung werden die Quotienten aus Größe und frei gewählter Einheit als zusammengehörig aufgefaßt. Dies wird angedeutet, indem die Quotienten in Klammern gesetzt werden. Anschließend sind noch die auf diese Weise nicht erfaßten Einheiten zusammenzurechnen, und es folgt

(1.12) $$\left(\frac{v}{\frac{\text{km}}{\text{h}}}\right) = \frac{\text{m} \cdot \text{h}}{\text{km} \cdot \text{s}} \cdot \frac{\left(\frac{l}{\text{m}}\right)}{\left(\frac{t}{\text{s}}\right)} = \frac{\text{m} \cdot 3600\ \text{s}}{1000\ \text{m} \cdot \text{s}} \cdot \frac{\left(\frac{l}{\text{m}}\right)}{\left(\frac{t}{\text{s}}\right)} = 3{,}6\,\frac{\left(\frac{l}{\text{m}}\right)}{\left(\frac{t}{\text{s}}\right)}\,.$$

Die zugeschnittene Größengleichung (z.B. Gl. (1.12)) bleibt im Gegensatz zur Zahlenwertgleichung auch dann noch richtig, wenn die gegebenen Größen mit anderen als den vorgesehenen Einheiten in die Gleichung eingesetzt werden.
Bisher wurde nur von Größen gesprochen. Im Zusammenhang mit der Einführung eines Maßsystems ist es jedoch zweckmäßig, hier noch zwischen *Grundgrößen* und *abgeleiteten Größen* zu unterscheiden. Die physikalischen Größen hängen formelmäßig und begrifflich durch allgemeine Gleichungen zusammen und werden durch diese festgelegt. Auf Grund dieser Gleichungen können die Größen auf andere, bereits definierte Größen zurückgeführt werden. Diese Zurückführung läßt sich allerdings nicht beliebig fortsetzen, sondern sie ist nur soweit möglich, wie sich zwischen den Größen noch voneinander unabhängige Beziehungen aufstellen lassen. Die Erfahrung lehrt nun, daß die Anzahl solcher Beziehungen kleiner ist als die Anzahl der in ihnen vorkommenden Größen. Es bleibt also bei der Rückführung stets eine gewisse Anzahl von Größen übrig, die einer a priori-Definition bedürfen. Denn ein System von m unabhängigen Gleichungen mit k ($k > m$) Unbekannten ist nur dann zu lösen, wenn den $l = k - m$ Unbekannten von vornherein ein Wert zuerkannt wird.
Die aus den Beziehungen nicht mehr zu definierenden Größen sind die sogenannten Grundgrößen. Die übrigen Größen heißen abgeleitete Größen, da sie auf Grund der bestehenden Beziehungen mit den Grundgrößen verknüpft sind. Es gibt also keine Größen, die notwendig Grundgrößen sein müssen, d.h., es wird allein davon abhängen, welche $l = k - m$ Größen von den k Größen als Grundgrößen festgelegt werden. Die Grundgrößen werden dadurch definiert, daß ein Meßverfahren für sie festgelegt wird. Mit der Wahl dieser Grundgrößen fällt die Entscheidung für ein *Maßsystem* bzw. *Einheitensystem*. Auf Grund der obigen Ausführungen überrascht es nicht, daß mehrere Maßsysteme existieren.
Seit 1973 gelten folgende Basiseinheiten:

für die Länge . . . . das Meter (m)
für die Masse. . . . . das Kilogramm (kg)
für die Zeit. . . . . die Sekunde (s)
für die elektrische Stromstärke. . . . . das Ampere (A)
für die Temperatur. . . . . das Kelvin (K)
für die Stoffmenge. . . . . das Mol (mol)
für die Lichtstärke . . . . .die Candela (cd)

Hauptsächlich wird das MKSA-System, ein Teilsystem des Internationalen Einheitensystems, benutzt, welches für die Bereiche der Mechanik und Elektrodynamik ausreicht. Es folgen hier die Definitionen der Grundeinheiten des MKSA-Systems*.

Das Meter ist das 1.650.763,73fache der Wellenlänge der von Atomen des Nuklids ^{86}Kr beim Übergang vom Zustand 5 d_5 zum Zustand 2 p_{10} ausgesandten, sich im Vakuum ausbreitenden Strahlung.

* DIN Blatt 1301.

Das Kilogramm ist definiert als die Masse des Internationalen Kilogrammprototyps. Es wird im Internationalen Bureau für Maß und Gewicht in Sèvres aufbewahrt.

Die Sekunde ist das 9.192.631.770fache der Periodendauer der dem Übergang zwischen den beiden Hyperfeinstrukturniveaus des Grundzustandes von Atomen des Nuklids ^{133}Cs entsprechenden Strahlung.

Das Ampere ist definiert als die Stärke eines zeitlich konstanten elektrischen Stromes durch zwei geradlinige, parallele, unendlich lange Leiter der relativen Permeabilität 1 und von vernachlässigbarem Querschnitt, die einen Abstand von 1 m haben und zwischen denen die durch den Strom elektrodynamisch hervorgerufene Kraft im leeren Raum je 1 m Länge der Doppelleitung

$$2 \cdot 10^{-7}\,\text{m kg s}^{-2} = \frac{2 \cdot 10^{-7}}{9{,}80665}\,\text{kp}^* = 2 \cdot 10^{-7}\,\text{N}$$

beträgt.

Einige vielgebrauchte Einheiten innerhalb des MKSA-Systems haben eigene Namen bekommen.

Die MKSA-Einheit

der Kraft	heißt Newton (N),	$1\,N = 1\,mkgs^{-2}$	$= 1\,VAsm^{-1}$
der Energie	heißt Joule (J),	$1\,J = 1\,m^2kgs^{-2}$	$= 1\,VAs$
der Leistung	heißt Watt (W),	$1\,W = 1\,m^2kgs^{-3}$	$= 1\,VA$
der Ladung	heißt Coulomb (C),	$1\,C = 1\,sA$	$= 1\,As$
der Spannung	heißt Volt (V),	$1\,V = 1\,m^2kgs^{-3}A^{-1}$	$= 1\,WA^{-1}$
des Widerstandes	heißt Ohm (Ω),	$1\,\Omega = 1\,m^2kgs^{-3}A^{-2}$	$= 1\,VA^{-1}$
des Leitwertes	heißt Siemens (S),	$1\,S = 1\,m^{-2}kg^{-1}s^3A^2$	$= 1\,V^{-1}A$
der Kapazität	heißt Farad (F),	$1\,F = 1\,m^{-2}kg^{-1}s^4A^2$	$= 1\,CV^{-1}$
der Induktivität	heißt Henry (H),	$1\,H = 1\,m^2kgs^{-2}A^{-2}$	$= 1\,WbA^{-1}$
des magn. Flusses	heißt Weber (Wb),	$1\,Wb = 1\,m^2kgs^{-2}A^{-1}$	$= 1\,Vs$
der Induktion	heißt Tesla (T),	$1\,T = 1\,kgs^{-2}A^{-1}$	$= 1\,Wbm^{-2}$

Isaac Newton	1643–1727
James Prescott Joule,	1818–1889
James Watt,	1736–1819
Charles Augustin de Coulomb,	1736–1806
Werner von Siemens,	1816–1892
Michael Faraday,	1791–1867
Joseph Henry,	1797–1878
Wilhelm Weber,	1804–1891
Nicola Tesla,	1856–1943

* Ein Kilopond (kp) ist definiert als die Kraft, die eine Masse von einem Kilogramm durch die Normal-Erdbeschleunigung (Meeresniveau, Breite 45°), nämlich 9,80665 ms^{-2}, erfährt.

2. Der zeitlich konstante elektrische Strom

Hier wird zunächst als bekannt vorausgesetzt, daß es Stromquellen gibt. Zu solchen zählen Elemente, Akkumulatoren und Generatoren. All diesen Stromquellen ist gemein, daß sie zwei Pole haben, die in den Klemmen enden. Eine Stromquelle ist dadurch gekennzeichnet, daß zwischen den Klemmen eine dauerhafte *Spannung* besteht. Der Begriff Spannung soll hier noch nicht näher präzisiert werden. Der gern verwendete Vergleich mit der Druckdifferenz in einem Wasserleitungssystem wird aber bewußt vermieden, weil das zu falschen Vorstellungen führt. Wird zwischen den Klemmen eines Elementes eine Lampe angeschlossen, so leuchtet sie auf und strahlt gleichzeitig Wärme aus. Werden jetzt die Klemmen des Elementes mit Metallstäben, Elektroden genannt, die in eine wässerige Lösung einer Säure, z.B. Schwefelsäure, getaucht sind, verbunden, so ist an den Elektroden eine lebhafte Gasentwicklung festzustellen. Beim Starten eines Autos wird durch Schlüsselkontakt eine Verbindung zwischen dem Akkumulator und dem Startmotor hergestellt, wodurch der Rotor des Startmotors in Bewegung versetzt wird. Obgleich die Wirkungen mannigfaltig sind – Licht, Wärme, chemische Reaktion, Kraft –, haben sie doch alle eine Ursache, nämlich das Vorhandensein eines *elektrischen Stromes.*

Nun hat es sich eingebürgert, Stromquellen, also Elemente, Akkumulatoren, Generatoren und dergleichen, als *Erzeuger* zu bezeichnen, während alle jene Anordnungen, bei denen der elektrische Strom Wirkungen thermischer, chemischer oder mechanischer Art verursacht, unter den Sammelnamen *Verbraucher* fallen. Die Bezeichnungen Erzeuger und Verbraucher sind nun einmal fest im Sprachgebrauch verankert. Deshalb wird an ihnen auch festgehalten, obgleich sie begrifflich nicht richtig sind; denn die „Erzeuger" erzeugen keine elektrische Energie, sondern sie wandeln nichtelektrische Energie in elektrische um. Nach dem Erhaltungssatz der Energie kann nämlich Energie weder erzeugt noch vernichtet werden.

Hier wird ferner vorläufig als bekannt vorausgesetzt, daß es Instrumente zur Messung von Spannungen und Strömen – Spannungs- und Strommesser – gibt.

2.1 Das Ohmsche Gesetz

Betrachtet wird ein einfacher Stromkreis, der aus einem Erzeuger und Verbraucher besteht. Zusätzlich sind in den Stromkreis ein Spannungs- und Strommesser aufgenommen, die als ideal vorausgesetzt werden sollen; sie sind also bei dem jetzt durchzuführenden Experiment nicht zu den Verbrauchern zu zählen, obgleich sie, streng genommen, als solche berücksichtigt werden müßten. In dem einfachen Stromkreis soll der Erzeuger eine Stromquelle sein, deren Klemmenspannung U stufenlos einstellbar ist. Der Verbraucher bestehe aus einem langgestreckten, metallischen Körper.

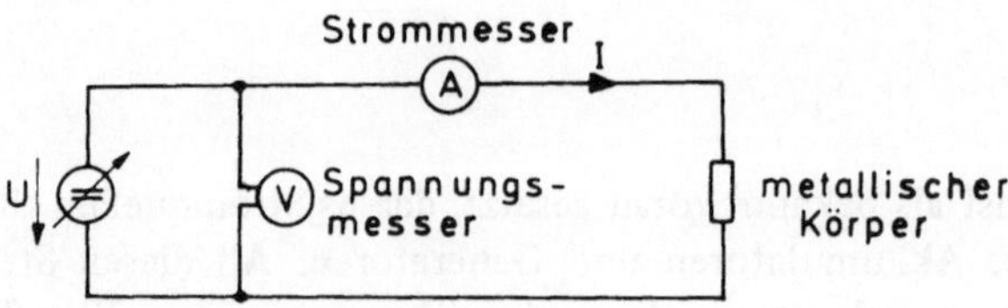

Bild 2.1.1

Mit der in Bild 2.1.1 gezeigten Versuchsanordnung kann jetzt die Abhängigkeit des Stromes I von der Spannung U bestimmt werden. Das Experiment zeigt, daß der Strom I in strenger Proportionalität zur Spannung U steht. Der Strom I ist also linear abhängig von der Spannung U. Der Zusammenhang zwischen Strom und Spannung kann graphisch dargestellt werden durch eine Gerade, die durch den Ursprung des Koordinatensystems verläuft (Bild 2.1.2). Der Proportionalitätsfaktor, der die Steigung der Geraden darstellt, sei G. Somit gilt

(2.1.1) $$I = G\,U\,.$$

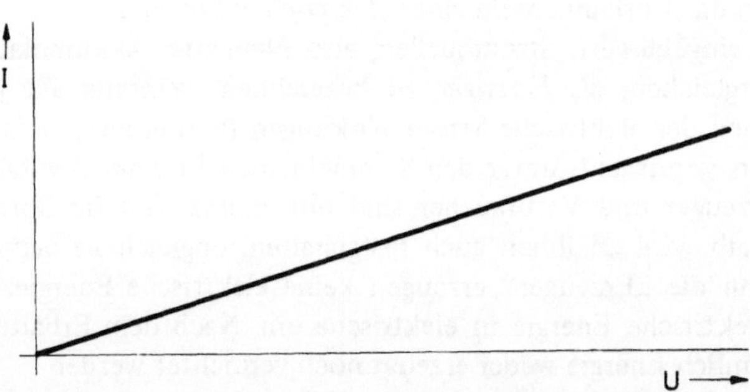

Bild 2.1.2

Der Proportionalitätsfaktor G ist durch die Art des Verbrauchers festgelegt. Wird nämlich in dieser Versuchsanordnung die Länge des metallischen Körpers verkürzt, so folgt daraus ein anderer, zahlenmäßig größerer Proportionalitätsfaktor. Der Strom I ist somit nicht allein von der Spannung, sondern auch von der Geometrie des Verbrauchers abhängig. Der Faktor G wird als dessen *Leitwert* bezeichnet. Nun ist es üblich, den Verbraucher nicht durch seinen Leitwert G zu charakterisieren, sondern durch den reziproken Wert.

(2.1.2) $$R = \frac{1}{G}.$$

Dieser Kehrwert heißt *Widerstand*. Wird in Gl. (2.1.1) der Widerstand $R = \frac{1}{G}$ eingeführt, so ergibt sich

(2.1.3) $$I = \frac{U}{R}.$$

Gl. (2.1.3) bringt formelmäßig den Inhalt des Ohmschen Gesetzes zum Ausdruck.

Der Strom ist der Spannung direkt und dem Widerstand umgekehrt proportional.

Dieses Gesetz ist die grundlegendste Beziehung der elektrischen Strömung.

2.1.1 Spezifischer Widerstand und Leitfähigkeit

Die Erfahrung lehrt, daß der Widerstand von der Art des Verbrauchers abhängt. Es zeigt sich hierbei, daß der Widerstand um so größer ist, je größer die Länge des metallischen Körpers – es handele sich hierbei um einen Draht – und je kleiner sein Querschnitt ist. Außerdem ist der Widerstand unterschiedlich für die verschiedensten Werkstoffe, aus denen die Drähte bestehen, die im Experiment benutzt werden. Wenn mit l die Länge des Drahtes, mit A der Querschnitt und mit ρ die Werkstoffkonstante bezeichnet werden, so ergibt sich für den Widerstand, sofern die Querschnittsabmessungen klein sind gegenüber der Drahtlänge,

(2.1.1.1) $$R = \rho\,\frac{l}{A}.$$

ρ ist der *spezifische Widerstand* des betreffenden Werkstoffes. Vielfach ist es üblich, anstelle des spezifischen Widerstandes ρ seinen reziproken Wert

(2.1.1.2) $$\kappa = \frac{1}{\rho}$$

einzuführen. κ wird die *Leitfähigkeit* des Werkstoffes genannt.
Gl. (2.1.1.1) wird jetzt noch in eine zugeschnittene Größengleichung umgewandelt. Weil die Länge von Drähten im allgemeinen in Metern (m), ihr Querschnitt in

Quadratmillimetern (mm^2) angegeben wird, werden diese Einheiten benutzt. Die Größe des Widerstandes soll in der Einheit des Widerstandes Ω eingeführt werden. Es ergibt sich schließlich

$$\left(\frac{R}{\Omega}\right) = \left(\frac{\rho}{\frac{\Omega\,mm^2}{m}}\right) \frac{\left(\frac{l}{m}\right)}{\left(\frac{A}{mm^2}\right)} . \tag{2.1.1.3}$$

Wird die Einheit des spezifischen Widerstandes eines Werkstoffes in $\frac{\Omega\,mm^2}{m}$ angegeben, so gibt der Zahlenwert von ρ den Widerstand eines aus diesem Werkstoff hergestellten Drahtes von der Länge 1 m und mit dem Querschnitt 1 mm^2 in Ω an. Die speziellen Abmessungen sind der Anlaß zu der Bezeichnung „spezifischer" Widerstand.

2.1.2 Temperaturabhängigkeit des Widerstandes

Neben der Abhängigkeit des Widerstandes von der Geometrie und dem Werkstoff eines Körpers zeigt sich eine Temperaturabhängigkeit. Sehr deutlich ist eine Änderung des Widerstandes mit der Temperatur zu erkennen. Wird die Spannung U in der Versuchsanordnung von Bild 2.1.1 konstant gehalten und dabei der Zeiger des Strommessers beobachtet, während gleichzeitig das Metall erhitzt wird, so ist festzustellen, daß sich der Ausschlag des Zeigers infolge der Zunahme des Widerstandes langsam verkleinert. Bei nicht allzu großen Abweichungen von der Raumtemperatur ändert sich der Widerstand nach der Formel

$$R_2 = R_1 + \alpha_{\vartheta 1} R_1 (\vartheta_2 - \vartheta_1) = R_1 [1 + \alpha_{\vartheta 1} (\vartheta_2 - \vartheta_1)] . \tag{2.1.2.1}$$

Die Größe $\alpha_{\vartheta 1}$ wird als *Temperaturbeiwert* für die Temperatur ϑ_1 bezeichnet. R_1 ist die Widerstandsgröße bei der Temperatur ϑ_1. Entsprechend ist R_2 die Widerstandsgröße bei der Temperatur ϑ_2. Die meisten Tabellen enthalten die Temperaturbeiwerte der verschiedensten Werkstoffe für eine Temperatur $\vartheta_1 = 20\,°C$. Demnach ergibt sich für den Widerstand R bei der beliebigen Temperatur ϑ die Größe

$$R = R_{20} [1 + \alpha_{20}(\vartheta - 20\,°C)] , \tag{2.1.2.2}$$

wobei R_{20} der Widerstand bei $\vartheta_1 = 20\,°C$ ist.
Die meisten Stoffe haben einen positiven Temperaturbeiwert, ihr Widerstand steigt mit zunehmender Temperatur. Daneben kommen auch Stoffe mit negativen Temperaturbeiwerten vor; ihr Widerstand nimmt mit wachsender Temperatur ab.
Innerhalb größerer Temperaturbereiche genügt Gl. (2.1.2.1) nicht mehr, und es müssen höhere Potenzen von ϑ mit herangezogen werden.

(2.1.2.3) $R_2 = R_1 [1 + \alpha_{\vartheta 1} (\vartheta_2 - \vartheta_1) + \beta_{\vartheta 1} (\vartheta_2 - \vartheta_1)^2 + \cdots]$.

Gl. (2.1.2.2) läßt sich nicht unmittelbar für die Berechnung des Widerstandes R bei einer Temperatur ϑ verwenden, wenn nicht gleichzeitig bekannt ist, wie groß R_{20} bei $\vartheta = 20$ °C ist. Es soll R_W der Widerstand bei einer Temperatur ϑ_W und R_k der Widerstand bei einer Temperatur ϑ_k sein:

(2.1.2.4) $R_W = R_{20} [1 + \alpha_{20} (\vartheta_W - 20\ °C)]$

(2.1.2.5) $R_k = R_{20} [1 + \alpha_{20} (\vartheta_k - 20\ °C)]$.

R_{20} läßt sich jetzt dadurch eliminieren, daß R_W durch R_k dividiert wird.
Es gilt dann

(2.1.2.6) $$\frac{R_W}{R_k} = \frac{1 + \alpha_{20} (\vartheta_W - 20\ °C)}{1 + \alpha_{20} (\vartheta_k - 20\ °C)} \cdot$$

Die rechte Seite dieser Gleichung wird durch α_{20} gekürzt und zur Abkürzung $\tau = \frac{1}{\alpha_{20}} - 20$ °C eingeführt. Damit ergibt sich die folgende Beziehung

(2.1.2.7) $$\frac{R_W}{R_k} = \frac{\tau + \vartheta_W}{\tau + \vartheta_k} \cdot$$

Tabelle 2.1.2.1: Spezifische Widerstände ρ und Temperaturbeiwerte α_{20} und β_{20}

Leiterwerkstoff	$\frac{\rho}{\Omega \frac{mm^2}{m}}$	$\frac{\alpha_{20}}{10^{-3} (K)^{-1}}$	$\frac{\beta_{20}}{10^{-6} (K)^{-2}}$
Silber	0,016	3,8	0,7
Kupfer	0,01786	3,93	0,6
Bronze	0,018...0,056	≈ 4,0	– *
Gold	0,023	4,0	0,5
Aluminium	0,02857	3,77	1,3
Wolfram	0,055	4,1	1
Zink	0,063	3,7	2
Messing	0,07 ...0.09	≈ 2,5	– *
Nickel	0,08...0,11	6,75	9
Eisen	0,10...0,15	4,5...6	6
Platin	0,11...0,14	3,92	0,6
Blei	0,21	4,2	2
Neusilber	0,30	0,35	–
Konstantan	0,50	– 0,0035	–
Quecksilber	0,96	0,92	1,2

* schwankt stark in Abhängigkeit von der jeweiligen Legierung

Formel (2.1.2.7) ermöglicht es, sowohl die eine Widerstandsgröße zu berechnen, wenn die andere und die beiden Temperaturen bekannt sind, als auch die eine Temperatur zu ermitteln, wenn die andere Temperatur und die beiden Widerstandsgrößen gegeben sind.
Von der Temperaturabhängigkeit des Widerstandes wird Gebrauch gemacht bei der Temperaturmessung mit dem Widerstandsthermometer.
In der Tabelle 2.1.2.1 sind die spezifischen Widerstände ρ und die Temperaturbeiwerte α_{20} und β_{20} für verschiedene Stoffe zusammengestellt.

2.2 Elektrizität und Atomaufbau der Materie

Es wurde bereits in Abschnitt 2. von den Wirkungen eines „elektrischen" Stromes gesprochen, die in Form von Wärme, Licht oder Bewegung bekannt sind. Es soll jetzt Versäumtes nachgeholt und der Begriff „elektrisch" näher präzisiert werden. Bekanntlich gibt es bei der Einführung der Begriffe „schwer" und „träge" in der Mechanik kaum gedankliche Schwierigkeiten. Ein jeder hat schon die Erfahrung gemacht, daß Gegenstände ein Gewicht besitzen, also schwer sind, oder daß Körper, die einer Geschwindigkeitsänderung unterworfen sind, in ihrem früheren Zustand beharren wollen, also träge sind. Somit glaubt ein jeder das Wesen der Schwere und das Wesen der Trägheit zu begreifen, obgleich es nur Eigenschaften sind, die den Körpern zuerkannt werden, um ihr Verhalten – unter gewissen Voraussetzungen natürlich – beschreiben zu können. Es hat sich nämlich gezeigt, daß die Eigenschaften schwer und träge nicht alleine ausreichen, um das Verhalten von Körpern stets beschreiben zu können.
Bekannt ist der Versuch, bei dem an einem trockenen Seidenfaden ein Papierkügelchen aufgehängt ist, in dessen Nähe eine Stange Hartgummi, die zuvor mit einem weichen Fell gerieben worden ist, gebracht wird. Hierbei kann zunächst beobachtet werden, daß das Papierkügelchen durch den Hartgummistab angezogen wird. Kommt es durch die Anziehung sogar zu einer Berührung, dann verwandelt sich die Anziehung in eine Abstoßung. Das gleiche Experiment soll jetzt mit einem geriebenen Glasstab wiederholt werden, wobei zuvor das Papierkügelchen mit der Hand berührt wurde. Es werden dieselben Beobachtungen gemacht. Als Variante zu den bisherigen Experimenten wird jetzt das mit dem geriebenen Glasstab in Berührung gekommene Kügelchen wieder in die Nähe der geriebenen Hartgummistange gebracht. Das gleiche Papierkügelchen, welches zuvor auf Grund der Berührung vom Glasstab abgestoßen wurde, wird jetzt vom Hartgummistab angezogen. Umgekehrtes ist auch der Fall: Das mit dem geriebenen Hartgummistab berührte Papierkügelchen wird von der geriebenen Glasstange angezogen. Dieses Experiment zeigt sehr deutlich, daß die Eigenschaften schwer bzw. träge zur Beschreibung des Verhal-

tens des Papierkügelchens nicht mehr ausreichen, denn – um nur einen Effekt zu nennen – schwere Massen ziehen sich auch nach gegenseitiger Berührung an.

Folglich muß dem Hartgummistab, der Glasstange und zuweilen auch dem Papierkügelchen eine neue Eigenschaft zugeschrieben werden; es heißt, sie sind *„elektrisch"*, sie besitzen *„Elektrizität"*. Das Wort Elektrizität ist dabei abgeleitet von dem griechischen Wort ἤλεκτρον (Elektron), zu deutsch: Bernstein; denn bereits im Altertum war der Einfluß von geriebenem Bernstein auf kleine leichte Körper beobachtet worden.

Die Erfahrung lehrt nun, daß es zwei Arten der Elektrizität gibt; die eine ist von der Art, wie sie bei der geriebenen Hartgummistange auftritt, die andere von der Art, wie sie sich bei der geriebenen Glasstange zeigt. Kommen beide Arten der Elektrizität in gleicher Menge vor, so lassen sich keinerlei Wirkungen erkennen. Das berechtigt dazu, die beiden Arten der Elektrizität durch Vorzeichen, + und –, voneinander zu unterscheiden. Es wird daher von *positiver Elektrizität* gesprochen, die auf Grund reiner Willkür von der gleichen Art sein soll wie die Glaselektrizität, und von *negativer Elektrizität,* die dann von der gleichen Art wie die Hartgummielektrizität ist.

Jetzt soll die sogenannte „Reibungselektrizität" verlassen und auf den Atomaufbau der Materie eingegangen werden, soweit es für die Beschreibung der elektrischen Erscheinungen im Rahmen der Grundvorlesung erforderlich ist.

Bereits der griechische Philosoph Demokrit (460–371 v. Chr.) lehrte, daß die Materie aus kleinsten, nicht mehr trennbaren Teilchen, den sog. Atomen*, aufgebaut sei. Nach den heutigen Erkenntnissen besteht ein Atom aus einem Kern, der im wesentlichen die Masse des Atoms ausmacht, und aus einer bestimmten Anzahl um Größenordnungen kleinerer Teilchen, *Elektronen* genannt, die den Kern auf Bahnen umkreisen. Als gedankliche Stütze kann ein Atom in gewisser Hinsicht als Miniatursonnensystem aufgefaßt werden, wobei der Kern der Sonne entspricht und die Elektronen mit den Planeten zu vergleichen sind. Der Elektronenbahndurchmesser beträgt näherungsweise 10^{-10} m, während der Kern im Durchmesser ungefähr 10^{-14} m (oder kleiner) mißt. Der Kern wiederum ist aufgebaut aus zwei Arten von Teilchen, den *Protonen* und *Neutronen*. Die Masse des Protons beträgt $m_p = 1{,}6723 \cdot 10^{-24}$ g und die Masse des Neutrons $m_n = 1{,}6747 \cdot 10^{-24}$ g; die Masse des Elektrons $m_e = 9{,}108 \cdot 10^{-28}$ g ist rund 1.830 mal kleiner als die des Protons bzw. des Neutrons. Neben der Masse besitzen zwei der drei Elementarteilchen noch eine bestimmte Menge an Elektrizität, *Elementarladung* genannt, die in Coulomb (1 C = 1 As) gemessen wird. Auf das Proton entfällt eine positive Elementarladung von $e = 1{,}602 \cdot 10^{-19}$ C, auf das Elektron eine negative Elementarladung von $-e = -1{,}602 \cdot 10^{-19}$ C. Das Neutron besitzt keine Elektrizitätsmenge.

---

* Der Name Atom – abgeleitet aus dem griechischen ἄτομον (atomon), zu deutsch: Das Untrennbare – ist historisch begründet; nach der heutigen Auffassung ist er aber begrifflich falsch.

Die Atome der 92 natürlichen chemischen Elemente (von Wasserstoff über Helium, Lithium, . . . bis Uran) unterscheiden sich voneinander auf Grund der Anzahl und Anordnung der Protonen, Neutronen und der kreisenden Elektronen. Dabei besitzen diese Atome ebenso viele Elektronen, wie sie Protonen im Kern enthalten. Dadurch sind sie nach außen elektrisch neutral. Es zeigt sich nun, daß bei mehreren Elementen Elektronen leicht aus dem Atomverband gelöst werden können. Sie sollen *freie Elektronen* oder *Leitungselektronen* genannt werden im Gegensatz zu den *gebundenen Elektronen*, die sich nicht so einfach aus dem Atomverband trennen lassen. Durch die Abgabe von freien Elektronen werden die Atome positiv elektrisch. Umgekehrt können die Leitungselektronen von anderen, bis dahin elektrisch neutralen Atomen aufgenommen werden, wodurch diese negativ elektrisch werden. Die positiv bzw. negativ elektrischen Atome heißen *Ionen*. Das Zustandekommen eines elektrischen Stromes läßt sich nun als Transport von Leitungselektronen oder Ionen erklären.

Bei den Metallen basiert der Leitungsmechanismus auf den Leitungselektronen. Hier ist die Anzahl der freien Elektronen von der gleichen Größenordnung wie die der Atome. Die Leitungselektronen führen ungeregelte Bewegungen aus – vergleichbar mit der Brownschen Bewegung von Gasmolekülen –, wobei im Mittel die Geschwindigkeiten bei rund 1.000 $\frac{\text{km}}{\text{s}}$ liegen. Dadurch, daß sich dieser ungeordneten Bewegung eine gerichtete Bewegung überlagert, kommt der elektrische Strom zustande. Die Geschwindigkeit der gerichteten Bewegung ist dabei weit geringer als die mittlere Geschwindigkeit der ungeregelten Bewegung. Durch den Transport von Leitungselektronen treten in der Beschaffenheit des Leiters keinerlei Veränderungen auf, da diese durch den Aufbau des festen Metallgitters (positive Ionengitter) gegeben ist.

Beim Stromdurchgang durch einen Elektrolyten handelt es sich um Ionenleitung. Im Gegensatz zur Elektronenleitung verläuft hier mit dem Elektrizitätstransport gepaart ein Stofftransport. Da die Ionen ebenfalls ungeordnete Bewegungen ausführen, bedarf es für das Zustandekommen eines elektrischen Stromes auch hier der Überlagerung einer gerichteten Bewegung. Der Leitungsmechanismus in Gasen beruht sowohl auf Ionen- als auch auf Elektronenleitung.

Im Vakuum erfolgt die Stromleitung wie bei den Metallen durch Elektronen. Dennoch besteht ein Unterschied, da im Vakuum ein entsprechendes positives Ionengitter fehlt, der stromführende Raum also insgesamt nicht elektrisch neutral ist.

Die Leitfähigkeit der einzelnen Stoffe ist sehr unterschiedlich je nach der Fähigkeit der sie aufbauenden Atome, Elektronen aus dem Atomverband abzugeben. Die Stoffe werden daher gemäß ihrem elektrischen Verhalten in *Leiter, Halbleiter* und *Nichtleiter* (Isolatoren) eingeteilt. Zu den Leitern zählen Gold, Silber, Kupfer, Eisen, Säuren und Salzlösungen, zu den Halbleitern Silizium, Germanium, Selen, verdünnte Säuren und Salzlösungen und schließlich zu den Nichtleitern Stoffe wie Gummi, Porzellan, Bakelit, Seide, Siliziumdioxyd, Hartpapier und Teflon.

2.3 Elektrische Stromstärke und elektrische Stromdichte

Auf Grund der Atomstruktur wird die Elektrizitätsmenge stets in quantisierter Anzahl vorkommen. Träger der kleinsten Elektrizitätsmengen sind das Proton ($+ e = e_+$) und das Elektron ($- e = e_-$). N freie Elektronen sind demzufolge Träger der Elektrizitätsmenge – auch *Ladung* genannt – $Q = N \cdot e_-$. Im allgemeinen wird die Anzahl der freien Elektronen oder Leitungselektronen pro Volumen angegeben. Diese wird mit n bezeichnet. Für Metalle z.B. beträgt $n \approx 10^{23}\ \text{cm}^{-3}$, so daß jedes Kubikzentimeter des Metalls eine Ladung von $Q \approx 10^{23} \cdot e_-$ enthält. Da das Metall nach außen elektrisch neutral ist. muß jedes Kubikzentimeter des Metalls auch eine Ladung von $- Q \approx -10^{23} \cdot e_- = 10^{23} \cdot e_+$ enthalten.
Ein elektrischer Strom kommt jetzt dadurch zustande, daß sich der ungeordneten Bewegung der freien Elektronen eine gerichtete Bewegung überlagert. Die Erfahrung lehrt, daß sich dabei in dem Leiter, in dem der Elektronentransport stattfindet, keine Elektrizitätsmengen anhäufen. Der Leiter scheint deshalb nach außen elektrisch neutral. Durch alle beliebigen Querschnitte des Leiters muß also während der Zeit t die gleiche Ladung Q treten. Die Definition der im Leiter herrschenden *elektrischen Stromstärke* lautet

(2.3.1) $$I = \frac{Q}{t}\ .$$

Diese Definition genügt der Beschreibung der elektrischen Stromstärke nur dann, wenn die einen Leiterquerschnitt durchsetzende Ladung Q zeitlich konstant ist. Ändert sich Q dagegen mit der Zeit, so ist die elektrische Stromstärke als Differentialquotient zu definieren:

(2.3.2) $$i = \frac{dQ}{dt}\ .$$

In einem elektrisch leitenden Draht von der Länge l und dem überall gleichen Querschnitt A befindet sich die Ladung $Q = n \cdot e_- \cdot A \cdot l$, deren Träger die im Draht befindlichen Leitungselektronen sind. Tritt jetzt eine konstante gerichtete Bewegung der Leitungselektronen auf, so berechnet sich die elektrische Stromstärke in Gl. (2.3.1) zu

(2.3.3) $$I = n\, e_-\, A \frac{l}{t}\ .$$

Der Quotient $\frac{l}{t}$ ist dabei die Geschwindigkeit der gerichteten Bewegung der Lei-

tungselektronen. In einem metallischen Leiter mit dem konstanten Querschnitt $A = 1\ cm^2$, der von einem Strom $I = 1$ A durchflossen wird, hat diese Geschwindigkeit den verschwindend geringen Betrag von rund 10^{-4} cm s^{-1}.
Neben der Stromstärke I als charakteristischer Strömungsgröße wird noch die *elektrische Stromdichte*

(2.3.4) $$S = \frac{I}{A}$$

eingeführt. Die Beziehung (2.3.4) ist allerdings nur gültig, wenn die Längenabmessungen der Leiter wesentlich größer sind als die Querschnittsabmessungen.

2.4 Elektrische Spannung, Arbeit und Leistung

Der elektrische Strom in einem metallischen Leiter ist gleichbedeutend mit der gerichteten Bewegung der freien Elektronen. Diese Wirkung, nämlich die gerichtete Bewegung der Leitungselektronen, muß eine Ursache haben. Erfahrungsgemäß wird in jedem Stromkreis ein Erzeuger (Stromquelle) benötigt, damit ein elektrischer Strom zustande kommt. Der Stromquelle muß also eine „Kraft" innewohnen, die den Elektronentransport bewirkt. Die für die gerichtete Bewegung der Leitungselektronen verantwortliche Ursache soll als *elektrische Spannung* bezeichnet werden.
Die zwischen den offenen Klemmen einer Stromquelle herrschende Spannung wird *Leerlaufspannung* oder *Quellenspannung* (historisch: elektromotorische Kraft, EMK) genannt. Hier soll nicht weiter auf die Wirkungsweise von Stromquellen eingegangen werden, sondern es soll genügen, daß die Quellenspannung durch nichtelektrische, z.B. chemische oder mechanische Kräfte hervorgerufen wird. Innerhalb der Stromquelle werden die freien Elektronen zum negativen Pol getrieben.
Wird der Stromkreis geschlossen, indem ein Erzeuger an einen Verbraucher geschaltet wird, so setzen sich die freien Elektronen innerhalb des Kreises fast gleichzeitig in Bewegung.
Die Quellenspannung einer Stromquelle, deren Größe mit U_0 bezeichnet werden soll, treibt eine gewisse Elektrizitätsmenge Q durch den Stromkreis. Dazu ist eine bestimmte *Arbeit* W_0 nötig. Es zeigt sich, daß die Arbeit W_0 gleich dem Produkt aus Quellenspannung U_0 und Elektrizitätsmenge Q ist, also

(2.4.1) $$W_0 = U_0\, Q = U_0\, I\, t\,,$$

wenn Gl. (2.3.1) mitverwendet wird. Gl. (2.4.1) gibt die im gesamten Stromkreis durch die Quelle geleistete Arbeit an. Die Arbeit, die von einer zwischen zwei beliebigen Punkten des Stromkreises herrschenden Spannung U aufgebracht wird, berechnet sich zu

(2.4.2) $$W = U\,Q = U\,I\,t\,.$$

Die Leistung der Stromquelle ergibt sich wie folgt:

(2.4.3) $$P_0 = \frac{W_0}{t} = U_0\,I\,.$$

Entsprechend gilt für die Leistung eines Verbrauchers mit der Spannung U

(2.4.4) $$P = \frac{W}{t} = U\,I\,.$$

Unter Verwendung der Gl. (2.1.3) beträgt die Leistung

(2.4.5) $$P = U\,I = R\,I^2 = \frac{U^2}{R}\,.$$

Die einem Widerstand R zugeführte Leistung ist also einerseits dem Widerstand R und dem Quadrat des durch den Widerstand R fließenden Stromes I, andererseits dem reziproken Wert des Widerstandes R und dem Quadrat der am Widerstand R abfallenden Spannung U proportional.

2.4.1 Stromrichtung und elektrisches Potential

Die freien Elektronen wandern im einfachen Stromkreis vom negativen Pol der Stromquelle über den Verbraucher zum positiven Pol und von da innerhalb der Stromquelle zurück zum negativen Pol. Da die gerichtete Elektronenbewegung gleichbedeutend ist mit einem Strom, kann dem Strom also eine Richtung zugesprochen werden. Die Elektronen transportieren dabei eine negative Elektrizitätsmenge. Es fließt also ein negativer Strom vom negativen Pol der Quelle über den äußeren Stromkreis zum positiven Pol und von da zurück zum negativen Pol. Dies ist äquivalent mit der Aussage, daß ein positiver Strom vom positiven Pol der Stromquelle über den äußeren Stromkreis zum negativen Pol und von da zurück zum positiven Pol fließt. Die Richtung des positiven Stromes wird willkürlich als positive Stromrichtung festgelegt.

Es hat sich als zweckmäßig erwiesen, neben der Spannung U noch das *elektrische Potential* φ einzuführen. Unter dem Potential φ eines beliebigen Punktes eines Stromkreises ist die Spannung zwischen diesem Punkt und einem willkürlichen

Bezugspunkt zu verstehen. Damit ergibt sich die Spannung zwischen zwei beliebigen Punkten in einem Stromkreis als Potentialunterschied dieser Punkte.
Da dem positiven Pol der Quelle ein höheres Potential als dem negativen Pol zugeteilt wird, ist mit dieser Festsetzung festgelegt, daß im äußeren Stromkreis positive Spannungsrichtung und positive Stromrichtung von Punkten höheren Potentials zu Punkten niedrigeren Potentials verlaufen.
Betrachtet wird der einfache Stromkreis in Bild 2.4.1.1.

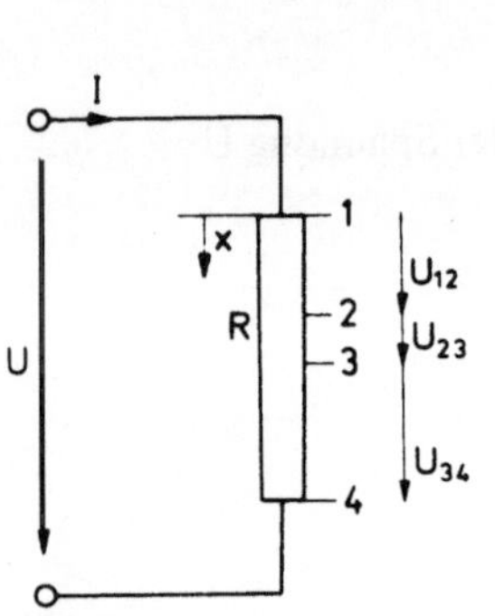

Bild 2.4.1.1

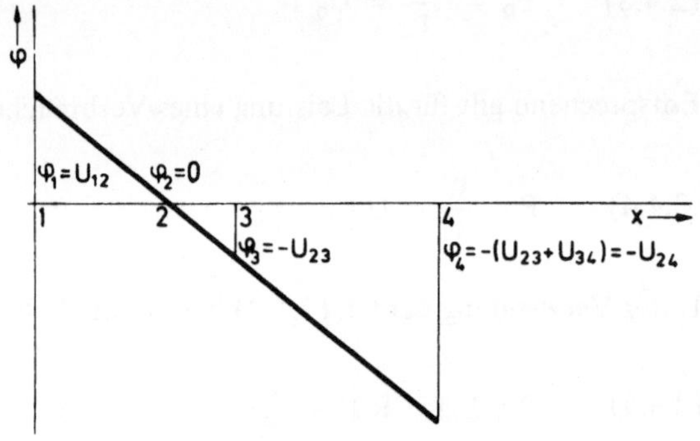

Bild 2.4.1.2

Der Widerstand R sei mit den Punkten 1, 2, 3 und 4 markiert. Als Bezugspunkt des Potentials wird Punkt 2 gewählt. Der entsprechende Potentialverlauf ist in Bild 2.4.1.2 skizziert. Die Spannung U_{34} z.B. ergibt sich dabei als Potentialunterschied $\varphi_3 - \varphi_4$, während der Potentialunterschied $\varphi_4 - \varphi_3 = - U_{34}$ beträgt. Die Widerstände zwischen den Punkten 1 und 2, 2 und 3, 3 und 4 sollen mit R_1, R_2, R_3 bezeichnet werden. Für jeden dieser Widerstände trifft das Ohmsche Gesetz zu:

$$U_{12} = R_1\, I, \quad U_{23} = R_2\, I, \quad U_{34} = R_3\, I\,.$$

Ferner ist

$$U = U_{14} = U_{12} + U_{23} + U_{34}\,,$$

und somit gilt

$$U = R_1 I + R_2\, I + R_3 I = R\, I\,.$$

Hieraus folgt

$$R = R_1 + R_2 + R_3\,.$$

Der Widerstand R, der aus der Hintereinanderschaltung der Widerstände R_1, R_2, R_3 besteht, ergibt sich also als Summe der Einzelwiderstände. Bei n hintereinandergeschalteten Widerständen $R_1, R_2, \ldots, R_n$ berechnet sich demnach der Gesamtwiderstand zu

$$(2.4.1.1) \quad R = \sum_{\nu=1}^{n} R_\nu .$$

2.5 Der verzweigte Gleichstromkreis

Jetzt sollen die Betrachtungen nicht länger auf einen einfachen Stromkreis, der lediglich aus der Stromquelle und einem Widerstand bzw. aus mehreren hintereinandergeschalteten Widerständen bestand, beschränkt werden. Sie werden auf die vermaschten linearen Netze erweitert.
Ein Netz setzt sich zusammen aus *Zweigen,* die in den *Knoten-* oder *Verzweigungspunkten* miteinander verknüpft sind. Ein Zweig enthält dabei im allgemeinen ohmsche Widerstände und/oder Stromquellen, die hintereinandergeschaltet sind. Auf Grund der Verwendung von ohmschen Widerständen – durch einen linearen Strom-/Spannungsverlauf charakterisiert – in den Zweigen eines Netzes wird von *linearen Netzen* gesprochen. Innerhalb eines Netzes sind nun mehrere geschlossene Wege denkbar. Wird als Ausgangspunkt ein beliebiger Knotenpunkt gewählt und entlang eines in diesen einmündenden Zweiges zum folgenden Knotenpunkt gewandert usw., so kann stets wieder zum Ausgangspunkt zurückgekehrt werden. Als *Masche* sollen dabei solche geschlossenen Wege bezeichnet werden, bei denen kein Zweig und kein Knotenpunkt mehrmals durchlaufen wurden.

*2.5.1 Erster Kirchhoffscher Satz (Knotenpunktsregel)**

Der erste Kirchoffsche Satz formuliert in mathematischer Sprache die Erfahrungstatsache, daß in einem stromdurchflossenen Leitersystem keine Anhäufung elektrischer Ladung stattfindet. In jedem Punkt des Leitersystems fließt die gleiche Elektrizitätsmenge ab, die in der gleichen Zeit auf ihn zuströmt (Kontinuitätsbedingung). Besonders wichtig ist dies im Fall von Knotenpunkten, wo mehrere Zweige zusammenstoßen (Bild 2.5.1.1). Werden die auf den Knotenpunkt zufließenden Ströme als $\left\{\begin{matrix}\text{positiv}\\\text{negativ}\end{matrix}\right\}$ und die vom Knotenpunkt wegfließenden Ströme als

* Gustav Robert Kirchhoff, 1824-1887.

$\begin{Bmatrix} \text{negativ} \\ \text{positiv} \end{Bmatrix}$ bezeichnet, so gilt auf Grund der Kontinuitätsbedingung

$$I_1 + I_2 - I_3 + I_4 - I_5 = 0 \quad \text{bzw.} \quad -I_1 - I_2 + I_3 - I_4 + I_5 = 0.$$

Als Verallgemeinerung ergibt sich

$$(2.5.1.1) \qquad \sum_{\nu=1}^{n} I_\nu = 0 \, .$$

Die Summe aller auf einen Knotenpunkt zufließenden Ströme ist Null.

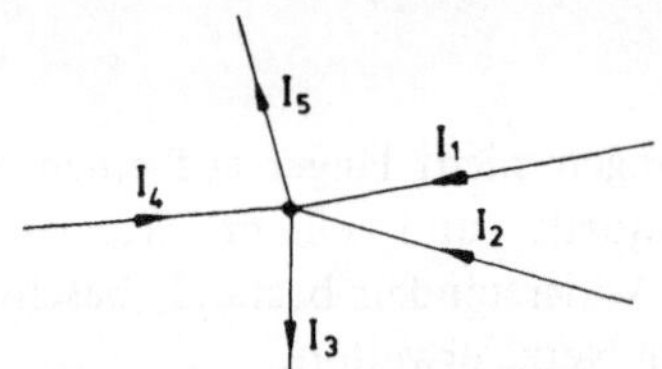

Bild 2.5.1.1

Mit Hilfe dieses ersten Kirchoffschen Satzes kann jetzt der Gesamtwiderstand parallelgeschalteter Widerstände berechnet werden. Der Gesamtstrom I (Bild 2.5.1.2) verzweigt sich in die Teilströme $I_1, I_2, \ldots, I_n$, die durch die korrespondierenden Widerstände $R_1, R_2, \ldots, R_n$ fließen. Da an allen Widerständen die gleiche Spannung U abfällt, berechnen sich die Teilströme zu

$$I_1 = \frac{U}{R_1}\,, \qquad I_2 = \frac{U}{R_2}\,, \qquad \ldots, I_n = \frac{U}{R_n}\,.$$

Auf Grund von Gl. (2.5.1.1) ist der Gesamtstrom

$$I = I_1 + I_2 + \ldots + I_n = U\left(\frac{1}{R_1} + \frac{1}{R_2} + \ldots + \frac{1}{R_n}\right).$$

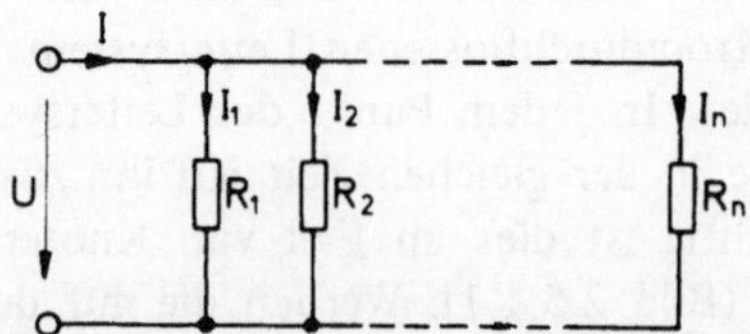

Bild 2.5.1.2

Der Quotient aus dem Gesamtstrom I und der an der Parallelschaltung abfallenden Spannung U bezeichnet dabei den Kehrwert des Widerstandes der Parallelschaltung. Demnach läßt sich schreiben:

(2.5.1.2) $$\frac{I}{U} = \frac{1}{R} = \sum_{\nu=1}^{n} \frac{1}{R_\nu} .$$

Es ist hier zweckmäßiger, anstatt mit den Widerständen R_ν mit den Leitwerten $G_\nu = \frac{1}{R_\nu}$ zu operieren. Aus Gl. (2.5.1.2) folgt dann für den Gesamtleitwert $G = \frac{1}{R}$

(2.5.1.3) $$G = \sum_{\nu=1}^{n} G_\nu .$$

2.5.2 Zweiter Kirchhoffscher Satz (Maschenregel)

Ausgehend von irgendeinem Punkt innerhalb einer Masche, der das Potential φ_1 besitze, wird sich das Potential beim Durchlaufen der Masche im allgemeinen ändern. So wird in dem vom Punkt 1 verschiedenen Punkt 2 das Potential φ_2 betragen, in einem weiteren Punkt 3 wird es gleich φ_3 sein. Wird zum Ausgangspunkt 1 zurückgekehrt, so hat das Potential wieder den ursprünglichen Wert φ_1. Die Spannung zwischen den Punkten 1 und 2 beträgt dabei $U_{12} = \varphi_1 - \varphi_2$, zwischen den Punkten 2 und 3 ist sie $U_{23} = \varphi_2 - \varphi_3$ und zwischen den Punkten 3 und 1 herrscht $U_{31} = \varphi_3 - \varphi_1$. Werden die Spannungen U_{12}, U_{23} und U_{31} summiert, so ergibt sich

(2.5.2.1) $$U_{12} + U_{23} + U_{31} = (\varphi_1 - \varphi_2) + (\varphi_2 - \varphi_3) + (\varphi_3 - \varphi_1) = 0 .$$

Das ist die Aussage des zweiten Kirchhoffschen Satzes:

Die Summe der Spannungen bei einem vollständigen Umlauf in einer Masche – Umlaufspannung genannt – ist Null.

Beim Durchlaufen einer Masche führt der Weg entlang Zweigen, die im allgemeinen aus einem Widerstand (hintereinandergeschaltete Widerstände sind zu einem äquivalenten Widerstand zusammengefaßt) und/oder einer Spannungsquelle bestehen (Bild 2.5.2.1). Der Spannungsabfall in einem Zweig setzt sich damit allgemein aus der Quellenspannung und dem Spannungsabfall am Widerstand zusammen, wobei unter Zusammensetzen noch die Summe bzw. Differenz verstanden werden kann. Ob die Summe oder die Differenz zu bilden ist, hängt dabei von der Spannungs- und Stromrichtung ab.

Um zu einer mathematischen Formulierung des zweiten Kirchhoffschen Satzes zu gelangen, wird zunächst eine Umlaufrichtung für die Masche festgelegt; dann wird willkürlich die Richtung der Ströme in den einzelnen Zweigen der Masche gewählt und schließlich den Quellenspannungen eine solche Richtung gegeben, daß die Richtungspfeile vom positiven Pol der Stromquelle zum negativen Pol verlaufen. Alle Spannungsabfälle $I_\nu R_\nu$ bzw. alle Quellenspannungen $U_{0\mu}$ werden jetzt positiv gezählt, bei denen sich Strom bzw. Spannungsrichtung und Umlaufrichtung decken. Verlaufen die Richtungen entgegengesetzt, so sind die Spannungen $I_\nu R_\nu$ und $U_{0\mu}$ negativ zu zählen.

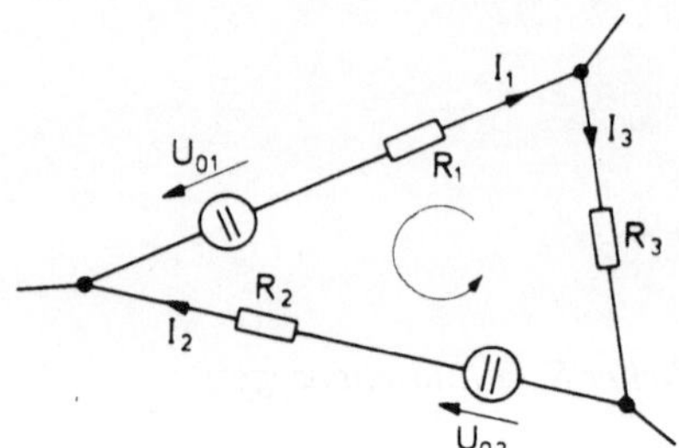

Bild 2.5.2.1

Mit dieser Festsetzung besagt für die Masche in Bild 2.5.2.1 der zweite Kirchhoffsche Satz

(2.5.2.2) $-I_1 R_1 + U_{01} - I_2 R_2 - U_{02} - I_3 R_3 = 0\,.$

Eine Umformung dieser Gleichung führt zu

(2.5.2.3) $U_{01} - U_{02} = I_1 R_1 + I_2 R_2 + I_3 R_3\,.$

Links steht jetzt die Summe aller Quellenspannungen $U_{0\mu}$, rechts die aller Spannungsabfälle $I_\nu R_\nu$ innerhalb der Masche. Für den allgemeinen Fall lautet der zweite Kirchhoffsche Satz somit

(2.5.2.4) $\sum_{\mu=1}^{n} U_{0\mu} = \sum_{\nu=1}^{n} I_\nu R_\nu\,.$

Innerhalb einer Masche ist die Summe aller Quellenspannungen gleich der Summe aller Spannungsabfälle.

2.5.3 *Gleichstromschaltungen*

2.5.3.1 Nebenwiderstände und Vorwiderstände

Es wurde bereits vorausgesetzt, daß es Instrumente zur Strom- und Spannungsmessung gibt. Der Strommesser wird zur Messung der Stromstärke in einem Leiter in diesen aufgenommen, während der Spannungsmesser parallel zu dem Leiter, an dem der Spannungsabfall gemessen werden soll, geschaltet wird. Beide Meßgeräte besitzen einen inneren Widerstand R_M; sie dürfen nur für einen bestimmten maximalen Wert der jeweiligen Meßgröße verwendet werden. Dieser maximale Wert gibt den Meßbereich des Instrumentes an. Vielfach ist es jedoch erwünscht, den Bereich zu erweitern. Für die Strommessung wird dazu parallel zum Strommesser ein auf den erforderlichen Meßbereich abgestimmter *Nebenwiderstand* (vielfach „shunt" genannt) geschaltet. In Bild 2.5.3.1.1 ist die Schaltungsanordnung gezeigt. Der zweite Kirchoffsche Satz liefert für die aus den Widerständen R_N und R_M. gebildete Masche die Beziehung

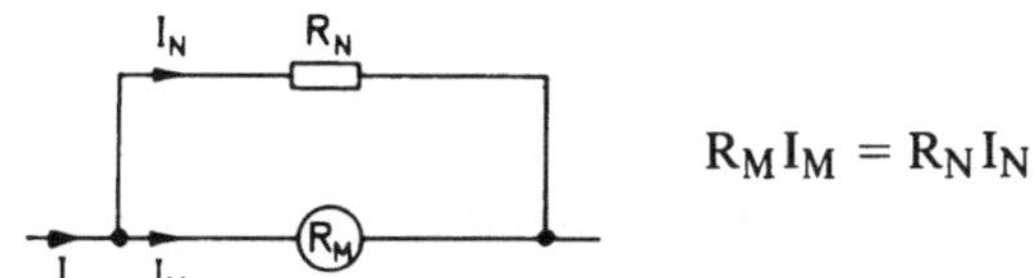

$$R_M I_M = R_N I_N .$$

Bild 2.5.3.1.1

Es soll jetzt der Meßbereich auf den n-fachen Wert erweitert werden. I_M sei der für das Meßgerät maximal zulässige Strom. Weil bis zum n-fachen Wert gemessen werden soll, gilt $I = n \cdot I_M$ und hieraus unter Mitverwendung des ersten Kirchhoffschen Satzes $I_N = I - I_M = (n-1) \cdot I_M$. Wird dies in die obige Beziehung eingeführt, so folgt für die Größe des Nebenwiderstandes

$$(2.5.3.1.1) \quad R_N = R_M \frac{I_M}{I_N} = R_M \frac{I_M}{(n-1) I_M} = \frac{R_M}{n-1} .$$

Der Gesamtwiderstand der Anordnung ergibt sich aus der Parallelschaltung von R_M und R_N. Hierfür gilt mit Gl. (2.5.1.3)

$$(2.5.3.1.2) \quad G = G_M + G_N = G_M + (n-1) G_M = n G_M ,$$

und daraus folgt

$$(2.5.3.1.3) \quad R = \frac{1}{G} = \frac{1}{n G_M} = \frac{R_M}{n} .$$

Die Meßbereicherweiterung für einen Spannungsmesser wird dadurch erzielt, daß ein *Vorwiderstand*, der auf den erforderlichen Meßbereich abgestimmt ist, in Reihe geschaltet wird (siehe Bild 2.5.3.1.2). Die zu messende Spannung U habe den n-fachen Betrag der für das Meßgerät maximal zulässigen Spannung U_M. Die Anwendung der Knotenpunktsregel auf den Punkt 1 liefert

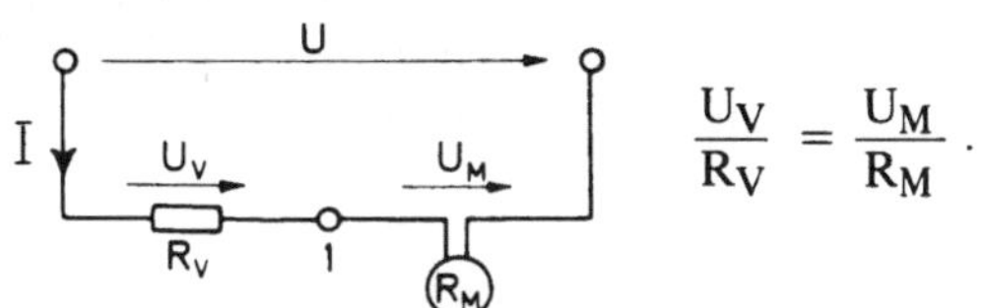

$$\frac{U_V}{R_V} = \frac{U_M}{R_M} .$$

Bild 2.5.3.1.2

Mit $U = n \cdot U_M = U_V + U_M$ berechnet sich der Vorwiderstand zu

$$(2.5.3.1.4) \quad R_V = R_M \frac{U_V}{U_M} = R_M \frac{(n-1)\,U_M}{U_M} = (n-1)\,R_M\,,$$

womit der Meßbereich auf das n-fache erweitert werden kann. Der Gesamtwiderstand beträgt entsprechend Gl. (2.4.1.1)

$$(2.5.3.1.5) \quad R = R_V + R_M = n\,R_M\,.$$

2.5.3.2 Stern- und Dreieckschaltung

Es wurde bereits gezeigt, daß sich hintereinandergeschaltete Widerstände zu einem Widerstand zusammenfassen lassen, wobei die Umrechnung entsprechend Gl. (2.4.1.1) zu erfolgen hat. Ebenso ließen sich parallelgeschaltete Widerstände in einen äquivalenten Widerstand (Gl. (2.5.1.2)) umformen. Mit Hilfe dieser Reihen- oder Parallelreduktion können in linearen Netzen gewisse Vereinfachungen vorgenommen werden. Des öfteren kommen jedoch Querverbindungen in den Netzen vor, wodurch sich eine Reihen- oder Parallelreduktion nicht mehr durchführen läßt.

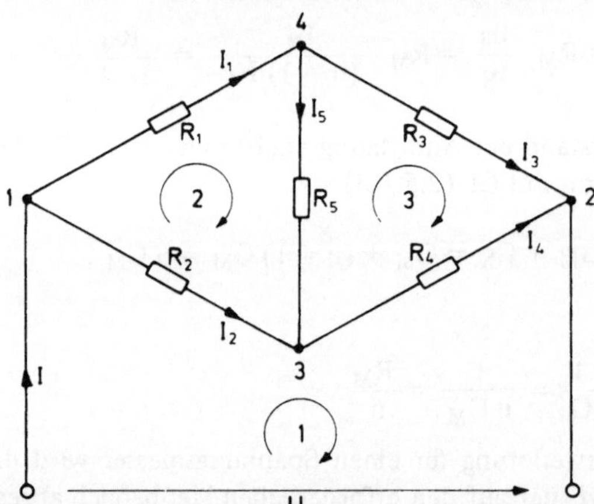

Bild 2.5.3.2.1

Das Netz der Wheatstoneschen* Brücke in Bild 2.5.3.2.1 ist hierfür ein Beispiel. Der Widerstand R_5 verhindert die Anwendung der genannten Reduktionen. In Fällen dieser Art kann eine Vereinfachung des Netzes mit der *Dreieck-Stern-Umwandlung* erreicht werden. Bei Umwandlungen gewisser Teile des Netzes ist stets darauf zu achten, daß sich an den Strom-, Spannungsverhältnissen im restlichen Netz nichts ändert.

* Charles Wheatstone, 1792–1875.

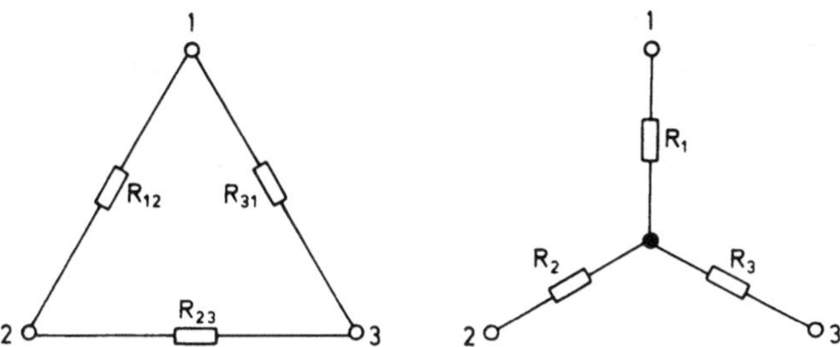

Bild 2.5.3.2.2

Jetzt soll das Dreieck in Bild 2.5.3.2.2 in einen – elektrisch betrachtet – äquivalenten Stern umgewandelt werden. Dazu müssen die Widerstände zwischen korrespondierenden Knotenpunkten der beiden Schaltungen einander gleich sein. Für die Knotenpunkte 1 und 2 gilt dann

$$(2.5.3.2.1)\quad R_1 + R_2 = \frac{R_{12}(R_{23} + R_{31})}{R_{12} + R_{23} + R_{31}},$$

für die Knotenpunkte 2 und 3

$$(2.5.3.2.2)\quad R_2 + R_3 = \frac{R_{23}(R_{12} + R_{31})}{R_{12} + R_{23} + R_{31}}$$

und schließlich für die Knotenpunkte 3 und 1

$$(2.5.3.2.3)\quad R_3 + R_1 = \frac{R_{31}(R_{12} + R_{23})}{R_{12} + R_{23} + R_{31}}.$$

Es stehen nun drei Gleichungen für die Berechnung der drei Unbekannten R_1, R_2, R_3 zur Verfügung, womit diese eindeutig bestimmt werden können:

$$(2.5.3.2.4)\quad R_1 = \frac{R_{12}R_{31}}{R_{12} + R_{23} + R_{31}}$$

$$(2.5.3.2.5)\quad R_2 = \frac{R_{12}R_{23}}{R_{12} + R_{23} + R_{31}}$$

$$(2.5.3.2.6)\quad R_3 = \frac{R_{23}R_{31}}{R_{12} + R_{23} + R_{31}}.$$

Das umgekehrte Problem, einen Stern in ein Dreieck umzuwandeln, läßt sich ebenfalls lösen. Ausgehend von den Gleichungen (2.5.3.2.1) bis (2.5.3.2.3) werden jetzt die Unbekannten R_{12}, R_{23} und R_{31} bestimmt, wobei R_1, R_2 und R_3 als gegeben vorausgesetzt werden. Es ergeben sich

(2.5.3.2.7) $$R_{12} = R_1 + R_2 + \frac{R_1 R_2}{R_3}$$

(2.5.3.2.8) $$R_{23} = R_2 + R_3 + \frac{R_2 R_3}{R_1}$$

(2.5.3.2.9) $$R_{31} = R_3 + R_1 + \frac{R_3 R_1}{R_2} .$$

2.5.3.3 Der Spannungsteiler

Die meisten Stromquellen geben eine mehr oder weniger konstante Spannung ab, die sich auf Grund verschiedener Einflüsse im allgemeinen nur geringfügig ändert. Mitunter, so z.B. zu meßtechnischen Zwecken, ist es aber erwünscht, die Spannung zwischen einem maximalen Wert und Null variieren zu können. Ein *Spannungsteiler* (Bild 2.5.3.3.1) ist eine Anordnung, die eine Änderung der Spannung ermöglicht, nämlich zwischen U und Null. Der Spannungsteiler (vielfach auch Potentiometer genannt) besteht dabei aus einem Widerstand R, auf dem ein beweglicher Kontakt angebracht ist. Dieser teilt den Gesamtwiderstand R auf in die Teilwiderstände $R_1 = (1 - k) \cdot R$ und $R_2 = k \cdot R$. Wird nun parallel zu R_2 ein Verbraucher R_3 geschaltet, so steht für diesen die Teilspannung U_3 zur Verfügung, welche sich durch Verschieben des Kontaktes zwischen Null und U variieren läßt.

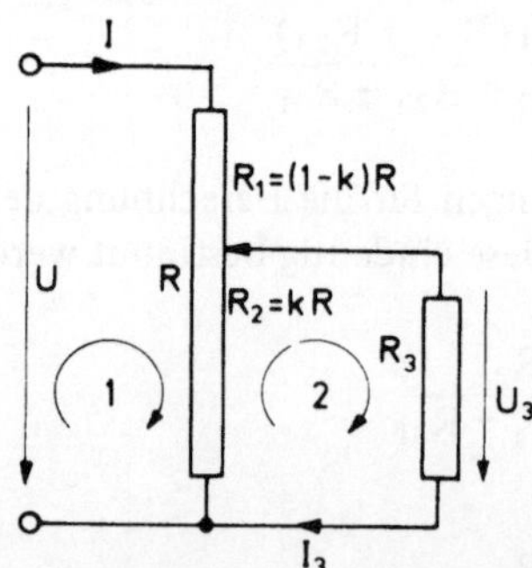

Bild 2.5.3.3.1

Um U_3 als Funktion von R_1, R_2, R_3 und U zu berechnen, werden die Maschengleichungen aufgestellt. Dabei ergibt sich für die Masche 1

(2.5.3.3.1) $$-U + I R_1 + (I - I_3) R_2 = 0$$

und für die Masche 2

$$(2.5.3.3.2) \quad -(I - I_3)\, R_2 + I_3\, R_3 = 0\,.$$

Diese beiden Gleichungen genügen, um I und I_3 eindeutig zu bestimmen.

$$(2.5.3.3.3) \quad I = \frac{R_2 + R_3}{R_1 R_2 + R_2 R_3 + R_3 R_1}\, U$$

$$(2.5.3.3.4) \quad I_3 = \frac{R_2}{R_1 R_2 + R_2 R_3 + R_3 R_1}\, U.$$

Wenn der Strom I_3 mit R_3 multipliziert wird, folgt für die Teilspannung U_3

$$(2.5.3.3.5) \quad U_3 = \frac{R_2 R_3}{R_1 R_2 + R_2 R_3 + R_3 R_1}\, U = \frac{R_2}{R_1 + R_2 + \frac{R_1 R_2}{R_3}}\, U.$$

Es interessiert nun noch das Spannungsverhältnis $\frac{U_3}{U}$ in Abhängigkeit von der Abgriffstellung k ($0 \leqslant k \leqslant 1$) des beweglichen Kontaktes. Der Quotient $\frac{R}{R_3}$ wird dabei als Parameter verwendet. Die Gl. (2.5.3.3.5) liefert

$$(2.5.3.3.6) \quad \frac{U_3}{U} = \frac{k\,R}{R + \frac{(1-k)\,R\,k\,R}{R_3}} = \frac{k}{1 + k\,(1-k)\,\frac{R}{R_3}}\,.$$

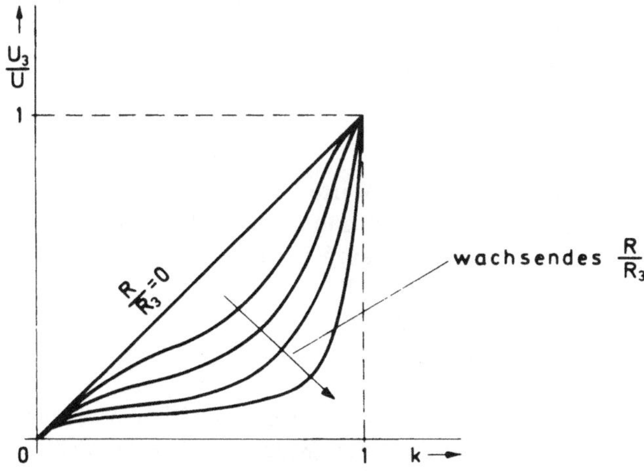

Bild 2.5.3.3.2: Kennlinien des Spannungsteilers

In Bild 2.5.3.3.2 sind die Kennlinien $\frac{U_3}{U} = f(k)$ des Spannungsteilers für verschiedene Parameter $\frac{R}{R_3}$ aufgetragen. Es ist zu beachten, daß stets $R \neq 0$ ist; $\frac{R}{R_3} = 0$ muß daher so verstanden werden, daß R_3 einen unendlich großen Widerstandswert hat. Der Spannungsteiler besitzt deshalb nur dann eine lineare Kennlinie, wenn kein Verbraucher R_3 angeschlossen ist.

2.5.3.4 Spannungs- und Strommessung

In der in Bild 2.5.3.4.1 gezeigten Schaltung soll die Spannung U_2' mit einem Spannungsmesser, welcher den inneren Widerstand R_M hat, gemessen werden. Von der Gl. (2.5.3.3.5) kann Gebrauch gemacht werden, wenn berücksichtigt wird, daß dem U_3 hier ein U_2' und dem R_3 ein R_M entspricht, also

$$(2.5.3.4.1) \quad U_2' = \frac{R_2}{R_1 + R_2 + \frac{R_1 R_2}{R_M}} U .$$

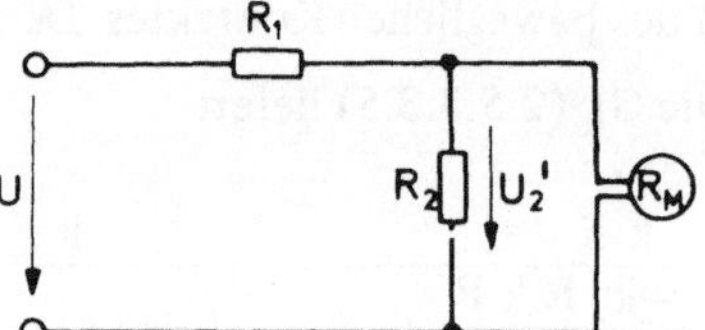

Bild 2.5.3.4.1

Ohne die Belastung durch den Widerstand R_M berechnet sich die Spannung am Widerstand R_2 aber zu

$$(2.5.3.4.2) \quad U_2 = \frac{R_2}{R_1 + R_2} U .$$

Es ergeben sich also unterschiedliche Werte; das ist darauf zurückzuführen, daß das Meßgerät die von ihm zu messende Spannung beeinflußt. Dabei ist die gemessene Spannung U_2' kleiner als U_2, wie aus dem Verhältnis

$$(2.5.3.4.3) \quad \frac{U_2}{U_2'} = 1 + \frac{R_1 R_2}{R_1 + R_2} \frac{1}{R_M}$$

zu ersehen ist. Die vom Meßgerät angezeigte Spannung U_2' approximiert den wahren Wert U_2 um so besser, je größer der innere Widerstand R_M des Meßinstrumentes ist. Es soll hier nun die Feststellung genügen, daß ein Strommesser den von ihm zu messenden Strom ebenfalls beeinflußt; die Strommessung ist um so genauer, je kleiner der Innenwiderstand des Gerätes ist.

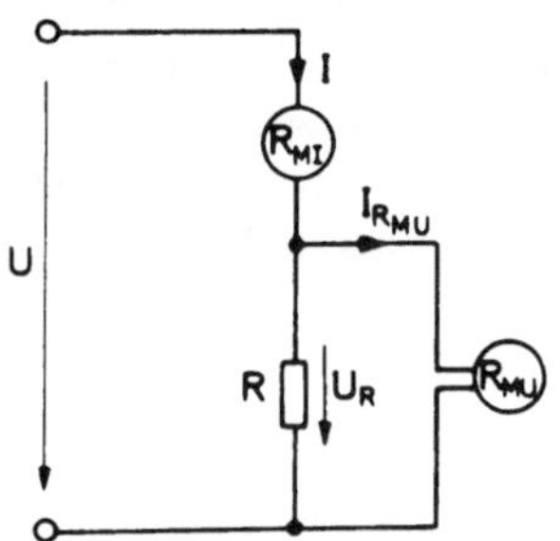

Bild 2.5.3.4.2

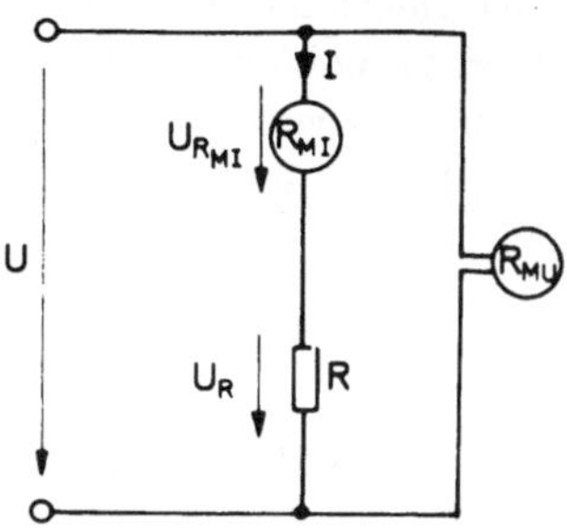

Bild 2.5.3.4.3

Soll ein Widerstand durch eine Spannungs- und Strommessung bestimmt werden, so ist die Beeinflussung der Meßgrößen durch die Meßgeräte zu berücksichtigen. Es sind hier die gezeichneten beiden Schaltungen möglich. Im Falle der Schaltung nach Bild 2.5.3.4.2 mißt der Spannungsmesser die wirklich am Widerstand R abfallende Spannung U_R, während der Strommesser einen größeren Strom – nämlich I – anzeigt als denjenigen, der durch R fließt. Aus dem Schaltbild ist zu entnehmen

$$(2.5.3.4.4)\quad R = \frac{U_R}{I - I_{R_{MU}}} = \frac{U_R}{I - \dfrac{U_R}{R_{MU}}}.$$

Der durch Messung ermittelte Widerstand

$$(2.5.3.4.5)\quad R_{meß} = \frac{U_R}{I}$$

ist in diesem Falle also kleiner als der wirkliche Widerstand R.

Wenn Strom und Spannung jetzt entsprechend der Schaltung nach Bild 2.5.3.4.3 bestimmt werden, dann stimmt der vom Strommesser angezeigte Strom mit dem durch den Widerstand R fließenden Strom I überein. Der Spannungsmesser mißt dagegen sowohl den Spannungsabfall U_R am Widerstand R als auch den Spannungsabfall $U_{R_{MI}}$ am Strommesser. Es gilt nun

$$(2.5.3.4.6)\quad R = \frac{U_R}{I} = \frac{U - U_{R_{MI}}}{I} = \frac{U - I\,R_{MI}}{I}.$$

In dieser Schaltungsanordnung ist der gemessene Widerstand

$$(2.5.3.4.7)\quad R_{meß} = \frac{U}{I}$$

größer als der wirkliche Widerstand R.

Als Konsequenz aus Gl. (2.5.3.4.1) werden Spannungsmesser mit einem hohen Innenwiderstand ausgestattet. Entsprechend haben Strommesser einen sehr geringen Innenwiderstand. Deshalb eignet sich die Schaltung nach Bild 2.5.3.4.2 am besten zur Messung kleiner Widerstände, d.h. $R \ll R_{MU}$, weil dann in Gl. (2.5.3.4.4) $I_{R\,MU}$ gegenüber I vernachlässigt werden darf. Umgekehrt werden Schaltungen nach Bild 2.5.3.4.3 immer dann verwendet, wenn große Widerstände, d.h. $R \gg R_{MI}$, zu messen sind. In Gl. (2.5.3.4.6) kann nämlich jetzt $U_{R\,MI}$ gegenüber U vernachlässigt werden.

2.5.3.5 Die Wheatstonesche Brücke

Eine weitaus bessere Methode zur Bestimmung eines Widerstandes gegenüber der Spannungs- und Strommessung bieten die Brückenschaltungen. In Bild 2.5.3.2.1 wurde bereits die *Wheatstonesche Brücke* vorgestellt, deren Brückenstrom I_5 jetzt in Abhängigkeit von den fünf Brückenwiderständen und der Spannung U berechnet werden soll. Dazu werden zunächst die Maschengleichungen aufgestellt:

Masche 1: $-U + I_2 R_2 + I_4 R_4 = 0$

Masche 2: $I_1 R_1 - I_2 R_2 + I_5 R_5 = 0$

Masche 3: $I_3 R_3 - I_4 R_4 - I_5 R_5 = 0.$

Der Knotenpunktsregel zufolge gilt für den

Knoten 1: $I - I_1 - I_2 = 0$

Knoten 3: $I_2 - I_4 + I_5 = 0$

Knoten 4: $I_1 - I_3 - I_5 = 0.$

Aus diesen sechs Gleichungen mit sechs Unbekannten, den Strömen $I, I_1, \ldots, I_5$, läßt sich jeder Strom eindeutig bestimmen. Für den Brückenstrom ergibt sich

$$(2.5.3.5.1)\quad I_5 = \frac{(R_2 R_3 - R_1 R_4)}{(R_1 + R_3)(R_2 + R_4)\left(\dfrac{R_1 R_3}{R_1 + R_3} + \dfrac{R_2 R_4}{R_2 + R_4} + R_5\right)}\,U\,.$$

Aus Gl. (2.5.3.5.1) folgt nun, daß $I_5 = 0$ ist, wenn $R_2 \cdot R_3 - R_1 \cdot R_4 = 0$ ist, d.h., wenn die sogenannte Abgleichbedingung

$$(2.5.3.5.2)\quad \frac{R_1}{R_2} = \frac{R_3}{R_4}$$

erfüllt ist. Die Abgleichbedingung wird jetzt zur Widerstandsbestimmung benutzt. Als Brückenwiderstand R_5 wird ein Nullinstrument verwendet, die Widerstände R_2 und R_4 sind zusammen als Schleifdraht mit überall gleichem Querschnitt und gleicher Leitfähigkeit ausgeführt (siehe Bild 2.5.3.5.1).

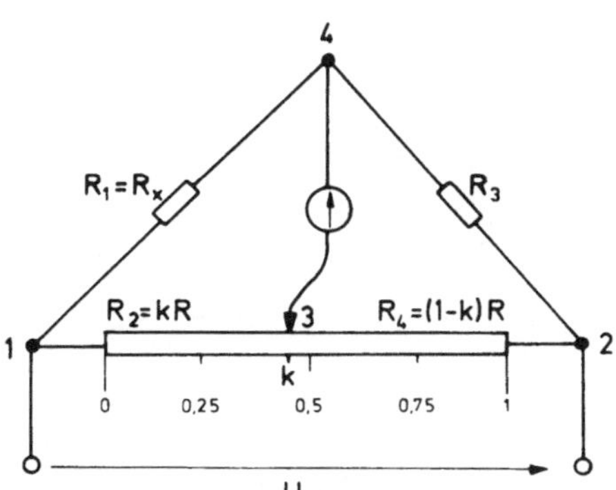

Bild 2.5.3.5.1

Der Widerstand $R_1 = R_X$ sei unbekannt, während R_3 als bekannt vorausgesetzt wird. Jetzt ist der Kontakt 3 solange auf dem Schleifdraht zu verschieben, bis die Brücke abgeglichen ist. Dies möge für die Stellung k des Schleifkontaktes der Fall sein. Es gilt dann unter Verwendung der Gl. (2.5.3.5.2)

$$(2.5.3.5.3)\quad R_X = R_3 \frac{R_2}{R_4} = R_3 \frac{k\,R}{(1-k)R} = \frac{k}{1-k} R_3 .$$

2.5.4 *Ersatzschaltbilder für die Zweipolquelle*

Die Erfahrung lehrt, daß die Klemmenspannung U eines Erzeugers – es wurde bisher auch der Name Stromquelle dafür verwendet; daneben besteht noch die Bezeichnung *aktiver Zweipol* – von der Belastung abhängig ist. U ist i.a. am größten, wenn der aktive Zweipol unbelastet ist (*Leerlauf*), und am kleinsten (gleich Null), wenn die Klemmen widerstandslos miteinander verbunden sind (*Kurzschluß*). Diese Verhaltensweise der aktiven Zweipole läßt sich durch eine Ersatzschaltung, bestehend aus einer belastungsunabhängigen Zweipolquelle und einem ohmschen Widerstand, beschreiben. Hierbei sind zwei Schaltungen denkbar, nämlich die *Reihenersatzschaltung* und die *Parallelersatzschaltung*.

2.5.4.1 Reihenersatzschaltung (Ersatzspannungsquelle)

Bei der Reihenersatzschaltung, die in Bild 2.5.4.1.1 dargestellt ist, wird der belastungsunabhängigen Zweipolquelle eine feste *Quellenspannung* U_0 zugeordnet. Der ohmsche Widerstand wird als *innerer Widerstand* R_i der aktiven Zweipolquelle bezeichnet. An die von außen zugänglichen Klemmen der Stromquelle ist ein Verbraucher mit dem ohmschen Widerstand R_a geschaltet, von dessen Größe der in dem Kreis fließende Strom I und die zwischen den Klemmen auftretende Spannung U abhängen.

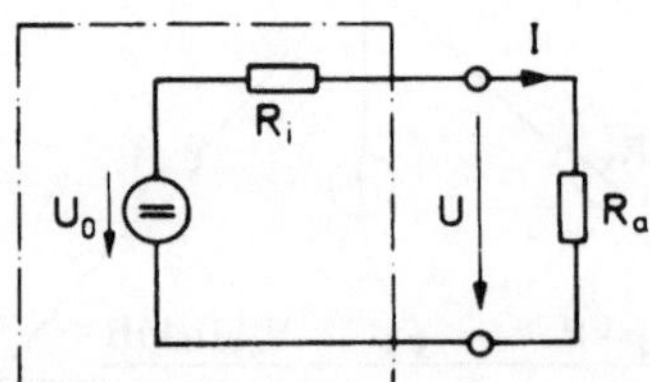

Bild 2.5.4.1.1

Ist der Widerstand $R_a = \infty$ – der aktive Zweipol wird also nicht belastet –, so heißt die Klemmenspannung Leerlaufspannung U_l. Für diese gilt

$$(2.5.4.1.1)\quad U_l = U_0\,,$$

da ja im Leerlauffall durch R_i kein Strom fließt. Die Klemmenspannung hat dann ihren maximalen Wert.

Ist dagegen $R_a = 0$ – die Klemmen sind in diesem Fall kurzgeschlossen –, so ist die Klemmenspannung U gleich Null. Der nun fließende Strom heißt Kurzschlußstrom I_k. Er hat den Wert

$$(2.5.4.1.2)\quad I_k = \frac{U_0}{R_i} = \frac{U_l}{R_i}\,.$$

Diese Beziehung liefert ein Verfahren zur Bestimmung des inneren Widerstandes. Aus der Messung der Leerlaufspannung U_l ($R_a = \infty$) und des Kurzschlußstromes I_k ($R_a = 0$) läßt sich der Innenwiderstand $R_i = \frac{U_l}{I_k}$ der aktiven Zweipolquelle als Quotient der beiden Größen ermitteln.

Für einen endlichen Wert des Verbraucherwiderstandes R_a berechnet sich der Strom I zu

$$(2.5.4.1.3)\quad I = \frac{U_0}{R_i + R_a} = \frac{U_l}{R_i + R_a},$$

und für die Klemmenspannung U folgt

$$(2.5.4.1.4)\quad U = I\,R_a = \frac{R_a}{R_i + R_a}\,U_0 = \frac{R_a}{R_i + R_a}\,U_l\,.$$

Wird R_i entsprechend Gl. (2.5.4.1.2) ersetzt, so ergibt sich für Strom und Spannung

$$(2.5.4.1.5)\quad I = \frac{U_l}{\frac{U_l}{I_K} + R_a}$$

$$(2.5.4.1.6)\quad U = \frac{R_a}{\frac{U_l}{I_K} + R_a}\, U_l.$$

2.5.4.2 Parallelersatzschaltung (Ersatzstromquelle)

Die Parallelersatzschaltung in Bild 2.5.4.2.1 für einen aktiven Zweipol besteht ebenfalls aus einer belastungsunabhängigen Zweipolquelle, die aber jetzt einen festen *Quellenstrom* liefert, und aus einem ohmschen Widerstand, der auch hier innerer Widerstand R_i heißt.

Der Innenwiderstand ist nun jedoch nicht wie bei der Reihenersatzschaltung in Reihe mit dem Außenwiderstand R_a, sondern parallel zu diesem geschaltet.

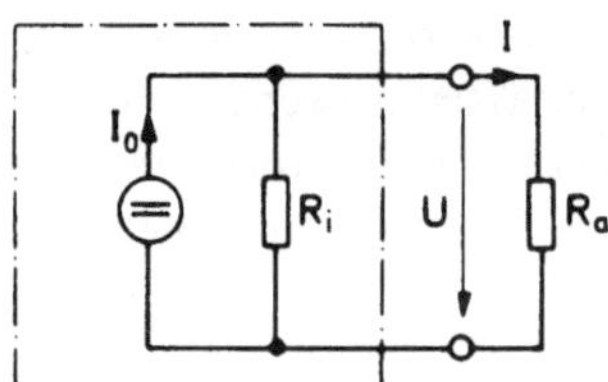

Bild 2.5.4.2.1

Im Kurzschlußfall ($R_a = 0$) fließt der gesamte Quellenstrom I_0 über die widerstandslose Verbindung der äußeren Klemmen. Für den Kurzschlußstrom gilt daher

$$(2.5.4.2.1)\quad I_k = I_0.$$

Ist dagegen an die Stromquelle kein äußerer Widerstand R_a geschaltet ($R_a = \infty$), so fließt der gesamte Quellenstrom I_0 über den Innenwiderstand R_i. Für die jetzt an den Klemmen zu messende Leerlaufspannung muß daher gelten

$$(2.5.4.2.2)\quad U_l = I_0\, R_i = I_k\, R_i.$$

Aus dem Vergleich dieser Gleichung mit Gl. (2.5.4.1.2) folgt, daß die in den beiden Ersatzschaltbildern angenommenen Innenwiderstände identisch sind, da sie sich jeweils als Quotient aus Leerlaufspannung und Kurzschlußstrom ergeben.

Im allgemeinen Belastungsfall teilt sich der Quellenstrom I_0 auf. Dabei fließt durch den Außenwiderstand R_a der Strom

$$(2.5.4.2.3)\quad I = \frac{R_i}{R_i + R_a} I_0 = \frac{R_i}{R_i + R_a} I_k = \frac{U_l}{R_i + R_a},$$

und die Klemmenspannung hat den Wert

$$(2.5.4.2.4)\quad U = I R_a = \frac{R_i R_a}{R_i + R_a} I_0 = \frac{R_i R_a}{R_i + R_a} I_k = \frac{R_a}{R_i + R_a} U_l .$$

Die außerhalb der Stromquelle an den Klemmen zu beobachtenden Vorgänge führen also zu denselben Ergebnissen wie in Gl. (2.5.4.1.3) und Gl. (2.5.4.1.4), die bei Benutzung der Reihenersatzschaltungen gefunden wurden. Für die aktiven Zweipolquellen sind daher beide Ersatzschaltungen äquivalent.

2.6. Berechnung linearer Netze

In den folgenden Abschnitten werden einige Verfahren zur Berechnung linearer Netze behandelt. Neben der direkten Anwendung der Kirchoffschen Sätze zur Netzwerkberechnung erweisen sich das *Maschenstromverfahren*, das *Knotenpotentialverfahren* und die von Helmholtz* angegebenen Methoden der *linearen Überlagerung* und der *Ersatzzweipolquelle* als vorteilhaft.

2.6.1 Direkte Anwendung der Kirchhoffschen Sätze

Ein zusammenhängendes Netzwerk bestehe aus z Zweigen und k Knoten. Dann sind zur Bestimmung der z unbekannten Zweigströme auch z unabhängige Gleichungen erforderlich. Hiervon liefert der

Knotenpunktsatz: (k−1) unabhängige Gleichungen.

Es müssen daher noch geliefert werden vom

Maschensatz: z − (k − 1) unabhängige Gleichungen.

Zum Auffinden einer notwendigen und hinreichenden Anzahl unabhängiger Maschengleichungen kann eine der beiden im folgenden beschriebenen Methoden verwendet werden.

* Hermann von Helmholtz, 1821–1894.

2.6.1.1 Sukzessives Verfahren

Schritt 1: Für den ersten Maschenumlauf wird eine beliebige Masche gewählt; daraus folgt die erste unabhängige Maschengleichung.

Schritt 2: Die benutzte Masche wird an einer beliebigen Stelle aufgetrennt und ein neuer geschlossener Umlauf gewählt; es ergibt sich die zweite unabhängige Maschengleichung.

Schritt 3: Wie Schritt 2.

.
.
.

usw.

Die in den einzelnen Schritten angewendete Methode wird solange wiederholt, bis alle Zweige berücksichtigt sind und sich kein neuer Umlauf mehr findet. Es werden auf diese Weise genau z – (k – 1) unabhängige Maschengleichungen gefunden.

2.6.1.2 Der vollständige Baum

Der vollständige Baum besteht aus (k – 1) *Baumzweigen*, die alle k Knoten eines Netzwerkes derart miteinander verbinden, daß keine geschlossene Masche gebildet wird. Die restlichen z – (k – 1) Zweige des Netzwerkes heißen *Verbindungszweige*.

Satz 1: Die z – (k – 1) Ströme in den Verbindungszweigen bilden ein System unabhängiger Zweigströme; die (k – 1) Ströme in den Baumzweigen sind abhängige Zweigströme.

Satz 2: Die (k – 1) Spannungen an den Baumzweigen bilden ein System unabhängiger Knotenspannungen; die z – (k – 1) Spannungen an den Verbindungszweigen sind abhängige Knotenspannungen.

Ein System von z – (k – 1) unabhängigen Maschengleichungen ergibt sich nach Satz 1 nun dadurch, daß in dem Netzwerk Maschenumläufe gewählt werden, von denen jeder genau einen Verbindungszweig berücksichtigt und kein Verbindungszweig mehr benutzt wird.

Ferner liefert der Satz 1 die Begründung für das folgende Maschenstromverfahren und der Satz 2 die Begründung für das Knotenpotentialverfahren.

2.6.2 Maschenstromverfahren

Es ist dies ein schematisches Verfahren, bei dem die (k – 1) Knotengleichungen eingespart werden. Es bleiben daher z – (k – 1) Unbekannte, für die fiktive Kreis-

ströme (die sogenannten *Maschenströme*) gewählt werden, die in den nach Kapitel 2.6.1 gefundenen $z - (k - 1)$ unabhängigen Maschen fließen sollen. Ein tatsächlicher Zweigstrom errechnet sich dann als Summe aller in einem Zweig fließenden Maschenströme. Diese Summenbildung kann jedoch eingespart werden, wenn diejenigen Zweige, in denen die Ströme gesucht sind, als Verbindungszweige gewählt werden, da in diesem Fall die gesuchten Ströme gleichzeitig Maschenströme sind. Das läßt sich natürlich nur für einen Teil der Zweigströme erreichen.
Besonders geeignet ist das Maschenstromverfahren in dem Fall, daß $z - (k - 1) < (k - 1)$ ist, wenn also die Zahl der unabhängigen Maschengleichungen kleiner als die Zahl der unabhängigen Knotengleichungen ist.
Sind in dem Netzwerk Stromquellen vorhanden, so müssen diese zunächst in äquivalente Spannungsquellen umgewandelt werden. Danach erfolgt das Aufstellen der $z - (k - 1)$ unabhängigen Maschengleichungen nach folgendem Schema:

I_1	I_2	$\cdots$	$I_{z-(k-1)}$	
R_{11}	R_{12}	$\cdots$	$R_{1\,z-(k-1)}$	$\Sigma_1 U_0$
R_{21}	R_{22}	$\cdots$	$R_{2\,z-(k-1)}$	$\Sigma_2 U_0$
$\vdots$	$\vdots$	$\vdots$	$\vdots$	$\vdots$
$R_{z-(k-1)\,1}$	$R_{z-(k-1)\,2}$	$\cdots$	$R_{z-(k-1)\,z-(k-1)}$	$\Sigma_{z-(k-1)} U_0$

In diesem Schema repräsentiert jede Zeile – abgesehen von der Kopfzeile – eine unabhängige Maschengleichung, wobei die eingetragenen Widerstände die Koeffizienten der in der Kopfzeile darüberstehenden Maschenströme sind. Diese Koeffizienten haben folgende Bedeutung:

R_{mm}: Eigenwiderstand der Masche m = Summe aller Widerstände der Masche m; *stets positiv*.

$R_{mn} = R_{nm}$ $(m \neq n)$: Koppelwiderstand zwischen Masche m und Masche n = Summe aller Widerstände zwischen Masche m und Masche n; *positiv*, wenn Pfeile der Maschenströme im Koppelzweig *gleichgerichtet* sind, sonst negativ

$\Sigma_m U_0$: Summe der Quellenspannungen der Masche m; Summanden sind *positiv*, wenn Richtung des Maschenstromes *entgegengesetzt* den Spannungspfeilen der Quellenspannungen ist, sonst negativ

2.6.3 Knotenpotentialverfahren

Es ist ist dies ebenfalls ein schematisches Verfahren, bei dem jedoch die $z - (k - 1)$ Maschengleichungen eingespart werden. Es bleiben daher $(k - 1)$ Gleichungen und

Unbekannte, als welche die Potentiale der Knoten (die sogenannten *Knotenpotentiale*) gegenüber einem beliebig zu wählenden Bezugsknoten dienen. Das Verfahren ist besonders geeignet, wenn nach Spannungen gefragt ist, und außerdem, wenn $z - (k - 1) > (k - 1)$ gilt, wenn also die Zahl der unabhängigen Maschengleichungen größer als die Zahl der unabhängigen Knotengleichungen ist.
Sind im Netzwerk Spannungsquellen vorhanden, so müssen diese zunächst in äquivalente Stromquellen umgewandelt werden. Danach erfolgt das Aufstellen der $(k - 1)$ unabhängigen Knotengleichungen nach folgendem Schema:

φ_1	φ_2	...	φ_{k-1}	
$G_{1\,1}$	$G_{1\,2}$	...	$G_{1\,k-1}$	$\Sigma_1\, I_0$
$G_{2\,1}$	$G_{2\,2}$	...	$G_{2\,k-1}$	$\Sigma_2\, I_0$
⋮	⋮	⋮	⋮	⋮
$G_{k-1\,1}$	$G_{k-1\,2}$	...	$G_{k-1\,k-1}$	$\Sigma_{k-1}\, I_0$

In diesem Schema repräsentiert jede Zeile – abgesehen von der Kopfzeile – eine unabhängige Knotengleichung, wobei die eingetragenen Leitwerte die Koeffizienten der in der Kopfzeile darüberstehenden Knotenpotentiale sind. Diese Koeffizienten haben folgende Bedeutung:

G_{mm}: Eigenleitwert
= Summe der Leitwerte aller vom Knoten m ausgehenden Zweige; stets *positiv*.

$G_{mn} = G_{nm}$ $(m \neq n)$: Koppelleitwert
= Summe aller Leitwerte zwischen Knoten m und Knoten n; *stets negativ*.

$\Sigma_m\, I_0$: Summe der Quellenströme am Knoten m; Summanden sind *positiv*, wenn auf Knoten hin gerichtet, sonst negativ

2.6.4 Der Überlagerungssatz

In einem linearen Netz, welches aktive Zweipole und Widerstände in beliebiger Anordnung enthält, werden zunächst in den einzelnen Zweigen die Teilströme und Teilspannungen berechnet, die von einer einzigen Zweipolquelle hervorgerufen werden, während alle übrigen Quellen als unwirksam betrachtet werden. Die tatsächlichen Ströme und Spannungen ergeben sich dann als Summe der jeweiligen Teilströme und Teilspannungen (Überlagerung, Superposition). Denn zur Berechnung der von den einzelnen Quellen hervorgerufenen Teilströme werden die Kirchhoffschen Sätze herangezogen. Es ist also in jedem Knotenpunkt die Summe der Ströme und in jeder Masche die Summe der Spannungen Null. Durch Addition der für jede Masche und für jeden Knoten erhaltenen Gleichungen ergeben sich gerade die Kirchhoffschen Sätze für die Summe der Teilströme und für die Summe der Teilspannungen. Diese stellen daher die wirkliche Strom- und Spannungsverteilung in dem betrachteten Netz dar.

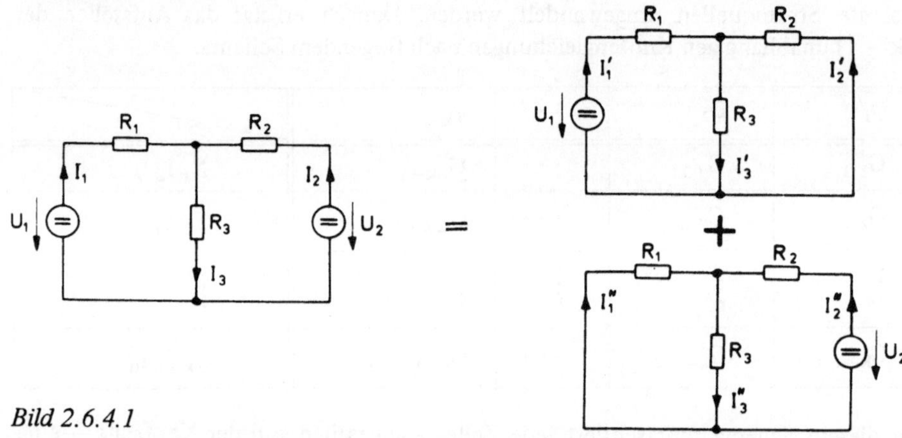

Bild 2.6.4.1

Als Beispiel soll die Stromverteilung in der auf der linken Seite des Gleichheitszeichens in Bild 2.6.4.1 gezeichneten Kompensationsschaltung mit Hilfe des Überlagerungsgesetzes berechnet werden. Was dabei zu tun ist, ist anschaulich in Bild 2.6.4.1 dargestellt. Zunächst werden die Teilströme I_1', I_2' und I_3', welche fließen, wenn U_2 kurzgeschlossen ist, bestimmt und dann die Teilströme I_1'', I_2'' und I_3'' für den Fall, daß U_1 gleich Null ist. Die Richtung der Teilströme soll mit der in Bild 2.6.4.1 angegebenen Richtung der Ströme übereinstimmen. Mit der Beziehung $\Sigma RR = R_1 \cdot R_2 + R_1 \cdot R_3 + R_2 \cdot R_3$ ergeben sich:

$$I_1' = \frac{R_2 + R_3}{\Sigma RR} U_1, \qquad I_1'' = -\frac{R_3}{\Sigma RR} U_2,$$

$$(2.6.4.1) \quad I_2' = -\frac{R_3}{\Sigma RR} U_1, \qquad I_2'' = \frac{R_1 + R_3}{\Sigma RR} U_2,$$

$$I_3' = \frac{R_2}{\Sigma RR} U_1, \qquad I_3'' = \frac{R_1}{\Sigma RR} U_2.$$

Die Addition der Teilströme liefert die tatsächlich fließenden Ströme zu

$$I_1 = I_1' + I_1'' = \frac{(R_2 + R_3)U_1 - R_3 U_2}{\Sigma RR}$$

$$I_2 = I'_2 + I_2'' = \frac{-R_3 U_1 + (R_1 + R_3)U_2}{\Sigma RR} \tag{2.6.4.2}$$

$$I_3 = I_3' + I_3'' = \frac{R_2 U_1 + R_1 U_2}{\Sigma RR} \quad .$$

2.6.5 Die Ersatzzweipolquelle

In Kapitel 2.5.4 wurde das Verhalten einer beliebigen Zweipolquelle (schwarzer Kasten), über deren inneren Aufbau keine weiteren Angaben vorlagen, als daß die äußere Klemmenspannung bei wachsendem Klemmenstrom linear abfiel, durch Ersatzschaltungen beschrieben. Dazu wurde gefordert, daß die Ersatzquellen für jeden Belastungsfall an ihren Klemmen den gleichen Strom und die gleiche Spannung aufweisen sollten, wie die durch sie ersetzten realen Zweipolquellen.

Diese Methode läßt sich auch auf lineare Netzwerke anwenden, also auf aus mehreren Widerständen und aus mehreren Zweipolquellen bestehende Gebilde, wenn Strom und Spannung nur in einem einzelnen Netzzweig berechnet werden sollen. Die Aufgabe besteht nun darin, für das restliche Netzwerk (schwarzer Kasten) ein Ersatzschaltbild anzugeben, mit dessen Hilfe sich dann der Strom in dem interessierenden Zweig bestimmen läßt. Die Schaltung, von der ausgegangen werden soll, ist in Bild 2.6.5.1 dargestellt; darin ist R_s der Widerstand des Zweiges, in dem der Strom I_s bestimmt werden soll. Wird der Widerstand R_s entfernt, so ist $I_s = 0$, und zwischen den Klemmen 1 und 2 tritt die Leerlaufspannung U_l auf (Bild 2.6.5.2).

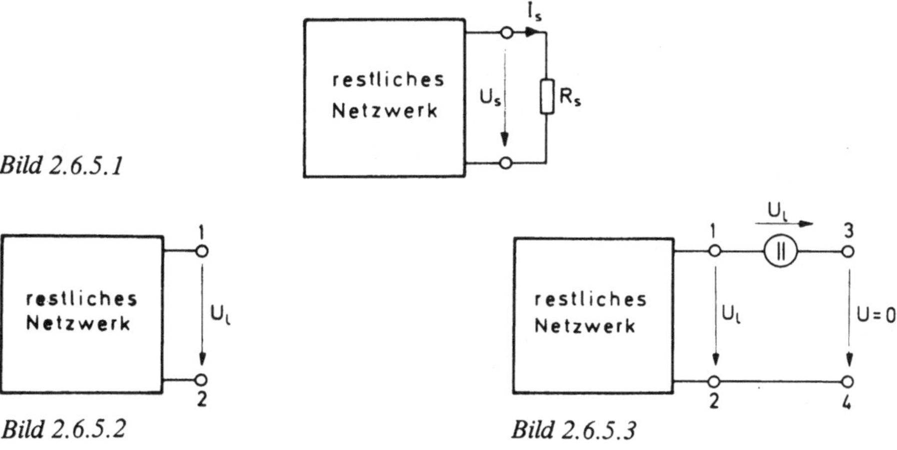

Bild 2.6.5.1

Bild 2.6.5.2

Bild 2.6.5.3

Nun wird eine belastungsunabhängige Spannungsquelle, deren feste Quellenspannung gleich U_l ist, hinzugefügt. Dadurch wird die Spannung U zwischen den Punkten 3 und 4 in Bild 2.6.5.3 Null. Ein Strom kann ebenfalls nicht fließen und zwar auch dann nicht, wenn die Punkte 3 und 4 über den Widerstand R_s verbunden werden, wie es die linke Seite des Bildes 2.6.5.4 zeigt.

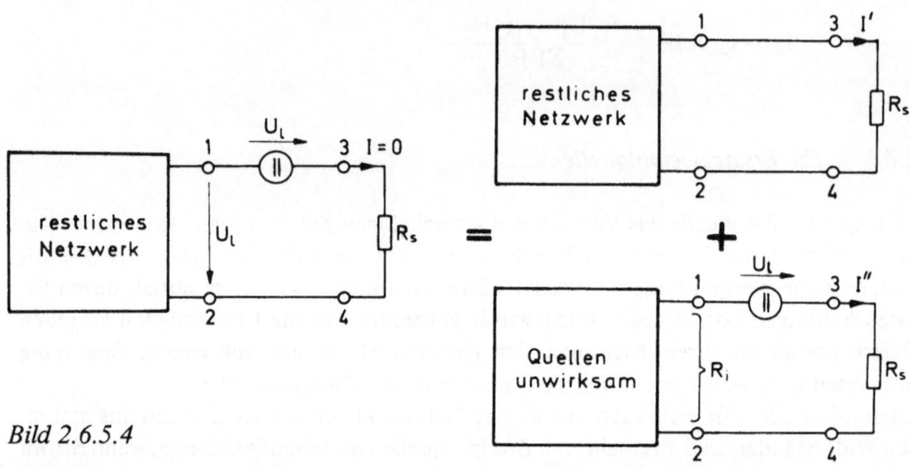

Bild 2.6.5.4

Da es sich hier um ein lineares Netzwerk handelt, kann der Strom I in der linken Schaltung des Bildes 2.6.5.4 auch durch die Addition der beiden Teilströme I' und I'' berechnet werden. I' ist dabei der Teilstrom, der durch R_s fließt, falls der aktive Zweipol zwischen den Punkten 1 und 3 unwirksam, d.h. kurzgeschlossen ist und nur die Zweipolquellen des Netzes wirksam sind. Wie ein Vergleich der rechten oberen Schaltung von Bild 2.6.5.4 mit der Schaltung in Bild 2.6.5.1 zeigt, ist demnach

$$(2.6.5.1) \qquad I' = I_s .$$

I'' dagegen ist der Teilstrom, der von der zwischen den Punkten 1 und 3 liegenden Spannungsquelle hervorgerufen wird, während alle Quellen des Netzwerkes unwirksam sind. Mit Hilfe der Maschenregel ergibt sich in der rechten unteren Schaltung von Bild 2.6.5.4

$$(2.6.5.2) \qquad I'' = -\frac{U_l}{R_i + R_s},$$

wobei R_i der resultierende Widerstand des nun passiven restlichen Netzwerkes zwischen den Klemmen 1 und 2 ist.

Der Überlagerungsatz besagt nun – wie Bild 2.6.5.4 es auch anschaulich ausdrückt –, daß

$$(2.6.5.3) \quad I = 0 = I' + I'' = I_s + \left(-\frac{U_l}{R_i + R_s}\right)$$

ist. Daraus folgt für den gesuchten Zweigstrom I_s die Gleichung

$$(2.6.5.4) \quad I_s = \frac{U_l}{R_i + R_s}.$$

Diese Gleichung läßt sich sehr einfach durch ein Ersatzschaltbild interpretieren. Es ist in Bild 2.6.5.5 wiedergegeben und zeigt, daß das restliche Netzwerk bezüglich der Klemmen 1 und 2 ersetzt worden ist durch eine Zweipolquelle mit einer festen Quellenspannung U_0, die gleich der an den Klemmen zu messenden Leerlaufspannung U_l ist, und mit einem Innenwiderstand R_i, der gleich dem resultierenden Widerstand des restlichen Netzwerkes ist, wenn in diesem alle Quellen unwirksam sind.

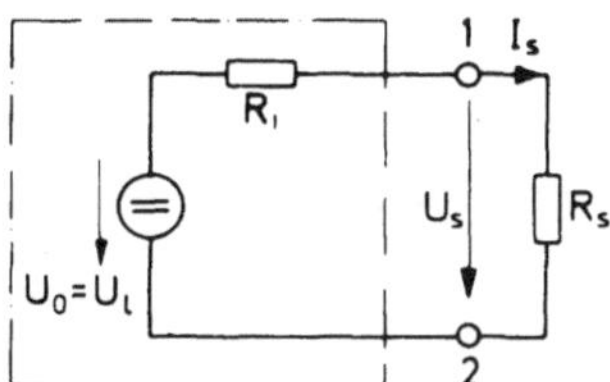

Bild 2.6.5.5

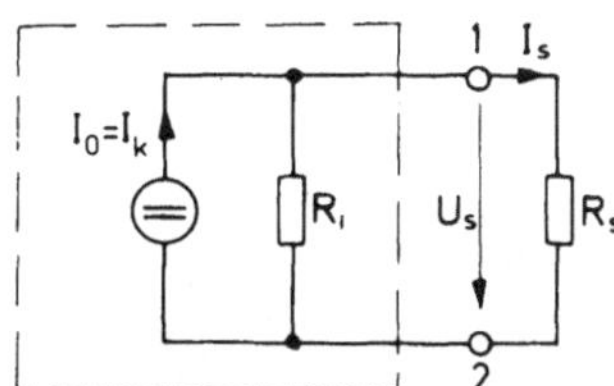

Bild 2.6.5.6

Der Innenwiderstand kann noch auf eine andere Art bestimmt werden. In der widerstandslosen Verbindung zwischen den Klemmen 1 und 2 ($R_s = 0$) fließt der Kurzschlußstrom I_k, für den nach Gl. (2.6.5.4) gilt:

$$(2.6.5.5) \quad I_k = \frac{U_l}{R_i}.$$

Es ist somit der Innenwiderstand der für das restliche Netzwerk gefundenen Ersatzzweipolquelle gleich dem Quotient aus Leerlaufspannung und Kurzschlußstrom, also

$$(2.6.5.6) \quad R_i = \frac{U_l}{I_k}.$$

Für die Ersatzzweipolquelle kann natürlich neben der Ersatzspannungsquelle in Bild 2.6.5.5 auch die Ersatzstromquelle in Bild 2.6.5.6 verwendet werden, da beide nach Kapitel 2.5.4 äquivalent sind.

Als Beispiel soll der Brückenstrom I_5 der Wheatstoneschen Brücke in Bild 2.5.3.2.1 berechnet werden. Dem Widerstand R_s in Bild 2.6.5.1 entspricht der Brückenwiderstand R_5, während das restliche Netzwerk aus den Widerständen R_1 bis R_4 und der Spannungsquelle U besteht. Wird R_5 entfernt, so ergibt sich für die Leerlaufspannung zwischen den Punkten 4 und 3

$$(2.6.5.7) \qquad U_l = \left(\frac{R_2}{R_2 + R_4} - \frac{R_1}{R_1 + R_3}\right) U = \frac{R_2 R_3 - R_1 R_4}{(R_1 + R_3)(R_2 + R_4)}\, U\,.$$

Werden nun die Quellen des restlichen Netzwerkes unwirksam gemacht, d.h., die Spannungsquelle U wird kurzgeschlossen, so liegen die Widerstände R_1 und R_3 sowie R_2 und R_4 parallel. Bezüglich der Punkte 4 und 3 sind diese beiden Parallelschaltungen wiederum in Reihe geschaltet. Für den resultierenden Widerstand des passiven Netzwerkes zwischen den Klemmen 4 und 3 folgt daher

$$(2.6.5.8) \qquad R_i = \frac{R_1 R_3}{R_1 + R_3} + \frac{R_2 R_4}{R_2 + R_4}\,.$$

Mit Gl. (2.6.5.4) oder gemäß Bild 2.6.5.5 berechnet sich der gesuchte Brückenstrom I_5 damit zu

$$(2.6.5.9) \qquad I_5 = \frac{U_l}{R_i + R_5}$$

$$= \frac{R_2 R_3 - R_1 R_4}{(R_1 + R_3)(R_2 + R_4)\left(\frac{R_1 R_3}{R_1 + R_3} + \frac{R_2 R_4}{R_2 + R_4} + R_5\right)}\, U\,.$$

Es ist dies das gleiche Ergebnis wie in Gl. (2.5.3.5.1). Nur wurde dort erst nach Lösung eines Gleichungssystems mit sechs Unbekannten dieses Resultat erzielt. Es soll nun noch erläutert werden, was unter dem Begriff „eine Quelle ist unwirksam“ zu verstehen ist. Wird ein Erzeuger durch eine Ersatzspannungsquelle nach Bild 2.5.4.1.1 ersetzt, so ist diese unwirksam, wenn die belastungsunabhängige Zweipolquelle mit der festen Quellenspannung U_0 entfernt und durch einen Kurzschluß ersetzt worden ist. Die Zweipolquelle besteht dann nur noch aus ihrem Innenwiderstand R_i. Eine Ersatzstromquelle nach Bild 2.5.4.2.1 ist dagegen unwirksam, falls durch eine Leiterunterbrechung dafür gesorgt wird, daß der feste Quellenstrom I_0 nicht fließen kann. Auch hier besteht die Quelle dann lediglich aus ihrem Innenwiderstand R_i. Werden daher in den einzelnen Schritten einer Netzberechnung Quellen unwirksam gemacht, so ist stets darauf zu achten, daß die Innenwiderstände der aktiven Elemente dabei im Netzverband verbleiben.

2.7 Leistungsanpassung und Wirkungsgrad

Für die Leistung P, die von einem Widerstand R_a aufgenommen wird, gilt nach Gl. (2.4.5)

$$P = U\,I = R_a I^2 = \frac{U^2}{R_a}\,. \tag{2.7.1}$$

Ist nun R_a als Verbraucherwiderstand direkt an eine Stromquelle angeschlossen oder liegt R_a als Verbraucher in einem Zweig eines umfangreichen Netzwerkes, so stellt sich die Frage, wie groß bei gegebener Stromquelle bzw. bei gegebenem Netz der Widerstand gewählt werden muß, damit die von ihm aufgenommene Leistung maximal wird. In den vorangegangenen Kapiteln wurde gezeigt, daß sowohl die Zweipolquelle als auch das Netz durch eine Ersatzzweipolquelle beschrieben werden können. Der Strom durch den Widerstand R_a läßt sich nach Gl. (2.5.4.1.3) oder Gl. (2.6.5.4) berechnen, demnach gilt für die vom Widerstand R_a aufgenommene Leistung

$$P = R_a I^2 = \frac{R_a}{(R_i + R_a)^2}\,U_0{}^2, \tag{2.7.2}$$

wobei U_0 und R_i die gegebenen Kenngrößen der Quelle – oder in dem anderen Falle des Netzes – sind. Die Leistung P verschwindet dabei sowohl für $R_a = 0$ (Kurzschluß), da dann $U = 0$ ist, als auch für $R_a = \infty$ (Leerlauf), da in diesem Falle $I = 0$ ist. Zwischen beiden extremen Betriebsfällen muß P in Abhängigkeit von R_a ein Maximum besitzen. Eine Extremwertberechnung liefert

$$R_a = R_i\,. \tag{2.7.3}$$

Dieser Belastungsfall wird mit *Leistungsanpassung* bezeichnet, der Verbraucherwiderstand R_a ist an den Innenwiderstand R_i angepaßt. Für die maximale Leistung ergibt sich

$$P_{max} = \frac{U_0{}^2}{4R_i} = \frac{U_0{}^2}{4R_a}\,. \tag{2.7.4}$$

Das Verhältnis

$$\frac{P}{P_{max}} = 4\,\frac{\dfrac{R_a}{R_i}}{\left(1 + \dfrac{R_a}{R_i}\right)^2} \tag{2.7.5}$$

über $\frac{R_a}{R_i}$ aufgetragen ist als Kurve in Bild 2.7.1 mit einem relativ breiten Maximum an der Stelle $\frac{R_a}{R_i} = 1$ dargestellt.

Nun nimmt der Innenwiderstand R_i natürlich ebenfalls Leistung auf. Diese ist im Falle der Anpassung wegen $R_a = R_i$ genauso groß wie die Verbraucherleistung. Daher beträgt der *Wirkungsgrad*

$$(2.7.6) \qquad \eta = \frac{P}{P_{ges}} = \frac{R_a I^2}{(R_i + R_a) I^2} = \frac{\frac{R_a}{R_i}}{1 + \frac{R_a}{R_i}}$$

bei Anpassung nur 0,5 (≙ 50 %), und lediglich die Hälfte der gesamten Leistung steht dem Verbraucher zur Verfügung, während die andere Hälfte als Verlustleistung verlorengeht.

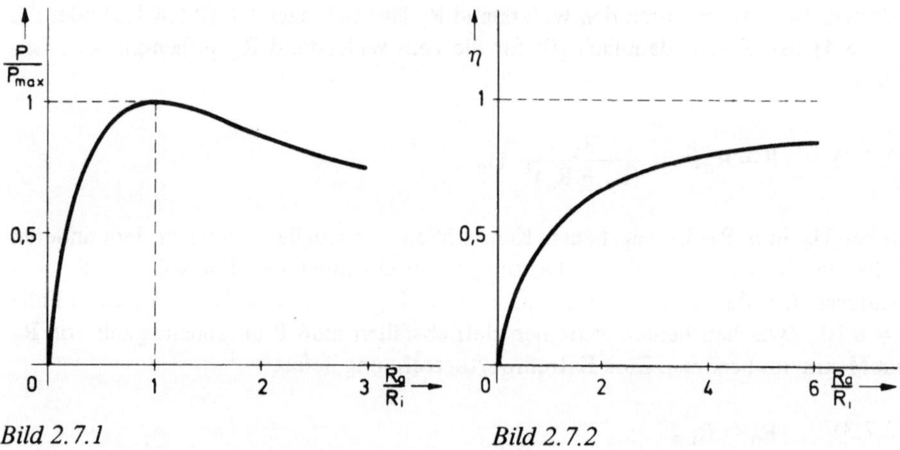

Bild 2.7.1 *Bild 2.7.2*

In der Starkstromtechnik spielt der Begriff der Leistungsanpassung eine untergeordnete Rolle. Denn hier besteht die Forderung, daß möglichst die gesamte erzeugte Leistung zum Verbraucher gelangt; es wird also ein hoher Wirkungsgrad verlangt. Nach Gl. (2.7.6) und nach Bild 2.7.2, in welchem der Wirkungsgrad η als Funktion von $\frac{R_a}{R_i}$ aufgetragen ist, geht $\eta \to 1$ für $\frac{R_a}{R_i} \to \infty$ bzw. $\frac{R_i}{R_a} \to 0$. Die Anordnungen der Starkstromtechnik müssen daher eine gegenüber dem Verbraucherwiderstand kleinen Innenwiderstand aufweisen, damit die in ihm verbrauchte Verlustleistung gering bleibt.

3. Das elektrische Feld

3.1 Vektorrechnung

Neben solchen Größen wie Temperatur, Masse u.a., die durch die Angabe von Zahlenwert und Einheit charakterisiert sind und die *Skalare* genannt werden, treten in der Physik vielfach Größen auf, die durch die Angabe von Zahlenwert und Einheit noch nicht genügend definiert sind. Die Richtung dieser Größen muß auch noch bekannt sein.

Bewegt sich ein Massepunkt im Raum um 1 m aus seiner Lage P, so kann sich der Massepunkt dieser Angabe zufolge anschließend irgendwo auf der Oberfläche einer Kugel befinden, die den Radius 1 m hat und deren Mittelpunkt der Punkt P ist. Wird die Bewegungsrichtung (bezogen auf ein Koordinatensystem) von P aus festgelegt, dann ist die Position des Massepunktes nach erfolgter Bewegung eindeutig. Die Verschiebung von P nach P′ sei wie in Bild 3.1.1 festgelegt.

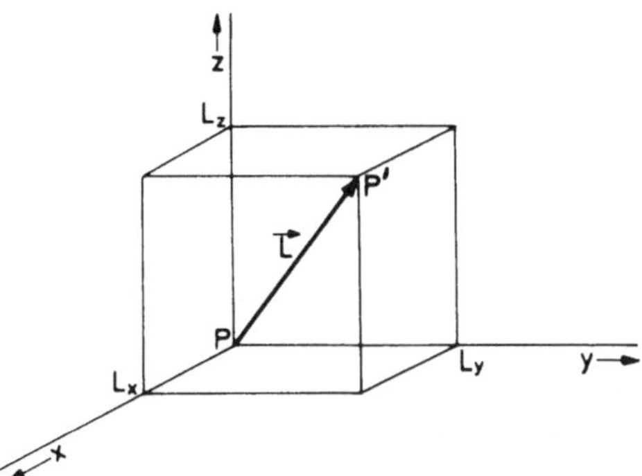

Bild 3.1.1

P ist der Ursprung eines kartesischen Koordinatensystems. P′ kann auf direktem Wege von P aus erreicht werden; genauso gut ist zunächst eine Bewegung auf der x-Achse um L_x möglich, dann parallel zur y-Achse um L_y und schließlich um L_z parallel zur z-Achse. Betragsmäßig gilt

$$L = |\vec{L}| = \sqrt{L_x{}^2 + L_y{}^2 + L_z{}^2}. \tag{3.1.1}$$

Größen, die durch die Angabe eines Zahlenwerts und einer Richtung charakterisiert sind, werden als *Vektoren* bezeichnet. Für den Vektor $\vec{L}$, der den gerichteten Abstand von P nach P' symbolisiert, werden folgende Schreibweisen benutzt:

$$\vec{L} = \begin{pmatrix} L_x \\ L_y \\ L_z \end{pmatrix} = (L_x, L_y, L_z) \tag{3.1.2}$$

$$= L_x \vec{e}_x + L_y \vec{e}_y + L_z \vec{e}_z \,.$$

$\vec{e}_x$, $\vec{e}_y$ und $\vec{e}_z$ sind die Einheitsvektoren in den entsprechenden Koordinatenrichtungen und L_x, L_y und L_z heißen Koordinaten des Vektors $\vec{L}$.

3.1.1 Addition von Vektoren

Die *Summe* zweier Vektoren $\vec{A}$ und $\vec{B}$ ergibt den Vektor $\vec{C}$, indem im Endpunkt von $\vec{A}$ der Vektor $\vec{B}$ angetragen wird (Bild 3.1.1.1). Für diese Addition gilt folgende Gleichung:

$$\vec{C} = \vec{A} + \vec{B} = \begin{pmatrix} A_x \\ A_y \\ A_z \end{pmatrix} + \begin{pmatrix} B_x \\ B_y \\ B_z \end{pmatrix} = \begin{pmatrix} A_x + B_x \\ A_y + B_y \\ A_z + B_z \end{pmatrix} \,. \tag{3.1.1.1}$$

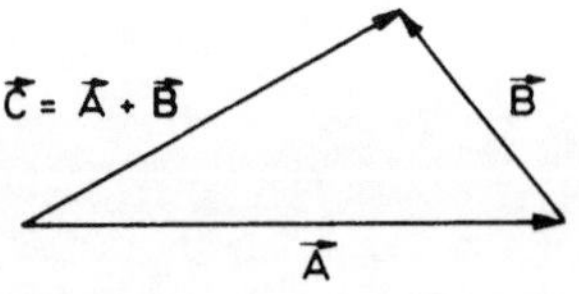

$\vec{C} = \vec{A} + \vec{B}$
$\vec{B}$
$\vec{A}$

Bild 3.1.1.1

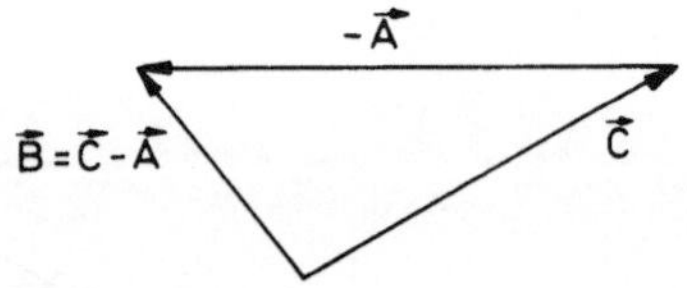

$-\vec{A}$
$\vec{B} = \vec{C} - \vec{A}$
$\vec{C}$

Bild 3.1.1.2

Die Vektorsumme ist wie die algebraische Summe unabhängig von der Reihenfolge der Summanden, also kommutativ. Ferner gilt das assoziative Gesetz.
Unter der *Differenz* der Vektoren $\vec{C}$ und $\vec{A}$ ist ein Vektor $\vec{B}$ zu verstehen, der zu $\vec{A}$ addiert den Vektor $\vec{C}$ ergibt. Der Vektor $\vec{B}$ wird ermittelt, indem im Endpunkt von $\vec{C}$ der Vektor $\vec{A}$ in umgekehrter Richtung (Multiplikation mit -1) angetragen wird. Formal ist also die Subtraktion des Vektors $\vec{A}$ als Addition des Vektors $-\vec{A}$ aufzufassen (Bild 3.1.1.2).

3.1.2 Multiplikation von Vektoren

In der Physik treten verschiedene Verknüpfungen von Vektoren auf, die die wichtigsten Eigenschaften der Multiplikation aufweisen.

Als *skalares Produkt* zweier Vektoren $\vec{A}$ und $\vec{B}$ ist eine Zahl (Skalar) definiert, die gleich ist dem Produkt aus den Beträgen der beiden Vektoren, multipliziert mit dem Kosinus des von ihnen eingeschlossenen Winkels.

(3.1.2.1) $$\vec{A}\,\vec{B} = |\vec{A}|\,|\vec{B}| \cos\,(\sphericalangle \vec{A}, \vec{B})\,.$$

Für das skalare Produkt gilt das kommutative Gesetz, also

$$\vec{A}\,\vec{B} = \vec{B}\,\vec{A}\,.$$

Weiter besitzt das skalare Produkt die Eigenschaft der Distributivität zur Addition:

$$\vec{A}\,(\vec{B} + \vec{C}) = \vec{A}\,\vec{B} + \vec{A}\,\vec{C}.$$

Das skalare Produkt, angewendet auf die Einheitsvektoren $\vec{e}_x$, $\vec{e}_y$, $\vec{e}_z$ eines orthogonalen Koordinatensystems ergibt auf Grund der Definition in Gl. (3.1.2.1)

(3.1.2.2) $$\begin{aligned} &\vec{e}_x\,\vec{e}_x = \vec{e}_y\,\vec{e}_y = \vec{e}_z\,\vec{e}_z = 1 \\ &\vec{e}_x\,\vec{e}_y = \vec{e}_y\,\vec{e}_z = \vec{e}_z\,\vec{e}_x = 0\,. \end{aligned}$$

Wird Gl. (3.1.2.1) mitbenutzt, so beträgt das skalare Produkt, nun ausgedrückt als Funktion der Komponenten der Vektoren,

(3.1.2.3) $$\begin{aligned} \vec{A}\,\vec{B} &= (A_x\,\vec{e}_x + A_y\,\vec{e}_y + A_z\,\vec{e}_z)\,(B_x\,\vec{e}_x + B_y\,\vec{e}_y + B_z\,\vec{e}_z) \\ &= A_x B_x + A_y B_y + A_z B_z\,. \end{aligned}$$

Meist wird folgende kürzere Schreibweise gewählt:

(3.1.2.4) $$\vec{A}\,\vec{B} = (A_x, A_y, A_z) \begin{pmatrix} B_x \\ B_y \\ B_z \end{pmatrix} = A_x B_x + A_y B_y + A_z B_z\,.$$

Neben dem skalaren Produkt existiert ein weiteres Produkt, das *Vektorprodukt*. Als Vektorprodukt der Vektoren $\vec{A}$ und $\vec{B}$ wird ein Vektor $\vec{C}$ definiert, der senkrecht auf der von $\vec{A}$ und $\vec{B}$ gebildeten Ebene steht und dessen Betrag gleich dem Flächeninhalt des von $\vec{A}$ und $\vec{B}$ gebildeten Parallelogramms ist. Für das Vorzeichen von $\vec{C}$ gilt: $\vec{C}$ soll so gerichtet sein, daß in dieser Richtung gesehen die kleinste Drehung von $\vec{A}$ in $\vec{B}$ eine Rechtsdrehung ist. Demzufolge ist das Vektorprodukt nicht kommutativ. Es gilt also, wenn zur Unterscheidung vom Skalarprodukt als Operationszeichen ein Kreuz (x) verwendet wird:

(3.1.2.5) $\vec{C} = \vec{A} \times \vec{B} = -\vec{B} \times \vec{A}$.

Für den Betrag gilt definitionsgemäß

(3.1.2.6) $|\vec{C}| = |\vec{A}|\,|\vec{B}| \sin(\sphericalangle \vec{A}, \vec{B})$.

Die Distributivität zur Addition besitzt auch für das Vektorprodukt Gültigkeit:

$$\vec{A} \times (\vec{B} + \vec{C}) = \vec{A} \times \vec{B} + \vec{A} \times \vec{C}.$$

Für die Einheitsvektoren $\vec{e}_x, \vec{e}_y, \vec{e}_z$ eines rechtwinkligen Koordinatensystems folgt:

(3.1.2.7)
$$\vec{e}_x \times \vec{e}_x = \vec{e}_y \times \vec{e}_y = \vec{e}_z \times \vec{e}_z = 0$$
$$\vec{e}_x \times \vec{e}_y = \vec{e}_z, \qquad \vec{e}_y \times \vec{e}_z = \vec{e}_x, \qquad \vec{e}_z \times \vec{e}_x = \vec{e}_y.$$

Mit Hilfe dieser Beziehungen ergibt sich für das Vektorprodukt

(3.1.2.8)
$$\begin{aligned}\vec{A} \times \vec{B} &= \begin{pmatrix} A_x \\ A_y \\ A_z \end{pmatrix} \times \begin{pmatrix} B_x \\ B_y \\ B_z \end{pmatrix} \\ &= (A_x \vec{e}_x + A_y \vec{e}_y + A_z \vec{e}_z) \times (B_x \vec{e}_x + B_y \vec{e}_y + B_z \vec{e}_z) \\ &= (A_y B_z - A_z B_y)\,\vec{e}_x + (A_z B_x - A_x B_z)\,\vec{e}_y + (A_x B_y - A_y B_x)\,\vec{e}_z \\ &= \begin{pmatrix} A_y B_z - A_z B_y \\ A_z B_x - A_x B_z \\ A_x B_y - A_y B_x \end{pmatrix}.\end{aligned}$$

Dies läßt sich kürzer in Form einer Determinante schreiben:

(3.1.2.9)
$$\vec{A} \times \vec{B} = \begin{vmatrix} \vec{e}_x & \vec{e}_y & \vec{e}_z \\ A_x & A_y & A_z \\ B_x & B_y & B_z \end{vmatrix}.$$

3.2 Vektorfeld und skalare Felder

Es wurde bereits die Erfahrung gemacht, daß Körper sich gegenseitig beeinflussen können, indem sie Kräfte aufeinander ausüben. Ein unmittelbarer Kontakt der

Körper ist hierbei gar nicht immer erforderlich. Beispiele sind die Massenanziehung, die Anziehung und Abstoßung von elektrischen Ladungen oder von Magnetpolen. Die Kraft – sie ist ein Vektor –, die auf einen Körper durch das Vorhandensein eines zweiten Körpers ausgeübt wird, hängt im allgemeinen nach Betrag und Richtung von der jeweiligen Lage der beiden Körper ab, ist also eine Funktion des Ortes. Diese Tatsachen sind bereits seit langem bekannt. Zunächst wurde dabei angenommen, daß eine sog. Fernwirkung zwischen den Körpern besteht, d.h., daß die Kraftwirkung sich unendlich schnell ausbreitet. Mit der Verbesserung der technischen Mittel konnten die Experimente immer genauer durchgeführt werden, und es zeigt sich, daß es unmittelbare Fernwirkungen nicht gibt, es verstreicht vielmehr eine gewisse Zeit von dem Entstehen der krafterzeugenden Ursache in dem einen Körper bis zu der sich daraufhin im anderen Körper äußernden Wirkung. Der Raum – selbst wenn er leer ist – überträgt die Kraftwirkungen von dem einen Körper auf den anderen; er ist damit zum Träger physikalischer Eigenschaften geworden. Im Gegensatz zu der ursprünglich angenommenen Fernwirkung handelt es sich hier um eine Nahwirkung von Ort zu Ort des Raumes. Der hier geprägte Raumbegriff – der Raum ist Träger physikalischer Eigenschaften, die experimentell zu ermitteln sind – ist unterschiedlich von dem Raumbegriff in der Geometrie, wo die Raumeigenschaften durch Axiome festgelegt werden.

Ein Raum, in dem Kräfte auf einen Körper einwirken, wird Kraftfeld genannt. Nun sind Kräfte Vektoren, und daher fallen Kraftfelder unter den umfassenderen Begriff der Vektorfelder. Wenn in den folgenden Ausführungen von Feldern gesprochen wird, sind stets Vektorfelder gemeint.

Ein Kraftfeld ist als Vektorfeld gekennzeichnet durch die Richtung und den Betrag der Kraft, die auf einen Körper an den einzelnen Orten des Raumes wirkt. Der Körper muß dabei selbstverständlich die spezifische Eigenschaft besitzen, die für das betreffende Kraftfeld charakteristisch ist. Bekanntlich werden in einem Magnetfeld längst nicht auf alle Körper Kräfte ausgeübt, sondern nur auf solche, die Träger einer für das Magnetfeld typischen Eigenschaft sind. In einem Schwerefeld müssen die Körper eine schwere Masse besitzen, um Kraftwirkungen zu erfahren. In einem elektrischen Feld wirken auf die Körper nur dann Kräfte ein, wenn sie Träger elektrischer Ladungen sind. Die Erfahrung lehrt, daß die Kraft $\vec{F}$, die durch ein Feld auf einen Körper ausgeübt wird, um so größer ist, je reichlicher das Maß der spezifischen Eigenschaft, welches mit a bezeichnet werden soll, in dem Körper vorhanden ist. Es gilt allgemein

$$(3.2.1) \qquad \vec{F} = a\,\vec{f}.$$

$\vec{f}$ wird als *Feldstärke* bezeichnet. Die Kraft, die ein Körper an einem bestimmten Ort des Feldes erfährt, ist der dort herrschenden Feldstärke gleichgerichtet und dem Betrage nach proportional. Die Feldstärke ist folglich eine Funktion des Ortes.

Bewegt sich in einem Kraftfeld ein Körper unter dem Einfluß der Kraft $\vec{F} = a \cdot \vec{f}$

vom Punkt 1 zum Punkt 2, so nimmt seine potentielle Energie ab. Hierbei gilt, wenn W_1 und W_2 die potentiellen Energien des Körpers in den Punkten 1 und 2 sind,

$$(3.2.2) \qquad W_1 - W_2 = \Delta W = \int_1^2 \vec{F}\, d\vec{s} = \int_1^2 a\, \vec{f}\, d\vec{s}\,.$$

Vorausgesetzt, daß sich a auf dem Wege von 1 und 2 nicht ändert, läßt sich schreiben

$$(3.2.3) \qquad \varphi_1 - \varphi_2 = \Delta\, \varphi = \int_1^2 \vec{f}\, d\vec{s}\,.$$

Hierin werden $\varphi_1 = \frac{W_1}{a}$ und $\varphi_2 = \frac{W_2}{a}$ als die *Potentiale* der Punkte 1 bzw. 2 bezeichnet. Entsprechend ist $\Delta\varphi = \frac{\Delta W}{a}$ die *Potentialdifferenz* zwischen 1 und 2, welche in einigen Anwendungsfällen die Bezeichnung *Spannung* erhält. Im allgemeinen ist das Potential φ eine Funktion des Ortes, d.h. ein *skalares Feld.*

Da in der Praxis nur Unterschiede der potentiellen Energie bzw. Potentialdifferenzen interessieren, kann eine willkürliche Wahl für den Nullpunkt der potentiellen Energie bzw. des Potentials getroffen werden. In der Gl. (3.2.3) sei das Potential im Punkt 1 gleich Null, das des Punktes 2 betrage jetzt $\varphi_2 = \varphi$. Dann gilt

$$(3.2.4) \qquad \varphi = - \int_1^2 \vec{f}\, d\vec{s}.$$

Dabei wurde der Integrationsweg zwischen den Punkten 1 und 2 noch nicht festgelegt, so daß der Wert des Potentials in Gl. (3.2.4) noch nicht eindeutig bestimmt ist. Es zeigt sich, daß bei gewissen Feldern der Wert des Potentials unabhängig vom Weg zwischen den Punkten 1 und 2 ist. Im besonderen gilt dann, daß das Linienintegral entlang einer geschlossenen Kurve C (Umlaufintegral) gleich Null ist; mathematisch ausgedrückt heißt dies

$$(3.2.5) \qquad \oint_C \vec{f}\, d\vec{s} = 0\,.$$

Felder mit dieser Eigenschaft werden als *wirbelfrei* bezeichnet. Für wirbelfreie Felder ist das Potential durch Gl. (3.2.4) eindeutig bestimmt, so daß umgekehrt ein wirbelfreies Feld auch durch die Angabe des Potentials in jedem der Raumpunkte eindeutig beschrieben ist. Aus Gl. (3.2.4) folgt, bezogen auf ein kartesisches Koordinatensystem,

(3.2.6) $$\begin{aligned} d\varphi &= -\vec{f}\,d\vec{s} \\ &= -(f_x\vec{e}_x + f_y\vec{e}_y + f_z\vec{e}_z)(dx\,\vec{e}_x + dy\,\vec{e}_y + dz\,\vec{e}_z) \\ &= -(f_x dx + f_y dy + f_z dz)\,. \end{aligned}$$

Andererseits ist das totale Differential des Potentials, welches eine Funktion der Koordinaten x, y, z ist,

(3.2.7) $$d\varphi = \frac{\partial\varphi}{\partial x}\,dx + \frac{\partial\varphi}{\partial y}\,dy + \frac{\partial\varphi}{\partial z}\,dz\,.$$

Das Differential $d\varphi$ kann jetzt rein formal aufgefaßt werden als ein skalares Produkt des Wegelementes

(3.2.8) $$d\vec{s} = dx\,\vec{e}_x + dy\,\vec{e}_y + dz\,\vec{e}_z = (dx, dy, dz)$$

mit dem Vektor

(3.2.9) $$\frac{\partial\varphi}{\partial x}\vec{e}_x + \frac{\partial\varphi}{\partial y}\vec{e}_y + \frac{\partial\varphi}{\partial z}\vec{e}_z = \left(\frac{\partial\varphi}{\partial x}, \frac{\partial\varphi}{\partial y}, \frac{\partial\varphi}{\partial z}\right),$$

der als *Gradient* von φ bezeichnet wird. Es gilt

(3.2.10) $$\operatorname{grad}\varphi = \left(\frac{\partial\varphi}{\partial x}, \frac{\partial\varphi}{\partial y}, \frac{\partial\varphi}{\partial z}\right).$$

Gl. (3.2.7) erhält hiermit die Form

(3.2.11) $$d\varphi = \operatorname{grad}\varphi\,d\vec{s}\,.$$

Aus dem Vergleich von Gl. (3.2.6) mit Gl. (3.2.11) folgt

(3.2.12) $$\vec{f} = -\operatorname{grad}\varphi\,.$$

Werden Unstetigkeiten ausgeschlossen, so können im ganzen Raum alle Punkte mit gleichen Werten des Potentials φ zu Flächen verbunden werden, den sogenannten *Äquipotentialflächen,* für die φ = konst. gilt (Bild 3.2.1).
Beim Fortschreiten auf einer Äquipotentialfläche ändert sich daher φ nicht. Wird das Linienelement $d\vec{s}$ in eine Äquipotentialfläche gelegt, so muß auf Grund der Überlegungen aus Gl. (3.2.11) folgen

(3.2.13) $$d\varphi = \operatorname{grad}\varphi\,d\vec{s} = 0\,.$$

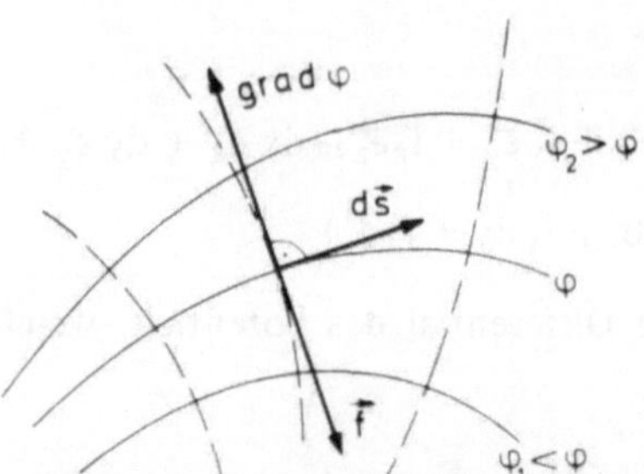

Bild 3.2.1

Dies ist nur möglich – vorausgesetzt, daß grad $\varphi \neq 0$ und $d\vec{s} \neq 0$ – wenn grad φ senkrecht auf der Äquipotentialfläche steht. Der größte Zuwachs von φ ergibt sich durch Fortschreiten in der Richtung von grad φ, daher der Name Gradient. Weil grad φ senkrecht auf den Äquipotentialflächen steht, muß auch wegen Gl. (3.2.12) $\vec{f}$ senkrecht auf den Äquipotentialflächen stehen, wobei die Richtung von $\vec{f}$ allerdings in die Richtung der größten Abnahme von φ zeigt. Bild 3.2.1 zeigt einige gestrichelt gezeichnete *Feldlinien*, die der Veranschaulichung des Kraftfeldes dienen sollen. Es sind dies Kurven, deren Tangentenvektoren, vom höheren zum niedrigeren Potential weisend, gleichgerichtet mit den Feldstärkevektoren verlaufen.

Ein Feld, welches sich als Gradient einer Potentialfunktion darstellen läßt, genügt der Gl. (3.2.5). Felder, bei denen diese Darstellung nicht möglich ist, deren Linienintegral also zwischen zwei Punkten 1 und 2 vom Wege abhängig ist, werden *Wirbelfelder* genannt.

Im allgemeinen ändert sich die Feldstärke in einem Kraftfeld von Ort zu Ort nach Betrag und Richtung. In einem *homogenen Feld* ist die Feldstärke nach Betrag und Richtung ortsunabhängig. Neben der Ortsabhängigkeit kann noch eine Zeitabhängigkeit bestehen. Zeitlich konstante Felder – und diese werden im folgenden ausschließlich behandelt – heißen *stationäre Felder*.

3.3 Das stationäre elektrische Strömungsfeld

Bei den bisherigen Betrachtungen wurden die elektrischen Leiter als sehr lang gegenüber ihren konstanten Querschnittsabmessungen angenommen. Dadurch verteilte sich der Strom gleichmäßig über den Querschnitt, so daß mit einer konstanten Stromdichte in jedem Punkt eines Leiterquerschnitts gerechnet werden konnte. Jetzt sollen diese Voraussetzungen fallengelassen und die Stromverteilung in komplizierteren Leiteranordnungen betrachtet werden.

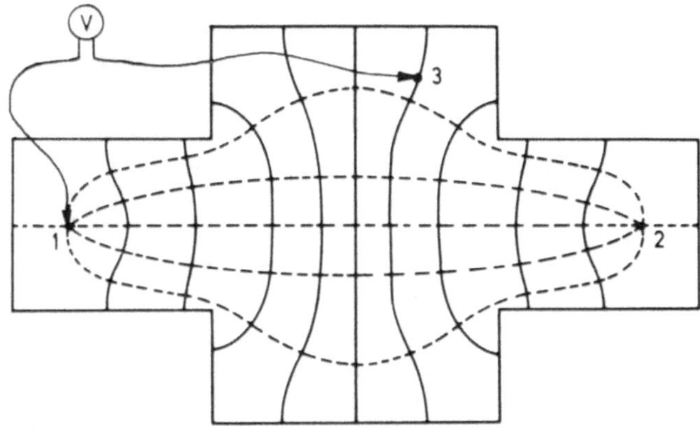

Bild 3.3.1

Der in Bild 3.3.1 gezeigten Metallplatte werde im Punkt 1 Strom zugeführt und im Punkt 2 wieder entnommen. Das Potential im Punkt 1 wird willkürlich gleich Null festgesetzt, also $\varphi_1 = 0$. Mit Hilfe eines Spannungsmessers, der als ideal vorausgesetzt wird, werden jetzt die Linien aufgesucht, die gleiches Potential, d.h. gleiche Spannung gegenüber dem Punkt 1 besitzen. Verbunden wird also der Spannungsmesser einerseits mit dem Punkt 1, andererseits mit einem Metallgriffel, der im Punkt 3 auf der Metallplatte aufsitzt. Dabei wird der Zeiger des Spannungsmessers ausschlagen. Die Platte wird jetzt weiter mit dem Griffel abgetastet, indem alle Punkte mit gleichem Zeigerausschlag aufgesucht werden. Die Verbindung dieser Punkte stellt eine Äquipotentiallinie dar. Werden außerdem die zu anderen Zeigerausschlägen gehörenden Äquipotentiallinien aufgesucht, so ergibt sich die Potentialverteilung auf der ganzen Platte, die etwa der in Bild 3.3.1 durch ausgezogene Linien dargestellten Verteilung entspricht. In Wirklichkeit handelt es sich jedoch nicht um Äquipotentiallinien. Wenn nämlich in der Platte, die überall die gleiche, sehr geringe Dicke d besitzen soll, gemessen würde, wäre festzustellen, daß die Äquipotentiallinien nur die Durchschneidungen von Äquipotentialflächen mit der Plattenoberfläche darstellen. Wegen der geringen Dicke der Platte gegenüber ihrer Längen- und Breitenabmessung verlaufen die Äquipotentialflächen senkrecht zu der Plattenoberfläche.

Für das Zustandekommen eines elektrischen Stromes wurde die elektrische Spannung verantwortlich gemacht. Wo keine Spannung (Potentialdifferenz) auftritt, stellt sich auch keine elektrische Strömung ein. Da in einer Äquipotentialfläche gemäß deren Definition kein Potentialgefälle vorhanden ist, wird die Strömungsrichtung folglich senkrecht auf den Äquipotentialflächen stehen. Daher kann die Strömungsrichtung durch senkrecht zu den Äquipotentialflächen verlaufende Stromlinien anschaulich dargestellt werden. In Bild 3.3.1 entsprechen die gestrichelten Linien solchen Stromlinien, deren Gesamtheit das *elektrische Strömungsfeld* bilden. Als eine die elektrische Strömung charakterisierende Größe hatte sich die elektrische Stromdichte in Gl. (2.3.4) herausgestellt. Die dort abgeleitete Beziehung ist allerdings nur gültig, wenn es sich um einen langgestreckten Leiter handelt, in dem sich der Strom gleichmäßig über den Leitungsquerschnitt A verteilt. Jetzt soll eine allgemein gültige Definition der Stromdichte gewonnen werden. Zu diesem Zweck wird ein Flächenelement dA auf einer Äquipotentialfläche betrachtet, durch das ein bestimmter Teilstrom dI tritt. Es folgt dann für die Stromdichte am Ort des Flächenelementes

$$(3.3.1) \qquad S = \frac{dI}{dA} .$$

Der Strom, der durch die gesamte Äquipotentialfläche hindurchtritt, ergibt sich durch Integration aus Gl. (3.3.1) zu

$$(3.3.2) \qquad I = \int_A S \, dA .$$

Gl. (3.3.2) läßt sich allgemeiner formulieren. Wird die Stromdichte als ein Vektor betrachtet, der die Richtung der Strömung (senkrecht zur Äquipotentialfläche) an einem bestimmten Punkt angibt, und das Flächenelement ebenfalls als ein Vektor, dessen Richtung senkrecht zum Flächenelement ist, so läßt sich Gl. (3.3.1) wie folgt umformen

$$(3.3.3) \qquad dI = \vec{S} \, d\vec{A} .$$

Der Teilstrom dI ergibt sich als skalares Produkt aus der Stromdichte $\vec{S}$ und dem Flächenelement $d\vec{A}$, das jetzt nicht mehr ein Teilgebiet einer Äquipotentialfläche zu sein braucht. Durch Integration der Gl. (3.3.3) ergibt sich die Stromstärke

$$(3.3.4) \qquad I = \int_A \vec{S} \, d\vec{A}$$

als Flächenintegral der elektrischen Stromdichte.

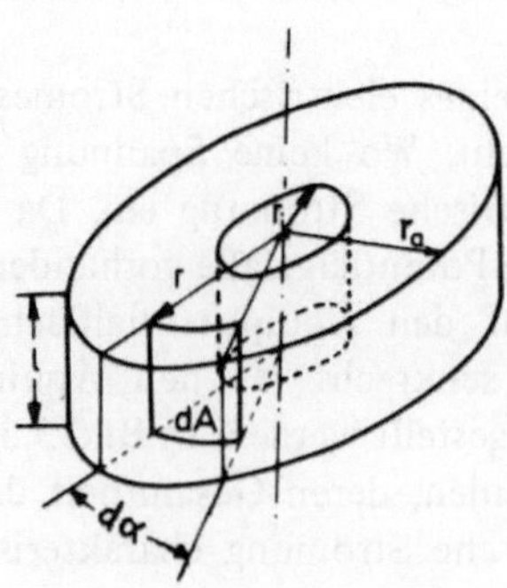

Bild 3.3.2

Als Beispiel soll jetzt die Stromdichte in dem in Bild 3.3.2 gezeichneten Hohlzylinder berechnet werden, wenn diesem am inneren Kreiszylinder der Strom I zugeführt und am äußeren Kreiszylinder der gleiche Strom I wieder entnommen wird. Aus Symmetriegründen wird die Strömung radial verlaufen. Äquipotentialflächen sind dabei koaxiale Zylinderflächen.
Durch das Flächenelement $dA = l \cdot r \cdot d\alpha$ tritt der Teilstrom $dI = I \cdot \frac{d\alpha}{2\pi}$. Für den Betrag der Stromdichte im Abstand r von der Achse gilt

$$(3.3.5) \qquad S(r) = \frac{dI}{dA} = \frac{I \frac{d\alpha}{2\pi}}{l\, r\, d\alpha} = \frac{I}{2\pi\, r\, l}\,.$$

Der Betrag der Stromdichte nimmt also mit wachsendem Abstand von der Achse ab. Mit $\vec{e}_r = \frac{\vec{r}}{r}$ als radialem Einheitsvektor läßt sich nun für den Vektor der Stromdichte schreiben

$$(3.3.6) \qquad \vec{S} = S(r)\,\vec{e}_r = \frac{I}{2\pi r l}\,\vec{e}_r = \frac{I}{2\pi r l}\,\frac{\vec{r}}{r}\,.$$

Nach diesem Beispiel soll jetzt wieder das allgemeine Strömungsfeld betrachtet werden. In Bild 3.3.3 ist eine ringsum geschlossene Fläche (Hüllfläche) gezeichnet, welche von einem Teil eines Leiters durchdrungen wird. Da sich in dem Leiterstück keine beliebig große Ladungsmenge ansammeln kann, muß der Strom I, der durch die Durchdringungsfläche A_1 des Leiters mit der Hüllfläche in diese eintritt, durch die andere Durchdringungsfläche A_2 wieder austreten. Als Gleichung geschrieben heißt dies

$$(3.3.7) \qquad \int_{A_1} \vec{S}_1\, d\vec{A} + \int_{A_2} \vec{S}_2\, d\vec{A} = 0\,.$$

Der Flächenvektor $d\vec{A}$ muß auf der ganzen Hüllfläche stets gleichgerichtet sein; und zwar muß er entweder stets nach außen oder aber stets ins Innere der Hüllfläche zeigen. Es ist hier zu bemerken, daß bei der Berechnung von Gl. (3.3.7) das erste Integral negativ werden wird, da der Winkel zwischen dem Stromdichtevektor $\vec{S}_1$ und dem Vektor $d\vec{A}$ des Flächenelementes größer als 90° ist.
Nun ist die Stromdichte außerhalb des Leiters Null, und daher gilt für das Flächenintegral der Stromdichte über den restlichen Teil A_3 der Hüllfläche

$$(3.3.8) \qquad \int_{A_3} \vec{S}_3\, d\vec{A} = 0\,.$$

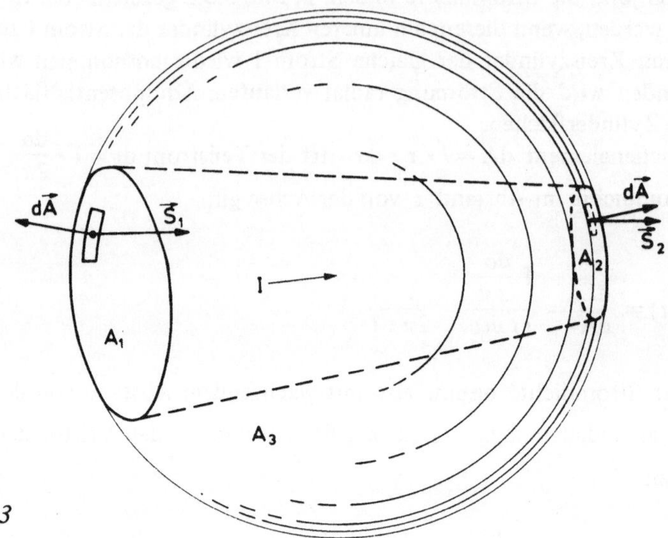

Bild 3.3.3

Durch Addition der beiden letzten Gleichungen ergibt sich

$$(3.3.9)\qquad \oint_A \vec{S}\,d\vec{A} = \int_{A_1} \vec{S}_1\,d\vec{A} + \int_{A_2} \vec{S}_2\,d\vec{A} + \int_{A_3} \vec{S}_3\,d\vec{A} = 0\,.$$

Diese Gleichung besagt, daß der gesamte durch die Hüllfläche tretende Strom Null ist. Gl. (3.3.9) formuliert somit den ersten Kirchhoffschen Satz für das Strömungsfeld. Wird nämlich der von der Hüllfläche eingeschlossene Raum als ein Knotenpunkt angesehen, so muß die Summe der auf den Knotenpunkt zufließenden Ströme verschwinden, und genau das wird ja auch durch Gl. (3.3.9) ausgedrückt.
Felder, bei denen wie beim vorliegenden Strömungsfeld das Flächenintegral über eine geschlossene Fläche verschwindet, heißen *quellenfrei*; sie besitzen weder eine Strömungsquelle noch eine Strömungssenke.

3.3.1 Die elektrische Feldstärke im stationären Strömungsfeld

Für den Leiter in Bild 3.3.1 ergab sich mit Hilfe von Messungen eine eindeutige Verteilung des elektrischen Potentials φ. Diesem kann daher nach Gl. (3.2.12) ein wirbelfreies Vektorfeld $\vec{E}$ zugeordnet werden, für das

(3.3.1.1) $\vec{E} = -\operatorname{grad} \varphi$

gilt; $\vec{E}$ heißt *elektrische Feldstärke.* Aus Gl. (3.2.11) folgt

(3.3.1.2) $d\varphi = \operatorname{grad} \varphi \, d\vec{s} = -\vec{E} \, d\vec{s}$.

Diese Beziehung erlaubt es, die Potentialdifferenz zwischen zwei beliebigen Punkten 1 und 2 als Funktion der Feldstärke anzugeben. Es gilt nämlich

(3.3.1.3) $\varphi_1 - \varphi_2 = \int\limits_2^1 d\varphi = -\int\limits_2^1 \vec{E} \, d\vec{s} = \int\limits_1^2 \vec{E} \, d\vec{s}$.

In den Kapiteln 2.4.1 und 3.2 wurde bereits die Potentialdifferenz als Spannung bezeichnet. Für die *elektrische Spannung* ergibt sich daher

(3.3.1.4) $U_{12} = \varphi_1 - \varphi_2 = \int\limits_1^2 \vec{E} \, d\vec{s}$.

Es ist also die elektrische Spannung U_{12} zwischen Punkt 1 und Punkt 2 gleich dem Linienintegral der elektrischen Feldstärke zwischen den Punkten 1 und 2. Sinngemäß beträgt dann die Spannung U_{21} zwischen Punkt 2 und Punkt 1

(3.3.1.5) $U_{21} = \int\limits_2^1 \vec{E} \, d\vec{s} = -\int\limits_1^2 \vec{E} \, d\vec{s} = -U_{12}$.

Die Summe der beiden Spannungen U_{12} und $U_{21} = -U_{12}$ ist folglich Null. Dies gilt auch dann, wenn für den Integrationsweg von 2 nach 1 ein anderer Weg gewählt wird als für den Hinweg von 1 nach 2, da die Spannung als Differenz zweier eindeutiger Potentialwerte unabhängig vom Integrationsweg ist. Mathematisch formuliert lautet diese Aussage

(3.3.1.6) $\oint\limits_C \vec{E} \, d\vec{s} = 0$,

das Umlaufintegral der elektrischen Feldstärke ist Null, – oder anders ausgedrückt – das elektrische Feld ist wirbelfrei. Gl. (3.3.1.6) bestätigt den zweiten Kirchhoffschen Satz auch für das stationäre Strömungsfeld.

Aus Kapitel 3.2 ist bekannt, daß die Feldstärkevektoren $\vec{E}$ senkrecht zu den Äquipotentialflächen φ = konst. verlaufen. Für die Darstellung in Bild 3.3.1 heißt dies, daß der dort gestrichelt gezeichnete Verlauf der elektrischen Stromlinien, die ja ebenfalls senkrecht die Äquipotentialflächen durchdringen, auch dem Verlauf der elektrischen Feldlinien entspricht. Im Leiter sind daher elektrische Stromdichte und elektrische Feldstärke gleichgerichtet und verlaufen von höherem zu niedrigerem Potential.

Zwischen den Beträgen von Stromdichte und Feldstärke kann eine Beziehung abgeleitet werden, wenn das Ohmsche Gesetz auf einen kleinen Ausschnitt aus dem Strömungsfeld angewendet wird. Dazu soll der in Bild 3.3.1.1 zwischen zwei Äquipotentialflächen liegende Quader mit der infinitesimal kleinen Querschnittsfläche dA und der infinitesimal kleinen Länge ds betrachtet werden. Das Feld in seinem Inneren darf als homogen angesehen werden.

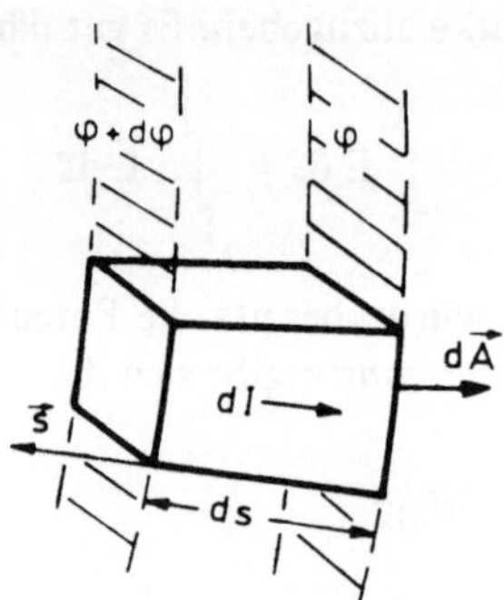

Bild 3.3.1.1

In dem Quader fließe der Strom $dI = \vec{S} \cdot d\vec{A} = S \cdot dA$, denn Stromdichtevektor und Flächenvektor der Äquipotentialfläche sind parallel. Dem Ohmschen Gesetz zufolge gilt

(3.3.1.7) $\quad d\varphi = R\, dI\,,$

wobei nach Gl. (2.1.1.1) $R = \rho \cdot \dfrac{ds}{dA}$ ist. In Bild 3.3.1.1 ist nun die Richtung des Weges $\vec{s}$ senkrecht zu den Äquipotentialflächen und in Richtung steigenden Potentials gewählt worden. Dann gilt die Gleichung (3.3.1.2), die hier lautet

(3.3.1.8) $\quad d\varphi = -\vec{E}\, d\vec{s} = E\, ds.$

Das Minuszeichen in der Gleichung verschwindet dabei, da die Feldstärke $\vec{E}$ und das Wegelement $d\vec{s}$ entgegengesetzt parallel sind, so daß das Skalarprodukt $\vec{E} \cdot d\vec{s} = E \cdot ds$ selbst schon negativ wird. Mit den erhaltenen Werten für die Größen $d\varphi$ und dI läßt sich jetzt für die Gleichung (3.3.1.7) schreiben

(3.3.1.9) $\quad E\, ds = \rho\, \dfrac{ds}{dA}\, S\, dA\,.$

Daraus ergibt sich

(3.3.1.10) $\quad E = \rho\, S\,.$

Da Stromdichte und Feldstärke auch noch gleichgerichtet sind, gilt allgemein

(3.3.1.11) $\vec{E} = \rho \vec{S}$

oder

(3.3.1.12) $\vec{S} = \kappa \vec{E}$,

wenn anstelle des spezifischen Widerstandes ρ die Leitfähigkeit $\kappa = \frac{1}{\rho}$ benutzt wird. Die hier abgeleiteten Beziehungen stellen das Ohmsche Gesetz in vektorieller Schreibweise dar. Für ihre Gültigkeit muß die Voraussetzung erfüllt sein, daß die Materialkonstanten ρ und κ keine Funktionen der Feldstärke sind, wie es für metallische Leiter im normalen Temperaturbereich der Fall ist.
Es soll nun nochmals zu dem Beispiel des Hohlzylinders in Bild 3.3.2 zurückgekehrt werden. Für den vom Radius r abhängigen Betrag der Stromdichte wurde dort gefunden:

(3.3.1.13) $S = \frac{I}{2\pi l r}$.

Mit der Gleichung (3.3.1.12) folgt damit für den Betrag der elektrischen Feldstärke im Abstand r von der Achse

(3.3.1.14) $E = \frac{S}{\kappa} = \frac{I}{2\pi\kappa l r}$.

Am Innenradius beträgt demzufolge die Feldstärke

(3.3.1.15) $E_i = \frac{I}{2\pi\kappa l r_i}$,

so daß E auch wie folgt angegeben werden kann:

(3.3.1.16) $E = E_i \frac{r_i}{r}$.

Mit der Kenntnis der elektrischen Feldstärke läßt sich nun auch die Spannung zwischen einem Punkt auf dem Innenzylinder und einem Punkt im Abstand r von der Achse als Linienintegral der elektrischen Feldstärke berechnen. Wird dazu als Integrationsweg ein Weg in radialer Richtung parallel zur Richtung der Feldstärke gewählt, so ergibt sich

$$(3.3.1.17)\quad U_{r_i,r} = \int_{r_i}^{r} \vec{E}\, d\vec{r} = \int_{r_i}^{r} E\, dr = E_i\, r_i \int_{r_i}^{r} \frac{1}{r} dr = E_i\, r_i \ln \frac{r}{r_i}\,.$$

Bei der betrachteten Kreisscheibe kann es sich um eine nicht gut isolierende Scheibe handeln. In diesem Fall ist nicht die Feldstärke E_i am Innenzylinder, sondern die zwischen dem Innen- und Außenzylinder anliegende Spannung bekannt. E_i kann aber damit aus Gl. (3.3.1.17) berechnet werden; denn für $r = r_a$ gilt

$$(3.3.1.18)\quad E_i = \frac{U_{r_i,r_a}}{r_i \ln \frac{r_a}{r_i}} = \frac{U_{r_i,r_a}}{r_a} \frac{\frac{r_a}{r_i}}{\ln \frac{r_a}{r_i}}\,.$$

Bei gegebenem Radius r_a des Außenzylinders ist somit die Feldstärke E_i am Innenzylinder eine Funktion des Verhältnisses $\frac{r_a}{r_i}$. Nun nimmt aber die Feldstärke gemäß Gl. (3.3.1.16) mit wachsendem Abstand von der Achse ab, was gleichzeitig bedeutet, daß die Feldstärke am Innenzylinder am größten ist. Hohe Feldstärken sind der Anlaß zu Zerstörungserscheinungen, und es interessiert daher, für welches Verhältnis $\frac{r_a}{r_i}$ die Feldstärke E_i ein Minimum aufweist. Die Lösung einer auf Gl. (3.3.1.18) angewendeten Extremwertberechnung ergibt, daß für

$$(3.3.1.19)\quad \frac{r_a}{r_i} = e$$

die am Innenzylinder auftretende maximale Feldstärke ihren kleinsten Wert annimmt. Das gefundene Radienverhältnis behält auch dann seine Bedeutung, wenn es sich bei der Kreisscheibe um einen guten Leiter handeln sollte, bei dem es zu unzulässiger Erwärmung infolge der ebenfalls am Innenzylinder auftretenden maximalen Stromdichte kommt.

Mit Gl. (3.3.1.18) und Gl. (3.3.1.15) läßt sich nun noch der Widerstand der Kreisscheibe ermitteln:

$$(3.3.1.20)\quad R = \frac{U_{r_i,r_a}}{I} = \frac{E_i\, r_i \ln \frac{r_a}{r_i}}{I} = \frac{\ln \frac{r_a}{r_i}}{2\pi \kappa l}\,.$$

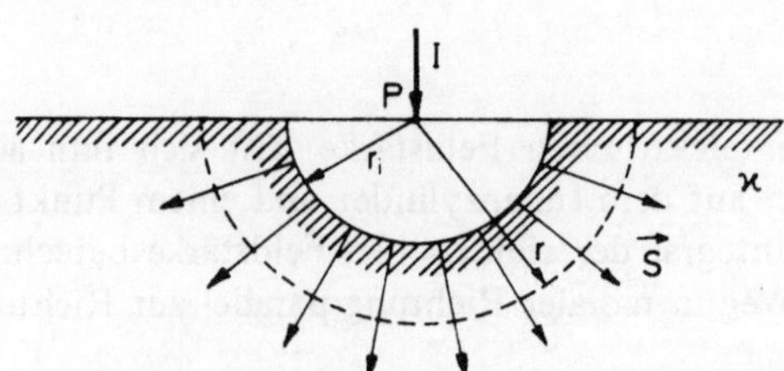

Bild 3.3.1.2

Als weiteres Beispiel soll der in Bild 3.3.1.2 skizzierte Halbkugelerder behandelt werden. In die Erdoberfläche ist eine metallische Halbkugel eingebettet, der im Punkt P der Strom I zugeführt wird. Aus Gründen der Symmetrie werden die Stromlinien radial aus der Oberfläche der Halbkugel austreten, so daß jede zum Erder konzentrische Halbkugelfläche eine Äquipotentialfläche ist. Mit dieser Überlegung gilt für den Betrag der Stromdichte

$$(3.3.1.21)\quad S = \frac{I}{A} = \frac{I}{2\pi r^2}$$

und hiermit für den Betrag der Feldstärke

$$(3.3.1.22)\quad E = \frac{S}{\kappa} = \frac{I}{2\pi\kappa r^2}\ .$$

Zur Berechnung der Spannung zwischen der leitenden Halbkugel und einem beliebigen Punkt im Erdreich wird wiederum das Linienintegral der elektrischen Feldstärke gebildet, auch hier in radialer Richtung parallel zu einer Feldlinie; damit wird

$$(3.3.1.23)\quad U_{r_i,r} = \int_{r_i}^{r} \vec{E}\, d\vec{r} = \int_{r_i}^{r} E\, dr = \frac{I}{2\pi\kappa} \int_{r_i}^{r} \frac{1}{r^2}\, dr = \frac{I}{2\pi\kappa}\left(\frac{1}{r_i} - \frac{1}{r}\right).$$

Ist $r \gg r_i$, so gilt angenähert $U_{r_i,r} = U_{r_i,\infty}$ mit

$$(3.3.1.24)\quad U_{r_i,\infty} = \frac{I}{2\pi\kappa r_i}\ ,$$

woraus sich nun der Übergangswiderstand zwischen dem Erder und dem Erdreich berechnen läßt.

$$(3.3.1.25)\quad R = \frac{U_{r_i,\infty}}{I} = \frac{1}{2\pi\kappa r_i}\ .$$

Würde als Erder eine Vollkugel benutzt, die jedoch, um wiederum einen radialsymmetrischen Strom- und Feldlinienverlauf zu erhalten, ausreichend tief im Erdreich eingebettet sein müßte, so ergäbe sich ein Übergangswiderstand

$$(3.3.1.26)\quad R = \frac{1}{4\pi\kappa r_i}\ ,$$

also nur die Hälfte des für den Halbkugelerder gefundenen Wertes; der Strom I kann sich nämlich in diesem Fall auf die doppelte Fläche verteilen.

3.3.2 Die Leistungsdichte im stationären Strömungsfeld

Die einem Widerstand zugeführte Energie wird in diesem in Wärme – *Joulesche Stromwärme* – umgewandelt. Die Leistung, die der Widerstand dabei aufnimmt, wurde bereits in Gl. (2.4.5) angegeben. Von dieser Definition ausgehend, soll jetzt die im stationären elektrischen Strömungsfeld umgesetzte Leistung berechnet werden. Hierzu wird nochmals der kleine Ausschnitt aus dem Strömungsfeld in Bild 3.3.1.1 betrachtet; dort gilt $d\varphi = \vec{E} \cdot d\vec{s} = E \cdot ds$ und weiterhin $dI = \vec{S} \cdot d\vec{A} = S \cdot dA$. Die von dem Quader mit dem Volumen $dV = dA \cdot ds$ aufgenommene Leistung dP ist gleich dem Produkt der an ihm auftretenden Spannung $d\varphi$ und des durch ihn fließenden Stromes dI, also

$$(3.3.2.1) \quad dP = d\varphi \, dI \,.$$

Werden nun die angegebenen Beziehungen für $d\varphi$ und dI benutzt und beide Seiten der Gleichung durch das Volumen des Quaders dividiert, so folgt

$$(3.3.2.2) \quad \frac{dP}{dV} = E\,S = \kappa\, E^2 = \rho\, S^2 \,.$$

Das Quadrat des Betrages eines Vektors ist aber gleich dem Quadrat des Vektors selbst. Daher gilt

$$(3.3.2.3) \quad \frac{dP}{dV} = \vec{E}\,\vec{S} = \kappa\, \vec{E}^2 = \rho\, \vec{S}^2 \,.$$

Somit ist die im stationären elektrischen Strömungsfeld pro Volumeneinheit umgesetzte Leistung gleich dem skalaren Produkt aus Feldstärke und Stromdichte.

3.4 Das elektrostatische Feld

Die *Elektrostatik* ist die Lehre von den zwischen ruhenden elektrischen Ladungen wirkenden Kräften, die auch hier durch eine entsprechende Feldvorstellung beschrieben werden kann. Wegen der Kraftwirkung auf elektrisch geladene Körper wird von einem elektrischen Feld gesprochen, das durch seine Feldstärke charakterisiert ist. Dabei wird als elektrische Feldstärke $\vec{E}$ das Verhältnis der auf einen punktförmigen Körper wirkenden Kraft $\vec{F}$ zu dessen elektrischer Ladung Q bezeichnet, also

(3.4.1) $$\vec{E} = \frac{\vec{F}}{Q} .$$

Diese Beziehung stimmt vollkommen mit den Vorstellungen überein, die in Kapitel 3.2 zur Herleitung der Kraftwirkung in einem allgemeinen Kraftfeld geführt haben; denn die Gleichung (3.2.1) lautet hier

(3.4.2) $$\vec{F} = Q\vec{E}$$

und besagt, daß die auf eine punktförmige Ladung wirkende Kraft $\vec{F}$ gleich dem Produkt aus der Ladung Q und der elektrischen Feldstärke $\vec{E}$ am Ort der Ladung ist. Die Energie, die aufzuwenden ist bzw. gewonnen wird, wenn die Ladung Q im elektrostatischen Feld von einem Ausgangspunkt zu einem anderen Punkt und von dort wieder zurück zum Ausgangspunkt bewegt wird, ist gleich Null. Denn die bei Bewegung der Ladung in Feldrichtung freiwerdende Energie muß wieder ganz dazu benutzt werden, um die Ladung gegen die Kraft des Feldes zurück zu bewegen. Mathematisch formuliert lautet diese physikalische Aussage

(3.4.3) $$\oint_C \vec{F}\, d\vec{s} = Q \oint_C \vec{E}\, d\vec{s} = 0 .$$

Damit ist aber – wie im stationären Strömungsfeld – auch im elektrostatischen Feld das Umlaufintegral der elektrischen Feldstärke Null, und das elektrische Feld ist demnach wirbelfrei, da die Beziehung

(3.4.4) $$\oint_C \vec{E}\, d\vec{s} = 0$$

gültig ist. Deswegen kann auch dem elektrostatischen Feld durch die Gleichung

(3.4.5) $$\vec{E} = -\text{grad}\, \varphi$$

ein skalares Potential φ zugeordnet werden, so daß schon bekannte Begriffe wie Äquipotentialfläche oder elektrische Spannung übernommen werden können.
Konnten sich im elektrischen Strömungsfeld vorhandene freie Ladungsträger infolge der Feldstärke auch tatsächlich bewegen, so soll das im elektrostatischen Feld nach dessen Definition nicht der Fall sein. Das heißt aber, daß in einem Leiter, der ja freie Ladungsträger enthält, die Feldstärke Null sein muß, sobald er sich in einem elektrostatischen Feld befindet. Ebenso existiert in einem Raum, der ganz von einer elektrisch leitenden Hülle eingeschlossen ist, kein durch äußere Ladungen hervorgerufenes elektrisches Feld. Diese Tatsache ist experimentell bewiesen und findet manche praktische Anwendung, zum Beispiel beim Faraday-Käfig. Weiter folgt für einen Leiter im elektrostatischen Feld, daß die elektrischen Feldlinien senkrecht auf

der Leiteroberfläche stehen müssen, da eine tangentiale Komponente ja eine Ladungsbewegung, also eine Strömung zur Folge hätte; damit sind Leiteroberflächen Äquipotentialflächen des elektrostatischen Feldes.
Bisher wurde von den zwischen ruhenden Ladungen herrschenden Kräften ausgegangen. Nun soll ein von Priestley* angegebener Weg verfolgt werden, um die Kraftwirkung zwischen zwei Ladungen zu berechnen. Es wird dabei als bekannt vorausgesetzt, daß gleichnamige Ladungen abstoßende Kräfte aufeinander ausüben, während sich entgegengesetzt geladene Körper anziehen. Wird eine bestimmte Ladungsmenge Q in das Innere eines Leiters gebracht, so werden sich die einzelnen Ladungsträger untereinander abstoßen und sich, da sie sich ja in dem Leiter bewegen können, auf der Leiteroberfläche so verteilen, daß sich ein Gleichgewichtszustand einstellt. In diesem Zustand ist das Innere des Leiters wieder feldfrei und damit wegen der Zuordnung von Feldstärke und Kraft in Gl. (3.4.2) auch kräftefrei.

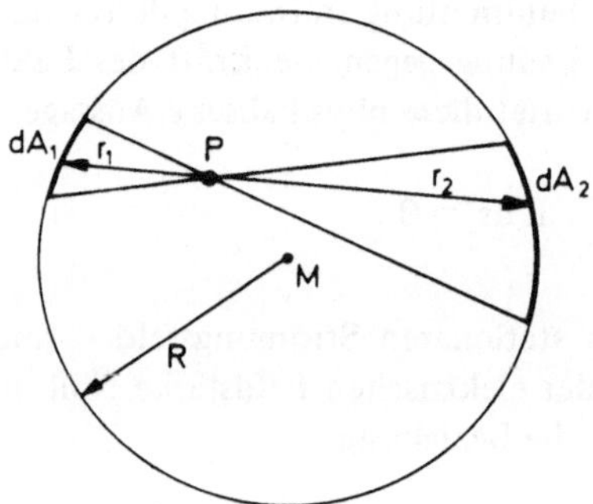

Bild 3.4.1

Hat nun der betrachtete Leiter die spezielle Form einer Kugel, so kann sich die Ladungsmenge Q aus Symmetriegründen nur gleichmäßig über die Oberfläche verteilen. Die Ladung pro Flächeneinheit – auch Flächenladung genannt – beträgt daher

$$\sigma = \frac{Q}{A} = \frac{Q}{4\pi R^2} \qquad (3.4.6)$$

wobei A die Oberfläche und R der Radius der in Bild 3.4.1 im Schnitt gezeichneten Kugel ist. Wie ebenfalls dort dargestellt ist, soll ein die Kugel durchdringender Doppelkegel mit dem Scheitel in P aus der Kugeloberfläche die Flächen $dA_1 = r_1^2 \cdot d\Omega$ und $dA_2 = r_2^2 \cdot d\Omega$ herausschneiden; $d\Omega$ ist dabei der Raumwinkel des Kegels, und r_1 und r_2 sind die auf einer Geraden liegenden Abstände der infinitesimalen Flächen dA_1 und dA_2 vom Scheitel des Kegels. Wegen der vorhandenen Ladungsverteilung befinden sich auf den beiden Flächenelementen die Ladungen $Q_1 = \sigma \cdot dA_1$ und $Q_2 = \sigma \cdot dA_2$. Diese üben auf eine dritte punktförmige Ladung

* Joseph Priestley, 1733–1804.

Q_3, die gedanklich in P angebracht wird, Kräfte aus, deren Wirkungen sich aufheben müssen, da sie von den auf sich gegenüberliegenden Flächenstücken befindlichen Ladungen herrühren; nur dann ist nämlich gewährleistet, daß in dem beliebig gewählten Punkt P in keiner Richtung eine Kraftwirkung auftritt, wie es nach den vorangegangenen Überlegungen sein muß. Für die Beträge der von Q_1 und Q_2 auf Q_3 ausgeübten Kräfte F_1 und F_2 gilt

$$\begin{aligned} F_1 &= Q_1 Q_3 f(r_1) \\ F_2 &= Q_2 Q_3 f(r_2), \end{aligned} \tag{3.4.7}$$

wobei $f(r_1)$ und $f(r_2)$ noch zu bestimmende Funktionen der Abstände der jeweiligen Ladungen voneinander sind. Beide Kräfte müssen gleich sein, also

$$Q_1 Q_3 f(r_1) = Q_2 Q_3 f(r_2). \tag{3.4.8}$$

Hieraus folgt

$$\frac{f(r_2)}{f(r_1)} = \frac{Q_1}{Q_2} = \frac{\sigma\, dA_1}{\sigma\, dA_2} = \frac{r_1^2\, d\Omega}{r_2^2\, d\Omega} = \frac{r_1^2}{r_2^2} \tag{3.4.9}$$

und daraus

$$f(r_1) r_1^2 = f(r_2) r_2^2 = k. \tag{3.4.10}$$

Diese Beziehung liefert

$$\begin{aligned} f(r_1) &= \frac{k}{r_1^2} \\ f(r_2) &= \frac{k}{r_2^2}, \end{aligned} \tag{3.4.11}$$

so daß für die beiden Kräfte jetzt angegeben werden kann:

$$\begin{aligned} F_1 &= k \frac{Q_1 Q_3}{r_1^2} \\ F_2 &= k \frac{Q_2 Q_3}{r_2^2}. \end{aligned} \tag{3.4.12}$$

Aus diesem Ergebnis folgt, daß zwei Punktladungen Q und Q', die sich im Abstand r voneinander befinden, aufeinander die Kraft

(3.4.13) $$F = k \frac{Q'Q}{r^2}$$

ausüben. Diese Kraft ist nach Coulomb benannt, der die experimentelle Bestätigung für Gl. (3.4.13) erbracht hat. Die Richtung der Kraft ist die Richtung der Verbindungslinie der beiden Ladungen. Wird der in diese Richtung zeigende Einheitsvektor $\vec{e}_r = \frac{\vec{r}}{r}$ verwendet, so läßt sich für die Kraft der Vektor $\vec{F}$ angeben:

(3.4.14) $$\vec{F} = F\,\vec{e}_r = k \frac{Q'}{r^2}\, Q\, \vec{e}_r\ .$$

Soll nun nach den Feldvorstellungen die Gleichung (3.4.2) ebenfalls gültig sein, so ergibt sich für die dort eingeführte elektrische Feldstärke

(3.4.15) $$\vec{E} = \frac{\vec{F}}{Q} = k \frac{Q'}{r^2}\, \vec{e}_r\ .$$

Dieses Resultat kann wie folgt interpretiert werden: Die Punktladung Q' erzeugt ein elektrisches Feld, dessen Feldstärke proportional der Ladungsmenge und umgekehrt proportional dem Quadrat der Entfernung vom Ort der Ladung ist. Die Feldlinien selbst verlaufen entsprechend der auf dic Punktladung Q wirkenden Kraft in radialer Richtung entweder ausgehend von der Punktladung Q', falls diese positiv ist, oder aber auf diese zu, wenn Q', negativ sein sollte.

Es muß noch berücksichtigt werden, daß der Betrag der von Q' herrührenden Feldstärke von dem die Ladung umgebenden Stoff abhängig ist. Das heißt, daß es sich bei der bisher in den Gleichungen mitgeführten Porportionalitätskonstanten k um eine Materialkonstante handelt, für die nun $k = \frac{1}{4\pi \cdot \epsilon}$ gesetzt werden soll. Die so definierte neue Materialkonstante ϵ heißt *Dielektrizitätskonstante*, deren Wert im leeren Raum

(3.4.16) $$\epsilon_0 = 8{,}855 \cdot 10^{-12}\ \frac{\text{As}}{\text{Vm}} = 8{,}855\ \frac{\text{pF}}{\text{m}}$$

beträgt. Es ist nun üblich, die Dielektrizitätskonstanten der Stoffe durch Angabe einer *relativen Dielektrizitätskonstanten* ϵ_r auf die des Vakuums zu beziehen und zu schreiben

(3.4.17) $$\epsilon = \epsilon_0\, \epsilon_r\ .$$

ϵ_r ist ein reiner Zahlenwert und wird deshalb auch als Dielektrizitätszahl bezeichnet. Für einige Stoffe sind die Werte von ϵ_r in der Tabelle 3.4.1 angegeben.

Tabelle 3.4.1: Relative Dielektrizitätskonstanten ϵ_r bei 20°C

Stoff	ϵ_r	Stoff	ϵ_r
Azeton	21,5	Mineralöl	2,2
Bernstein	2,8	Pertinax	4,8
Diamant	16,5	Petroleum	2,1
Glas	5...7	Polystyrol	2,6
Glimmer	5...8	Quarz	3,8...5
Gummi	2,7	Keramische Stoffe	10...100
Hartpapier	5...6	Vakuum	1
Harzöl	2	Wasser	80,3

In die Gl. (3.4.15) wird nun $k = \frac{1}{4\pi \cdot \epsilon}$ eingesetzt und weiterhin die die Feldstärke $\vec{E}$ erzeugende Ladung Q' zur Verallgemeinerung durch die Ladung Q ersetzt. Daraus folgt die Gleichung

$$(3.4.18) \qquad \vec{E} = \frac{Q}{4\pi\epsilon r^2}\,\vec{e}_r\,,$$

die nun in endgültiger Form das radialsymmetrische elektrische Feld einer punktförmigen Ladung Q beschreibt.

3.4.1 Die elektrische Verschiebungsdichte

Im vorangegangenen Kapitel wurde der Ladung Q eine elektrische Feldstärke $\vec{E}$ zugeordnet und dazu gesagt, daß deren Betrag von dem die Ladung umgebenden Stoff abhängig ist. Durch Multiplikation der Gl. (3.4.18) mit der Dielektrizitätskonstanten ϵ ergibt sich der neue Vektor

$$(3.4.1.1) \qquad \vec{D} = \epsilon\,\vec{E} = \frac{Q}{4\pi r^2}\,\vec{e}_r\,,$$

der unabhängig von den Eigenschaften des Materials ist und der *elektrische Verschiebungsdichte* genannt wird. Diese ist direkt der Ladung zugeordnet und zwar in der Weise, daß das Flächenintegral der Verschiebungsdichte über eine geschlossene Fläche, welche die Ladung Q enthält, gleich der eingeschlossenen Ladung ist. Wird nämlich als Hüllfläche die Oberfläche einer Kugel gewählt, in deren Mittelpunkt sich die Ladung Q befindet, so gilt mit Gl. (3.4.1.1) und $dA = r^2 \cdot d\Omega$ (wobei der Raumwinkel Ω für die Kugel 4π beträgt):

$$(3.4.1.2) \qquad \oint_A \vec{D}\,d\vec{A} = \oint_A D\,dA = \oint_\Omega D\,r^2\,d\Omega = \frac{Q}{4\pi}\oint_\Omega d\Omega = Q\,.$$

Selbstverständlich sind Ladungen nicht ausschließlich Punktladungen. Bei Leitern beliebiger Form wird sich die auf ihnen angebrachte Ladung ebenfalls so auf der Oberfläche verteilen, daß ein Gleichgewichtszustand eintritt. Die Leiteroberfläche ist dabei stets eine Äquipotentialfläche. Die elektrischen Feldlinien – und damit die Verschiebungslinien – stehen senkrecht auf der Oberfläche des Leiters, so daß

$$\vec{D} = \epsilon \vec{E} \tag{3.4.1.3}$$

für jede beliebige Feldverteilung gültig bleibt. Auf der Leiteroberfläche ist die Verschiebungsdichte $\vec{D}$, die ja nach Gl. (3.4.1.1) eine auf eine Fläche bezogene Ladung darstellt, mit der auf der Leiteroberfläche befindlichen Flächenladung σ identisch. Wird nun das Hüllenintegral der Verschiebungsdichte gebildet, wobei als Hüllfläche die Leiteroberfläche selbst gewählt wird, so ergibt sich auch hier die gesamte auf dem Leiter und damit die gesamte innerhalb der gewählten Hüllfläche sich befindende Ladung Q. Es gilt damit ganz allgemein

$$\oint_A \vec{D}\,d\vec{A} = Q\,. \tag{3.4.1.4}$$

Dies trifft auch bei der Wahl einer Hüllfläche in einiger Entfernung von der Ladung zu, da die von Q ausgehenden Verschiebungslinien auch in diesem Fall alle die geschlossene Fläche durchdringen müssen. Selbstverständlich braucht sich die Ladung Q auch nicht unbedingt auf einem Leiter zu befinden, sie kann genauso gut auf einem Isolator angebracht sein. Für eine Hüllfläche, innerhalb der keine Ladung vorhanden ist, gilt

$$\oint_A \vec{D}\,d\vec{A} = 0\,, \tag{3.4.1.5}$$

denn es treten dann ebenso viele Verschiebungslinien in die Hüllfläche ein, wie aus ihr austreten. Das $\vec{D}$-Feld ist daher im Gegensatz zum stationären Strömungsfeld, wo stets $\oint_A \vec{S} \cdot d\vec{A} = 0$ ist, im allgemeinen nicht quellenfrei, sondern vorhandene Ladungen sind die Quellen der Verschiebungslinien.

3.4.2 Influenz

Wird ein ungeladener elektrisch leitender Körper (Leiter) in ein von einer Ladung Q erzeugtes elektrisches Feld gebracht, so erfolgt unter dem Einfluß der Feldstärke eine Trennung der beweglichen Ladungsträger innherlab des Körpers. Die Ladungsverteilung im Leiterinneren stellt sich derart ein, daß das von ihr herrührende Feld das äußere Feld kompensiert und die Feldstärke im Körper verschwindet. Die Summe der Ladungen im Körper bleibt nach wie vor Null, allerdings sind die positiven und die negativen Ladungsträger jetzt anders verteilt. In dem Teil des Körpers, der der positiv angenommenen Ladung Q zugewendet ist, werden sich die negativen

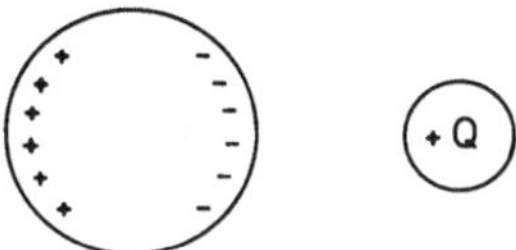

Bild 3.4.2.1

Ladungen ansammeln, während sich die positiven Ladungsträger in Richtung der von Q herrührenden Feldstärke zur abgewendeten Seite des Körpers bewegen werden. Diese Erscheinung wird als *Influenz* bezeichnet. Durch die Influenz wird der Körper *polarisiert*, er wird zum *elektrischen Dipol*, so wie es in Bild 3.4.2.1 veranschaulicht ist.

3.4.3 Die Kapazität

Betrachtet werden jetzt zwei räumlich getrennte Leiter – hier als Elektroden bezeichnet –, auf denen sich ungleichnamige Ladungen von gleichem Betrag befinden sollen. Alle von der positiv geladenen Elektrode 1 ausgehenden Feldlinien enden auf der negativen Elektrode 2. Auf Grund des Feldes, das zwischen den Elektroden besteht, herrscht zwischen ihnen die Spannung

$$(3.4.3.1) \quad U = U_{12} = \int_1^2 \vec{E}\, d\vec{s} = \int_1^2 \frac{\vec{D}}{\epsilon}\, d\vec{s}\,.$$

Wird um eine Elektrode eine geschlossene Fläche gelegt, so gilt für die Ladung auf der Elektrode die Beziehung

$$(3.4.3.2) \quad Q = \oint_A \vec{D}\, d\vec{A}\,.$$

Jetzt sollen zunächst solche Leiteranordnungen betrachtet werden, bei denen sich die Ladung Q gleichmäßig über die Elektrodenoberfläche verteilt. Für Gl. (3.4.3.2) kann dann nämlich $Q = D \cdot A$ geschrieben werden, wenn A der Flächeninhalt einer Äquipotentialfläche ist. Zur Berechnung der Spannung nach Gl. (3.4.3.1) wird der Integrationsweg entlang einer Verschiebungslinie gelegt. Mit $\vec{D} \cdot d\vec{s} = D \cdot ds$ gilt sodann

$$(3.4.3.3) \quad U = \int_1^2 \frac{D}{\epsilon}\, ds = \int_1^2 \frac{Q}{\epsilon A}\, ds = Q \int_1^2 \frac{ds}{\epsilon A} = \frac{Q}{C}\,.$$

Die Ladung Q ist demnach der Spannung U proportional. Der Proportionalitätsfaktor

(3.4.3.4) $$C = \frac{Q}{U} = \frac{1}{\int\limits_1^2 \frac{ds}{\epsilon A}}$$

wird die *Kapazität* der Anordnung genannt. Sie ist nur von geometrischen Verhältnissen und von dem zwischen den Elektroden befindlichen Stoff abhängig. Leiteranordnungen, die der Kapazität wegen hergestellt werden, heißen *Kondensatoren*.

Kann bei einer beliebigen Elektrodenanordnung keine gleichmäßige Ladungsverteilung vorausgesetzt werden, so bleibt dennoch die Proportionalität zwischen Ladung und Spannung erhalten. Für die Kapazität eines Systems 1–2 gilt dann allgemein

(3.4.3.5) $$C = \frac{Q}{U_{12}} = \frac{\oint\limits_A \vec{D}\, d\vec{A}}{\int\limits_1^2 \vec{E}\, d\vec{s}} .$$

Es sollen nun die Kapazitäten einiger Kondensatortypen mit Hilfe der Gleichung (3.4.3.4) berechnet werden. Da ist zunächst der Plattenkondensator in Bild 3.4.3.1. Zwei gleiche Platten mit der Fläche A sind im Abstand d parallel zueinander aufgestellt. Auf der Elektrode 1 befindet sich die Ladung +Q und auf der Platte 2 entsprechend die Ladung –Q. Angenommen – dies trifft in Wirklichkeit nur ange-

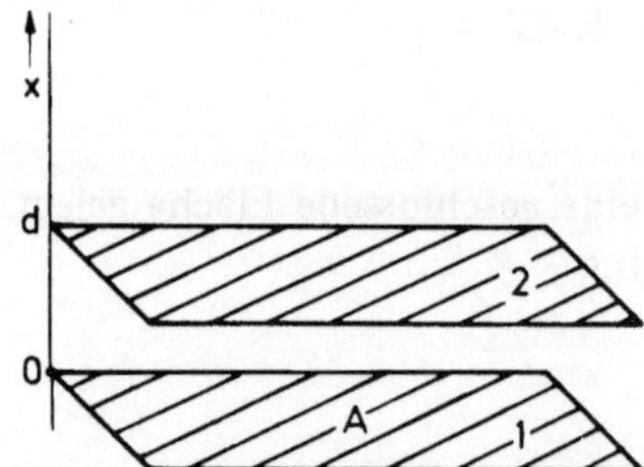

Bild 3.4.3.1

nähert zu –, sämtliche senkrecht von 1 ausgehenden Verschiebungslinien verlaufen parallel zur gewählten Integrationsrichtung x und der Betrag der Verschiebungsdichte ist im ganzen Raum zwischen den Platten konstant, so steht den Verschiebungslinien unabhängig von x die konstante Durchtrittsfläche A zur Verfügung. Für die Kapazität der Anordnung gilt daher

(3.4.3.6) $$C = \frac{1}{\int\limits_1^2 \frac{ds}{\epsilon A}} = \frac{\epsilon A}{\int\limits_0^d dx} = \frac{\epsilon A}{d} .$$

Als nächstes Beispiel wird ein Zylinderkondensator betrachtet, dessen Querschnitt in Bild 3.4.3.2 gezeigt ist; die Zylinderhöhe betrage h. Der innere Zylinder sei die Elektrode 1, auf der sich die Ladung +Q befinde; auf der Gegenelektrode 2, dem äußeren Zylinder also, befindet sich dann die Ladung −Q. Verteilen sich die Ladungen wegen der symmetrischen Anordnung gleichmäßig über die Elektrodenfläche, so gilt auch hier wie beim Plattenkondensator $Q = D \cdot A$. Nur ist jetzt die Fläche $A = 2\pi \cdot r \cdot h$ abhängig vom Integrationsweg r, der parallel zu einer Verschiebungslinie in radialer Richtung gewählt wird. Die Kapazität des Zylinderkondensators berechnet sich nun zu

$$(3.4.3.7)\qquad C = \frac{1}{\int_1^2 \frac{ds}{\epsilon A}} = \frac{2\pi\,\epsilon h}{\int_{r_i}^{r_a} \frac{1}{r}\,dr} = \frac{2\pi\,\epsilon h}{\ln \frac{r_a}{r_i}} \,.$$

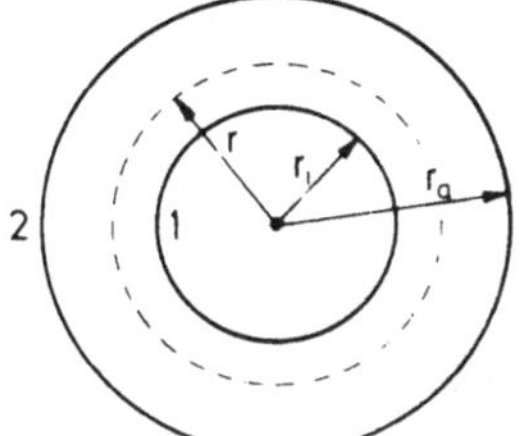

Bild 3.4.3.2

Als drittes Beispiel soll der Kugelkondensator, für dessen Querschnitt ebenfalls das Bild 3.4.3.2 gültig ist, behandelt werden. Für ihn treffen die Voraussetzungen, die zur Gl. (3.4.3.4) führten, exakt zu, da wegen der Kugelsymmetrie keine den angenommenen Feldverlauf störende Streufelder auftreten können, so wie es an den Rändern des Platten- und des Zylinderkondensators der Fall ist. Die Elektroden des Kugelkondensators sind zwei konzentrische Kugelschalen mit den Radien r_i und r_a. Die Fläche $A = 4\pi \cdot r^2$, durch welche die Verschiebungslinien hindurchtreten, ist wiederum eine Funktion des Integrationsweges r, der parallel einer Verschiebungslinie in radialer Richtung gewählt wird. Damit folgt für die Kapazität des Kugelkondensators

$$(3.4.3.8)\qquad C = \frac{1}{\int_1^2 \frac{ds}{\epsilon A}} = \frac{4\pi\epsilon}{\int_{r_i}^{r_a} \frac{1}{r^2}\,dr} = \frac{4\pi\epsilon\, r_a\, r_i}{r_a - r_i} \,.$$

Mit Kondensatoren lassen sich ebenso wie mit Widerständen Parallel- und Reihenschaltungen aufbauen. Werden zunächst nach Bild 3.4.3.3 mehrere Kondensatoren parallel an eine Spannungsquelle gelegt, so ergibt sich auf Grund derselben Spannung an allen Kondensatoren

(3.4.3.9) $$U = \frac{Q_1}{C_1} = \frac{Q_2}{C_2} = \ldots = \frac{Q_k}{C_k}\,.$$

Die gesamte von der Anordnung aufgenommene Ladung beträgt

(3.4.3.10) $$Q = Q_1 + Q_2 + \ldots + Q_k\,.$$

Die Anordnung wird durch eine einzige Kapazität C ersetzt, die bei gleicher Spannung U die gleiche Ladung Q aufnehmen soll. Es gilt dann

(3.4.3.11) $$Q = C\,U = C_1 U + C_2 U + \ldots + C_k U\,.$$

Hieraus folgt für die Kapazität mehrerer parallelgeschalteter Kondensatoren

(3.4.3.12) $$C = C_1 + C_2 + \ldots + C_k = \sum_{i=1}^{k} C_i\,.$$

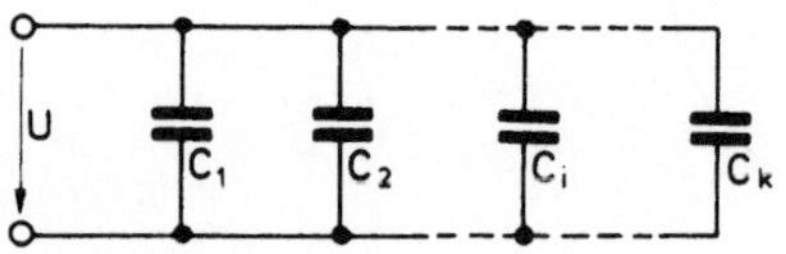

Bild 3.4.3.3

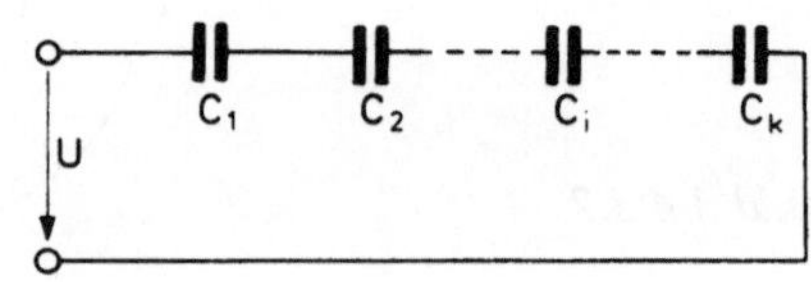

Bild 3.4.3.4

Bei der Reihenschaltung von Kondensatoren nach Bild 3.4.3.4 trägt jeder der Kondensatoren die gleiche Ladung Q, während die Spannungen an den einzelnen Kondensatoren durch die Ladung Q und den jeweiligen Kapazitätswert festgelegt sind. Es gilt also

(3.4.3.13) $$Q = C_1 U_1 = C_2 U_2 = \ldots = C_k U_k\,.$$

Die Gesamtspannung U ist gleich der Summe der Einzelspannungen:

(3.4.3.14) $$U = U_1 + U_2 + \ldots + U_k$$

Wird die Anordnung wieder durch einen einzigen Kondensator mit der Kapazität C ersetzt, der bei gleicher Spannung U dieselbe Ladung Q aufnehmen soll, so ergibt sich

(3.4.3.15) $$U = \frac{Q}{C} = \frac{Q}{C_1} + \frac{Q}{C_2} + \ldots + \frac{Q}{C_k}\,.$$

Hieraus folgt nun für die Reihenschaltung

$$(3.4.3.16)\quad \frac{1}{C} = \frac{1}{C_1} + \frac{1}{C_2} + \ldots + \frac{1}{C_k} = \sum_{i=1}^{k} \frac{1}{C_i}\,.$$

Das für die Reihenschaltung von Kondensatoren gefundene Ergebnis soll jetzt benutzt werden, um die Kapazität eines Plattenkondensators mit geschichtetem Dielektrikum zu berechnen. Bild 3.4.3.5 zeigt den Schnitt durch einen solchen Kondensator, der die Plattenfläche A besitzt.

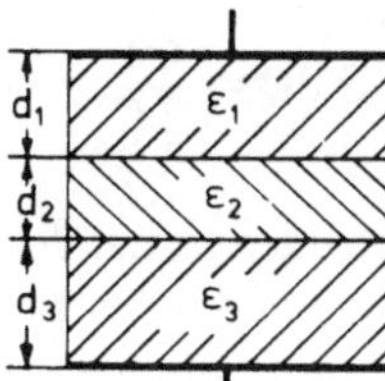

Bild 3.4.3.5

Die Dicken der einzelnen Schichten betragen d_1, d_2 und d_3, und deren Dielektrizitätskonstanten seien ϵ_1, ϵ_2 und ϵ_3. Wegen des ebenen Feldes zwischen den Platten sind die Grenzflächen zwischen der ersten und der zweiten Schicht und zwischen der zweiten und der dritten Schicht Äquipotentialflächen. In diesen können daher – ohne elektrisch etwas zu verändern – Metallfolien angebracht werden. Damit liegt dann eine Reihenschaltung von drei Plattenkondensatoren vor mit den Kapazitäten

$$(3.4.3.17)\quad C_1 = \frac{\epsilon_1 A}{d_1},\quad C_2 = \frac{\epsilon_2 A}{d_2},\quad C_3 = \frac{\epsilon_3 A}{d_3}.$$

Aus Gl. (3.4.3.16) berechnet sich daher die Kapazität des betrachteten Kondensators zu

$$(3.4.3.18)\quad C = \frac{1}{\frac{1}{C_1} + \frac{1}{C_2} + \frac{1}{C_3}} = \frac{A}{\frac{d_1}{\epsilon_1} + \frac{d_2}{\epsilon_2} + \frac{d_3}{\epsilon_3}}\,.$$

3.4.4 Die Energiedichte im elektrostatischen Feld

In Kapitel 3.4.3 wurde eine Anordnung von zwei entgegengesetzt geladenen Leitern betrachtet, für die zwischen der auf der Elektrode 1 befindlichen Ladung Q und der zwischen den Elektroden 1 und 2 herrschenden Spannung $U_{12} = U$ die Beziehung

$Q = C \cdot U$ abgeleitet wurde. In der Anordnung muß eine bestimmte Energie gespeichert sein, die durch die zur Ladungstrennung notwendig gewesenen Arbeit gewonnen wurde und die nun in Form von potentieller Energie im elektrischen Feld zur Verfügung steht. Hat der Leiter 1 das Potential φ_1 und der Leiter 2 das Potential φ_2, so besitzt die Teilladung dQ auf der Elektrode 1 gegenüber der Elektrode 2 die potentielle Energie

(3.4.4.1) $$dW = (\varphi_1 - \varphi_2)\, dQ = U_{12}\, dQ = U\, dQ\,.$$

Durch Integration von Null bis Q ergibt sich die gesamte gespeicherte Energie zu

(3.4.4.2) $$W = \int_0^Q U\, dQ = \frac{1}{C} \int_0^Q Q\, dQ = \frac{Q^2}{2C} = \frac{C\,U^2}{2} = \frac{Q\,U}{2}.$$

Der Kondensator, um den es sich hier ja handelt, stellt also einen Speicher für elektrische Energie dar. Die Energie kann dabei als kontinuierlich über den von den elektrischen Feldgrößen erfüllten Raum zwischen den Elektroden verteilt angenommen werden. Zur Berechnung der Energiedichte in dem Raum wird der in Bild 3.4.4.1 dargestellte kleine Ausschnitt aus dem Feld zwischen den beiden Leitern betrachtet. Ein kleiner Quader mit der Länge ds und der Grundfläche dA befindet sich zwischen zwei Äquipotentialflächen. Die senkrecht zu diesen von höherem zu niedrigerem Potential verlaufenden Feldgrößen können innerhalb des Quaders als

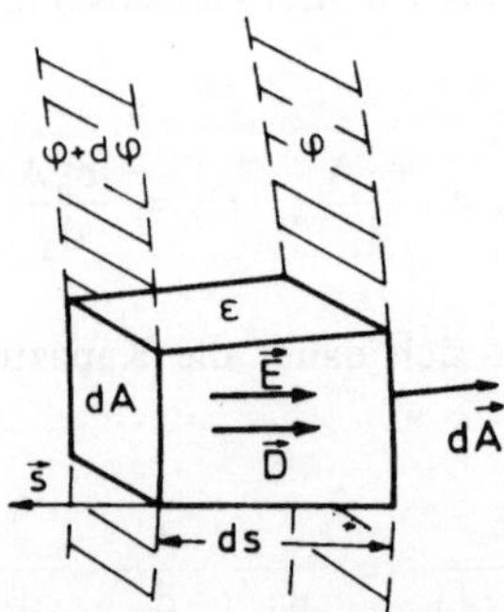

Bild 3.4.4.1

homogen angesehen werden, da der Quader beliebig klein gewählt werden kann. Die Äquipotentialflächen dürfen als leitend betrachtet werden, so daß der Quader einen kleinen Plattenkondensator darstellt, zwischen dessen Platten die Spannung $d\varphi = -\vec{E} \cdot d\vec{s} = E \cdot ds$ herrscht; die Verschiebungsdichte in dem Quader kann darin als von der Ladung $dQ = \vec{D} \cdot d\vec{A} = D \cdot dA$ erzeugt angenommen werden. Wird jetzt die Gleichung (3.4.4.2) auf den Quader angewendet, so befindet sich in dessen Volumen $dV = dA \cdot ds$ die Teilenergie

(3.4.4.3) $$dW = \frac{dQ\ d\varphi}{2} = \frac{D\ dA\ E\ ds}{2} = \frac{D\,E}{2}\,dV\,,$$

und die Energie pro Volumeneinheit beträgt damit

(3.4.4.4) $$\frac{dW}{dV} = \frac{D\,E}{2} = \frac{\epsilon E^2}{2} = \frac{D^2}{2\epsilon}\,.$$

Wird hier ebenfalls berücksichtigt, daß das Quadrat des Betrages eines Vektors gleich dem Quadrat des Vektors selbst ist, so läßt sich für die Energiedichte im elektrostatischen Feld schreiben

(3.4.4.5) $$\frac{dW}{dV} = \frac{\vec{D}\vec{E}}{2} = \frac{\epsilon \vec{E}^2}{2} = \frac{\vec{D}^2}{2\epsilon}\,.$$

4. Das magnetische Feld

4.1 Magnetische Feldstärke und magnetische Induktion

Es ist eine Erfahrungstatsache, daß zwei parallel verlaufende, stromdurchflossene Leiter aufeinander eine Kraft ausüben. Die Leiter ziehen sich dabei an, wenn die Ströme in gleicher Richtung fließen, und stoßen sich ab, wenn die Stromrichtungen entgegengesetzt sind. Augenfällig ist hierbei, daß die Kraft durch Ströme, also bewegte Ladungen, hervorgerufen wird. Die Kraft, die durch das elektrische Feld im selben Falle ausgeübt wird, ist nämlich bedeutend kleiner als die durch die bewegten Ladungen verursachte Kraft. Daher muß zur Beschreibung dieses Phänomens ein neues Kraftfeld, das magnetische Feld, eingeführt werden. Ähnlich wie beim elektrischen Strömungsfeld, das durch die Vektoren Stromdichte und elektrische Feldstärke gekennzeichnet ist, oder beim elektrostatischen Feld, das durch die Vektoren elektrische Verschiebungsdichte und elektrische Feldstärke charakterisiert ist, werden beim magnetischen Feld zwei Vektorgrößen, *die magnetische Induktion* $\vec{B}$ und *die magnetische Feldstärke* $\vec{H}$, unterschieden. Diese beiden Größen sind durch die *Permeabilitätskonstante* μ miteinander verknüpft.

(4.1.1) $\quad \vec{B} = \mu \vec{H}$.

Die Permeabilitätskonstante ist eine Materialkonstante und bei homogenen Medien vom Ort unabhängig. Für den leeren Raum beträgt sie

(4.1.2) $\quad \mu_0 = 4\pi \cdot 10^{-7} \dfrac{Vs}{Am} = 4\pi \cdot 10^{-7} \dfrac{H}{m}$. *

Die Permeabilitätskonstanten der übrigen Stoffe werden durch Angabe einer *relativen Permeabilitätskonstanten* μ_r auf die des leeren Raumes bezogen. Es gilt

(4.1.3) $\quad \mu = \mu_0 \, \mu_r$.

---

* $1 \dfrac{Vs}{A} = 1$ H, lies: Henry; Joseph Henry, 1797–1878.

In Analogie zum elektrischen Feld kann im magnetischen Feld eine *magnetische Spannung*

(4.1.4) $$V = \int \vec{H}\, d\vec{s}$$

definiert werden. Hierbei läßt sich für das Umlaufintegral der magnetischen Feldstärke eine sehr einfache Beziehung aufstellen. Es zeigt sich nämlich, daß das Linienintegral der magnetischen Feldstärke entlang einer in sich geschlossenen Kurve C gleich dem durch die von der Kurve C aufgespannten Fläche A hindurchtretenden Strom ist. Der mit der Kurve C verkettete Strom wird als *elektrische Durchflutung* Θ bezeichnet. Damit lautet das Durchflutungsgesetz

(4.1.5) $$\oint_C \vec{H}\, d\vec{s} = \int_A \vec{S}\, d\vec{A} = \Theta\,.$$

Wird das magnetische Feld durch Feldlinien dargestellt, so umlaufen diese die Durchflutung in demjenigen Drehsinn, in dem eine rechtsgängige Schraube gedreht werden muß, damit sie sich in der positiven Durchflutungsrichtung verschiebt.
Im Falle eines geraden, vom Strom I durchflossenen Leiters mit Kreisquerschnitt (Radius R) werden die Feldlinien aus Symmetriegründen konzentrische Kreise sein (siehe Bild 4.1.1a). Fließt der Strom I dabei in die Zeichenebene hinein, so wird dies durch ein Kreuz angedeutet; die umgekehrte Richtung – aus der Zeichenebene heraus – wird durch einen Punkt veranschaulicht. Längs eines Kreises ist die magnetische Feldstärke dem Betrage nach konstant. Da außerdem $d\vec{s} = r \cdot d\varphi \cdot \vec{e}_\varphi$ und $\vec{H} = H_\varphi \cdot \vec{e}_\varphi$ – bezogen auf Zylinderkoordinaten – gleichgerichtet sind, ergibt sich mit r als Radius des Kreises

(4.1.6) $$\oint_C \vec{H}\, d\vec{s} = H_\varphi\, r \oint_C d\varphi = H_\varphi\, 2\pi\, r = I \qquad \text{bzw.} \qquad H_\varphi = \frac{I}{2\pi r}\,.$$

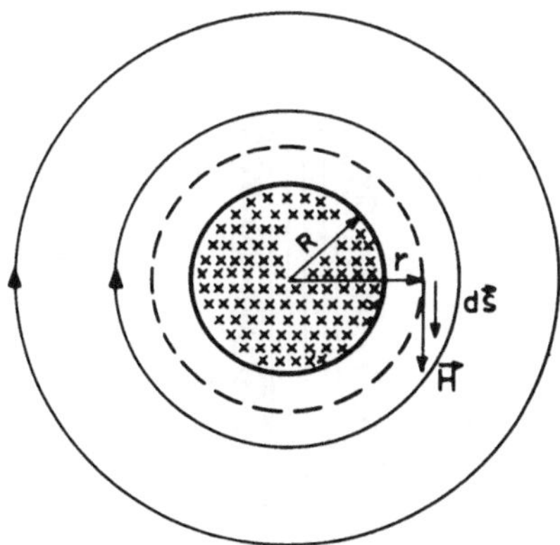

Bild 4.1.1a

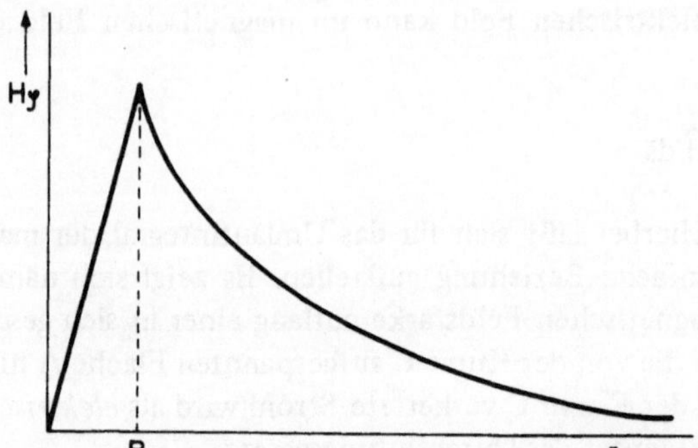

Bild 4.1.1b

Diese Beziehung, die den Betrag der magnetischen Feldstärke im Abstand r von der Leiterachse angibt, ist nur für den Außenraum des Leiters gültig ($r > R$). Innerhalb des Leiters umfaßt eine Feldlinie (Radius r) nicht den gesamten Strom, sondern sie ist mit der Durchflutung – der Strom sei gleichmäßig über den Leiterquerschnitt verteilt –

$$\Theta = \int_0^r \frac{I}{\pi R^2} 2\rho\pi \, d\rho = I \frac{r^2}{R^2} = H_\varphi \, 2\pi \, r$$

verkettet. Hieraus ergibt sich für den Innenraum des Leiters ($r \leq R$)

(4.1.7) $$H_\varphi = \frac{I}{2\pi R^2} \, r \, .$$

Den Verlauf der magnetischen Feldstärke zeigt Bild 4.1.1b. In Bild 4.1.2 ist eine Spule (im Schnitt durch ihre Achse), die vom Strom I durchflossen wird, mit dem entsprechenden Feldlinienbild dargestellt. Unter der Voraussetzung, daß die Länge

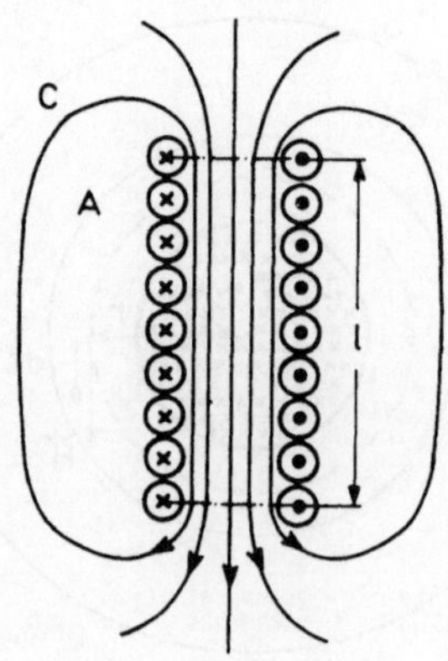

Bild 4.1.2

der Spule wesentlich größer ist als ihre Querschnittsabmessungen, ist das magnetische Feld im Inneren der Spule näherungsweise homogen. Zwecks einer mathematischen Behandlung werden die folgenden Idealisierungen gemacht:
1. Die magnetische Feldstärke im Außenraum der Spule sei Null.
2. Die magnetische Felstärke im Innenraum der Spule sei konstant.
Als Integrationsweg werde die Randkurve C gewählt. Die von ihr aufgespannte Fläche A ist mit der Durchflutung $\Theta = w \cdot I$ verkettet, wenn unter w die Windungszahl der Spule verstanden wird. Gl. (4.1.5) liefert dann

$$\oint_C \vec{H}\, d\vec{s} = H\, l = \Theta = w\, I \quad \text{bzw.} \quad H = \frac{w\, I}{l} \tag{4.1.8}$$

Das magnetische Feld ist ein Wirbelfeld, da das Umlaufintegral der magnetischen Feldstärke im allgemeinen von Null verschieden ist. Gl. (4.1.5) wird als die erste Maxwellsche* Gleichung in Integralform für stationäre Felder bezeichnet (siehe Abschn. 5.6). Neben der Integralform existiert noch eine Differentialform dieser Maxwellschen Gleichung. Das Flächenelement ΔA werde senkrecht vom Strom $S \cdot \Delta A$ durchsetzt. Wird jetzt das Umlaufintegral der magnetischen Feldstärke längs des Randes C von ΔA gebildet, so gilt

$$\oint_C \vec{H}\, d\vec{s} = S\Delta A \quad \text{oder} \quad \frac{1}{\Delta A}\oint_C \vec{H}\, d\vec{s} = S\,.$$

Strebt das Flächenelement ΔA gegen Null, so liefert der rechts stehende Ausdruck als Grenzwert den Betrag eines Vektors, der allgemein als die *Rotation* oder der *Wirbel* des Vektors bezeichnet wird. Mathematisch läßt sich dies wie folgt schreiben:

$$|\operatorname{rot} \vec{H}| = \lim_{\Delta A \to 0} \frac{\oint_C \vec{H}\, d\vec{s}}{\Delta A} = S\,.$$

Somit lautet die Differentialform des Durchflutungsgesetzes

$$\operatorname{rot} \vec{H} = \vec{S}\,, \tag{4.1.9}$$

das heißt, die Rotation der magnetischen Feldstärke ist gleich der Stromdichte. In einem orthogonalen Koordinatensystem mit den Koordinaten x, y und z bzw. H_x, H_y und H_z als Komponenten der magnetischen Feldstärke beträgt die Stromdichte

$$\vec{S} = \operatorname{rot} \vec{H} = \left(\frac{\partial H_z}{\partial y} - \frac{\partial H_y}{\partial z}\right)\vec{e}_x + \left(\frac{\partial H_x}{\partial z} - \frac{\partial H_z}{\partial x}\right)\vec{e}_y + \left(\frac{\partial H_y}{\partial x} - \frac{\partial H_x}{\partial y}\right)\vec{e}_z\,.$$

* James Clerc Maxwell, 1831–1879.

Ebenso wie die Stromdichte im Strömungsfeld ist die magnetische Induktion eine flächenbezogene Größe. Das Flächenintegral der magnetischen Induktion wird *magnetischer Fluß*

$$\phi = \int_A \vec{B}\, d\vec{A} \tag{4.1.10}$$

genannt. Die magnetischen Induktionslinien sind stets in sich geschlossen. Das bedeutet, daß das Feld der magnetischen Induktion quellenfrei ist. Somit ist das Hüllenintegral der magnetischen Induktion gleich Null.

$$\oint_A \vec{B}\, d\vec{A} = 0\,. \tag{4.1.11}$$

4.2 Bedingungen an Grenzflächen, der magnetische Kreis

Durchsetzt der magnetische Fluß Stoffe mit unterschiedlicher Permeabilität, so tritt an den Grenzflächen eine Brechung der magnetischen Induktionslinien auf. Die magnetische Induktion $\vec{B}_1$ im Stoffe I mit der Permeabilität μ_1 bilde mit der Flächennormalen einen Winkel α_1, während die magnetische Induktion $\vec{B}_2$ im Stoff II mit der Permeabilität μ_2 mit der Flächennormalen einen von α_1 verschiedenen Winkel α_2 bilden soll (siehe Bild 4.2.1).

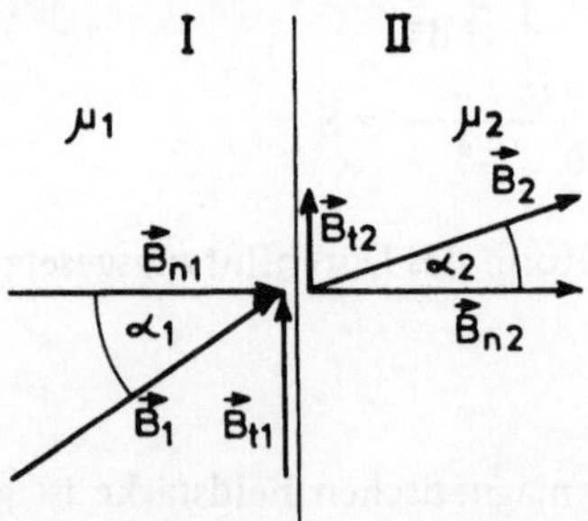

Bild 4.2.1

Der Vektor $\vec{B}_1$ wird in eine Normalkomponente $\vec{B}_{n1}$ und eine Tangentialkomponente $\vec{B}_{t1}$ zerlegt. Entsprechend setzt sich $\vec{B}_2$ aus $\vec{B}_{n2}$ und $\vec{B}_{t2}$ zusammen. Wird jetzt eine Teilfläche dA der Grenzfläche betrachtet, so tritt in diese der magnetische Fluß $B_{n1} \cdot dA$ ein, während aus derselben der Fluß $B_{n2} \cdot dA$ hinaustritt. Auf Grund der Quellenfreiheit des Feldes müssen die Flüsse gleich sein, das impliziert

$$B_{n1} = B_{n2} \,.$$

Die Normalkomponente der magnetischen Induktion ist also an Grenzflächen stetig. Anders verhält es sich bei den Tangentialkomponenten der magnetischen Induktion. Hier wird auf die magnetische Feldstärke zurückgegriffen. Das Umlaufintegral der magnetischen Feldstärke entlang eines Rechtecks – die Längsseiten ds sollen zu beiden Seiten der Grenzflächen liegen und die unendlich kleinen Querseiten die Grenzfläche senkrecht durchsetzen – ergibt unter der Voraussetzung, daß in der Grenzfläche kein Flächenstrom fließt,

$$\oint_C \vec{H}\, d\vec{s} = 0 = H_{t1}\, ds - H_{t2}\, ds$$

$$\text{bzw.} \qquad H_{t1} = H_{t2} \,.$$

Die Tangentialkomponente der magnetischen Feldstärke ist an Grenzflächen stetig. Unter Verwendung der Gl. (4.1.1) folgt

$$\frac{B_{t1}}{\mu_1} = \frac{B_{t2}}{\mu_2} \quad \text{bzw.} \quad \frac{B_{t1}}{B_{t2}} = \frac{\mu_1}{\mu_2} \,,$$

das heißt, die Tangentialkomponenten der magnetischen Induktion verhalten sich wie die Permeabilitäten der aneinandergrenzenden Stoffe. Für die Brechung der Feldlinien der magnetischen Induktion gilt mit $\tan\alpha_1 = \dfrac{B_{t1}}{B_{n1}}$ und $\tan\alpha_2 = \dfrac{B_{t2}}{B_{n2}}$ und wegen $B_{n1} = B_{n2}$

$$\frac{\tan\alpha_1}{\tan\alpha_2} = \frac{\mu_1}{\mu_2} \,. \qquad (4.2.1)$$

Grenzt ein Stoff I von sehr hoher Permeabilität μ_1, z.B. Eisen, an einen Stoff II sehr geringer Permeabilität μ_2, z.B. Luft, so treten aus dem Stoff I die Induktionslinien beinahe senkrecht aus. In Stoffen mit sehr hoher Permeabilität ist die Tangentialkomponente der magnetischen Induktion sehr groß im Vergleich zur Tangentialkomponente der Induktion im angrenzenden Stoff mit wesentlich geringerer Permeabilität. Die gesamten Induktionslinien werden also praktisch durch den Stoff hoher Permeabilität geführt.

Von dieser Tatsache wird Gebrauch gemacht, indem Anordnungen aus Stoffen mit hoher Permeabilität, z.B. aus Eisen, gebaut werden, um die Induktionslinien und damit den magnetischen Fluß auf bestimmten Wegen zu führen. Da weiter die magnetischen Induktionslinien in sich geschlossen sind, werden diese Anordnungen als *magnetische Kreise* bezeichnet. Es werde nun ein einfacher magnetischer Kreis betrachtet, in dem der magnetische Fluß in sich geschlossen ist. Zunächst wird das Durchflutungsgesetz der Gl. (4.1.5) angewendet, indem entlang der Feldlinien das Umlaufintegral gebildet wird. Der Fluß durchsetze nacheinander verschiedene Stoffe (mit den Permeabilitäten $\mu_0 \cdot \mu_{ri}$), die die Querschnitte A_i und die Längen l_i besitzen sollen. In jedem der Stoffe sei das Feld homogen, so daß in jedem Stoff ein Beitrag $H_i \cdot l_i$ zum Umlaufintegral geliefert wird. Das gesamte Integral beträgt

$$\Theta = \sum_i H_i \, l_i \, .$$

Wegen $H_i = \dfrac{B_i}{\mu_0 \cdot \mu_{ri}}$ und $\phi = B_i \cdot A_i$ – denn ϕ ist in jedem Teilstück gleich groß – ergibt sich

$$\text{(4.2.2)} \qquad \Theta = \sum_i \frac{\phi \, l_i}{\mu_0 \, \mu_{ri} \, A_i} = \phi \sum_i \frac{l_i}{\mu_0 \, \mu_{ri} \, A_i} = \phi \sum_i R_{mi} \, .$$

Rein formal wurde in obiger Beziehung

$$\text{(4.2.3)} \qquad R_{mi} = \frac{l_i}{\mu_0 \, \mu_{ri} \, A_i}$$

gesetzt. Die Größe R_{mi} wird als *magnetischer Widerstand* des i-ten Teilstückes bezeichnet. Denn Gl. (4.2.2) stellt ein Analogon zum einfachen Stromkreis dar. Die Durchflutung Θ entspricht dabei der Quellenspannung und der Fluß ϕ der Stromstärke. Der reziproke Wert des magnetischen Widerstandes wird *magnetischer Leitwert*

$$\text{(4.2.4)} \qquad \Lambda_{mi} = \frac{\mu_0 \, \mu_{ri} \, A_i}{l_i}$$

genannt. Die soeben ausgeführte Analogie kann auf verzweigte magnetische Kreise ausgedehnt werden. Das Hüllenintegral der magnetischen Induktion ist stets Null (Gl. (4.1.11)); dies ist also auch dann gültig, wenn die Hüllfläche einen Verzwei-

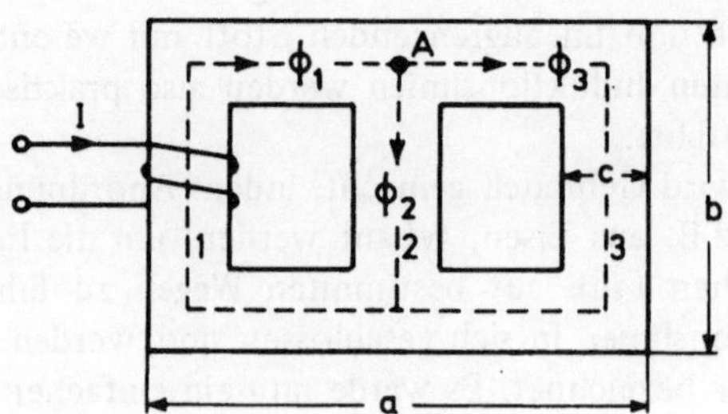

Bild 4.2.2

gungs- bzw. Knotenpunkt des magnetischen Kreises enthält. Die Summe aller auf einen Knotenpunkt einströmenden Flüsse ist damit Null (vgl. mit dem 1. Kirchhoffschen Satz).

Es werde hierzu der magnetische Kreis in Bild 4.2.2 betrachtet. Die Anordnung bestehe aus einem Stoff mit der relativen Permeabilitätskonstanten μ_r und habe überall die gleiche Dicke d und die gleiche Breite c. Der Schenkel 1 trage eine vom Strom 1 durchflossene Wicklung mit der Windungszahl w. Bei der Anwendung des Durchflutungssatzes soll der Integrationsweg entlang des mittleren Weges der Feldlinien geführt werden (gestrichelte Linie). Bei einem Umlauf durch Schenkel 1 über Schenkel 2 zurück nach Schenkel 1 ergibt sich

$$\Theta = w\,I = \phi_1 \frac{(a-c)+(b-c)}{\mu_0\,\mu_r\,c\,d} + \phi_2 \frac{(b-c)}{\mu_0\,\mu_r\,c\,d}$$

$$= \phi_1\,R_{m1} + \phi_2\,R_{m2}\,.$$

Für die aus den Schenkeln 2 und 3 gebildete Masche gilt

$$0 = -\,\phi_2 \frac{(b-c)}{\mu_0\,\mu_r\,c\,d} + \phi_3 \frac{(a-c)+(b-c)}{\mu_0\,\mu_r\,c\,d}$$

$$= -\,\phi_2\,R_{m2} + \phi_3\,R_{m3}\,.$$

Schließlich liefert die Knotenpunktsregel, angewendet auf den Knotenpunkt A, mit

$$0 = \phi_1 - \phi_2 - \phi_3$$

die dritte unabhängige Gleichung, die für die Bestimmung der drei Flüsse benötigt wird. Für den magnetischen Kreis in Bild 4.2.2 kann somit die in Bild 4.2.3 gezeigte Ersatzschaltung angegeben werden.

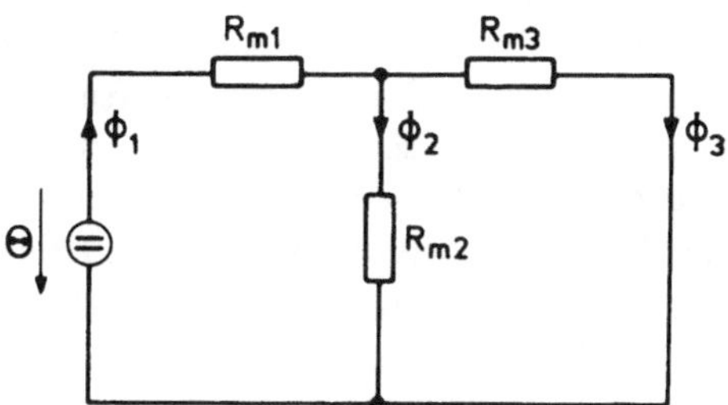

Bild 4.2.3

Ist also die Durchflutung gegeben, so können bei Kenntnis der magnetischen Widerstände der Teilstücke, aus denen sich der magnetische Kreis zusammensetzt, die

magnetischen Flüsse berechnet werden. Mit dieser Methode wird für viele praktische Zwecke selbst dann noch eine ausreichende Näherung erzielt, wenn Teilstücke mit unterschiedlichen Querschnitten und Permeabilitäten aneinandergrenzen bzw. wenn die Kreise durch Luftspalte ($\mu_r = 1$) unterbrochen sind.
Bei manchen Stoffen, z.B. bei Eisen, hängt die Permeabilität von der magnetischen Induktion ab. Daher kann das Problem, zu einer gegebenen Durchflutung den magnetischen Fluß zu berechnen, nicht ohne weiteres gelöst werden. Hier muß die magnetische Kennlinie des Stoffes – Bild 4.2.4 zeigt eine für Eisen typische Kenn-

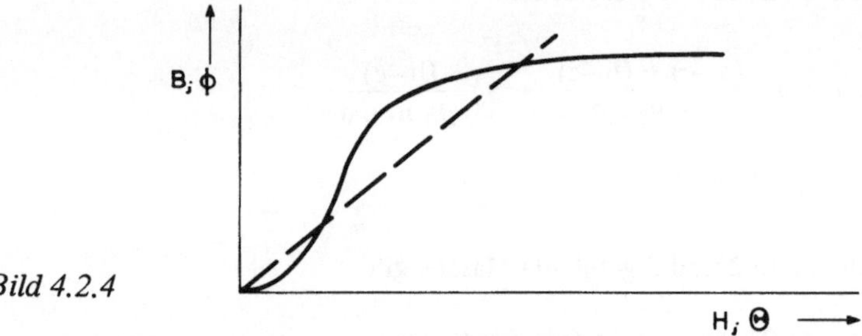

Bild 4.2.4

linie (durchgezogene Linie) – bekannt sein. Im Gleichstromkreis besteht eine strenge Linearität zwischen der Spannung und der Stromstärke, im magnetischen Kreis ist nur annähernd eine Linearität (gestrichelte Linie) zwischen der Durchflutung Θ und dem magnetischen Fluß ϕ vorhanden.

4.3 Atomistische Deutung magnetischer Erscheinungen

Faraday gelang der Nachweis, daß jeder Stoff magnetische Eigenschaften besitzt. Die Wirkungen sind dabei aber im allgemeinen so gering, daß es zu ihrem Nachweis besonderer Hilfsmittel bedarf. In jedem Körper werden durch ein Magnetfeld magnetische Erscheinungen hervorgerufen. Bei der Untersuchung der verschiedenen Stoffe in einem solchen Felde zeigt sich, daß die Stoffe grundsätzlich in zwei Gruppen zerfallen. Die *paramagnetischen* Stoffe ($\mu_r > 1$) werden in einem inhomogenen magnetischen Feld in die Richtung wachsender Feldstärke gezogen. Das griechische Wort para ($\pi\alpha\rho\grave{\alpha}$), zu Deutsch „hin . . . zu“, soll das Verhalten dieser Gruppe von Stoffen zum Ausdruck bringen. Die *diamagnetischen* Stoffe ($\mu_r < 1$) hingegen werden in Richtung abnehmender Feldstärke des inhomogenen magnetischen Feldes getrieben. Mit dem griechischen Wort dia ($\delta\iota\grave{\alpha}$), zu Deutsch „auseinander“, wird auf das Verhalten der anderen Gruppe von Stoffen hingewiesen. Zu den Paramagnetika zählen u.a. Aluminium, Silizium und Platin. Stoffe wie Wismut,

Kupfer, Silber und Glas sind diamagnetisch. Besonderes magnetisches Verhalten zeigen die *ferromagnetischen* Stoffe ($\mu_r \gg 1$), benannt nach dem bedeutendsten Vertreter ihrer Gruppe, nämlich Eisen (lat. Ferrum). Zu ihnen gehören u.a. auch Nickel und Kobalt. Eine befriedigende Erklärung für den Dia- bzw. Paramagnetismus kann mit Hilfe der Atommodelle gegeben werden. Nach der Bohrschen* Atomtheorie wird jeder Atomkern von einer größeren oder kleineren Anzahl von Elektronen auf bestimmten Bahnen umflogen. Die Bahnen sind dabei entweder kreis- oder ellipsenförmig und unterscheiden sich durch die ihnen zugeordneten Werte der potentiellen und kinetischen Energie. Obgleich einige Elektronenbahnen sich in ihrer Gestalt unterscheiden, besitzen sie doch den gleichen Energiewert. Die Elektronen befinden sich auf bestimmten Elektronenschalen. Die einzelnen Schalen werden vom Kern aus gesehen nach außen hin nacheinander mit K-, L-, M-Schale usw. bezeichnet. Der K-Schale wird die Hauptquantenzahl $n = 1$, der L-Schale die Hauptquantenzahl $n = 2$ usw. zugeordnet. Die Bahnformen werden durch Nebenquantenzahlen beschrieben. Es hat sich dabei eingebürgert, Elektronen mit den Nebenquantenzahlen $l = 0, 1, 2, 3$ als s-, p-, d- und f-Elektronen zu bezeichnen. Die Elektronenbahnen liegen nicht in einer Ebene, sondern sie können verschiedene Stellungen annehmen. Neben dem Bahndrehimpuls, der einem Elektron zuzuschreiben ist, besitzt das Elektron noch einen genau definierten Eigendrehimpuls, Spin genannt; das Elektron rotiert also um seine eigene Achse. Jede der Elektronenbewegungen läßt sich als ein Kreisstrom auffassen, der seinerseits ein magnetisches Feld erzeugt. Wird nun ein äußeres Magnetfeld angelegt, so präzessieren die Impulsachsen um die Achse des äußeren Feldes, da dieses eine Kraft auf das sich bewegende Elektron ausübt. Die Richtung der Bahnnormalen im Raum gegenüber dem angelegten Magnetfeld ist nun nicht beliebig, sie ist vielmehr an bestimmte Quantenbedingungen gebunden.

Wie bereits erwähnt, liegen die Elektronenbahnen nicht alle in einer Ebene. Ebenso sind die Impulsachsen der Eigendrehungen verschieden orientiert. Bei den meisten der 92 Elemente kommt es auf Grund der unterschiedlichen Orientierungen der Impulsachsen zu einer Kompensation der Drehimpulse. Ist die Kompensation vollständig – das tritt immer dann ein, wenn die Atome abgeschlossene, d.h. voll besetzte Schalen besitzen –, so ergibt sich kein resultierender Drehimpuls und damit auch kein resultierendes magnetisches Feld. Wird in diesem Falle ein äußeres Feld angelegt, so werden die Elektronen je nach Umlaufsinn beschleunigt oder verzögert. Eine Elektronenbeschleunigung ist gleichbedeutend mit einer Zunahme des Kreisstromes und damit auch des vom Kreisstrom erzeugten Magnetfeldes. Analoges gilt für die Verzögerung der Elektronenbewegung. Die Richtungen der von den Kreisströmen hervorgerufenen Magnetfelder sind derart definiert, daß die Felder, die eine Zunahme erfahren haben, gegen das äußere Feld gerichtet sind. Entsprechend sind die Felder, die einer Abnahme unterworfen sind, mit dem äußeren

* Niels Bohr, 1885–1962.

Feld gleichgerichtet. Alles in allem wird also durch das äußere Feld in den Atomen ein ihm entgegengerichtetes Feld erregt. Dadurch wird der Körper aber aus einem inhomogenen Erregerfeld herausgetrieben, er ist diamagnetisch.
Nicht alle Atome der 92 Elemente haben abgeschlossene Schalen. Sind die Schalen nicht abgeschlossen, so besitzen die Atome dieser Elemente bereits ohne äußeres Feld ein resultierendes Magnetfeld. Die Atome können dann als Elementarmagnete aufgefaßt werden. Die Orientierung dieser Elementarmagnete innerhalb eines Körpers ist ohne äußeres Feld statistisch verteilt. Durch Anlegen eines äußeren Feldes werden die Elementarmagnete teilweise ausgerichtet. Die Ausrichtung geschieht dabei in Richtung des äußeren Feldes und ist um so größer, je stärker das äußere Feld ist. Der Körper wird also in ein inhomogenes Feld hineingezogen, er ist paramagnetisch.
Durch besonders starken Paramagnetismus (Ferromagnetismus) ist eine Gruppe von Elementen gekennzeichnet, die eine nicht abgeschlossene, tiefer gelegene Elektronenschale besitzen. Einige dieser Elemente, z.B. Eisen, Nickel und Kobalt, haben große technische Bedeutung. Bei diesen Elementen tritt eine starke Wechselwirkung unter den Elementarmagneten auf, wodurch es zu einer spontanen Ausrichtung dieser Magnete selbst ohne äußeres Feld kommen kann. Diese Ausrichtung ist allerdings auf kleine Bereiche, die sog. Weiss'schen* Bezirke, beschränkt (Bild 4.3.1).

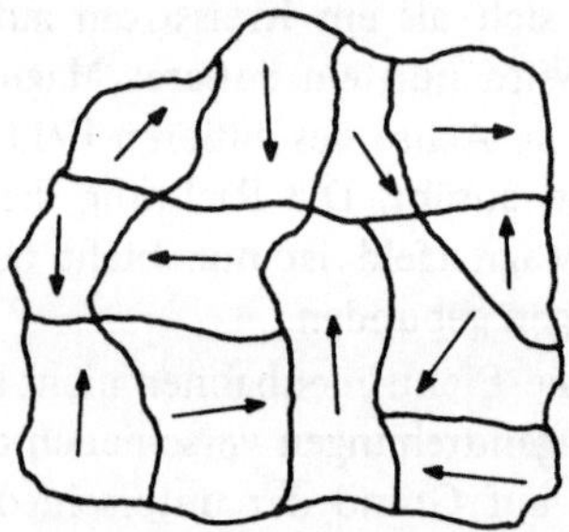

Bild 4.3.1

Ohne äußeres Feld ist die Orientierung der Magnetfelder der Weiss'schen Bezirke regellos. Wird ein äußeres Feld angelegt, so zeigt sich zweierlei. Die Weiss'schen Bezirke richten sich entweder aus oder verändern ihre Ausdehnung. Bis zu einer gewissen Stärke des äußeren Feldes verlaufen die Prozesse reversibel, d.h., bei Abschalten des äußeren Feldes stellt sich der ursprüngliche Zustand wieder ein.
Nimmt das äußere Feld darüber hinaus zu, so sind die Prozesse irreversibel. Stehen schließlich alle Magnete parallel zum äußeren Feld, so tritt eine magnetische Sättigung ein. Selbst bei Erhöhung der äußeren Feldstärke kann keine weitere Magnetisierung stattfinden. Bei Verschwinden des äußeren Feldes geht die Magnetisierung keineswegs auf Null zurück. Erst durch ein Gegenfeld kann die Magnetisierung

* Pierre Weiss, 1865–1940.

aufgehoben werden. Der magnetische Zustand des Stoffes ist von der Vorgeschichte abhängig. Dieses Verhalten wird allgemein durch die sog. *Hystereseschleife* (Bild 4.3.2) dargestellt. Sie zeigt den Zusammenhang zwischen der magnetischen Induktion und der Feldstärke. Die Induktion B_r, die übrig bleibt, wenn die Feldstärke

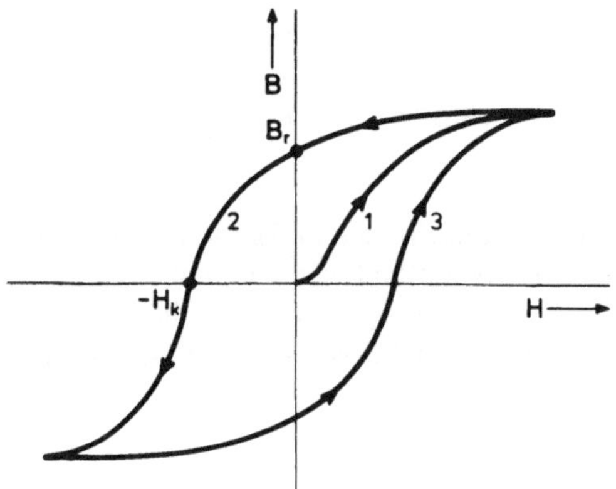

Bild 4.3.2

wieder auf Null zurückgegangen ist, wird *Remanenzinduktion* genannt. Die Feldstärke H_k, die aufgebracht werden muß, um die Induktion zum Verschwinden zu bringen, wird mit *Koerzitivfeldstärke* bezeichnet. Der Kurvenast 1 schließlich heißt *Neukurve.*

Auf Grund des nichtlinearen Zusammenhanges zwischen der Induktion und der Feldstärke sind die folgenden Definitionen der Permeabilität sinnvoll:

a) Die normale Permeabilität $\mu_N = \frac{B}{H}$, die der Steigung der durch den Ursprung und den durch H und B festgelegten Punkt verlaufenden Geraden entspricht.

b) Die differentielle Permeabilität $\mu_D = \frac{dB}{dH}$, die der Steigung der Tangente in dem durch H und B festgelegten Punkt entspricht.

c) Die reversible Permeabilität $\mu_{rev} = \frac{\Delta B}{\Delta H}$, die die Steigung der kleinen Schleife angibt, welche aus dem Zusammenhang zwischen B und H festgelegt ist, wenn in einem statischen Arbeitspunkt auf der Neukurve oder Hystereseschleife die Feldstärke wiederholt geringfügig vergrößert und verkleinert wird.

d) Die Amplitudenpermeabilität $\hat{\mu} = \left.\frac{B}{H}\right|_{H=\hat{H}}$, wobei $\hat{H}$ der höchste Wert der Magnetfeldstärke ist, dem der Werkstoff bei der Aussteuerung aus dem pauschal unmagnetischen Zustand unterworfen wurde.

Ist die Hystereseschleife sehr schmal, so handelt es sich um weichmagnetische Stoffe. Eine breite Hystereseschleife (hartmagnetische Stoffe) ist immer dann erwünscht, wenn Dauermagnete herzustellen sind.

Bei kleinen Feldstärken (H → 0) gilt für die Anfangspermeabilität

$$\mu_A = \left.\frac{dB}{dH}\right|_{H=0,\, B=0} = \mu_{rev}\,(H \to 0) = \mu_D\,(H \to 0)\,.$$

4.4 Scherung, Berechnung von Dauermagneten

In diesem Abschnitt werde zunächst die in Bild 4.4.1 gezeigte Anordnung betrachtet. Der Ring, der aus Weicheisen bestehen soll, habe die mittlere Länge l und sei durch einen kleinen Luftspalt der Länge δ unterbrochen. Er trage eine Wicklung mit w Windungen, die vom Strom I durchflossen ist. Das Durchflutungsgesetz liefert

$$\text{(4.4.1)} \qquad \Theta = w\,I = \oint_C \vec{H}\,d\vec{s} = H_e\,l + H_0\,\delta\,.$$

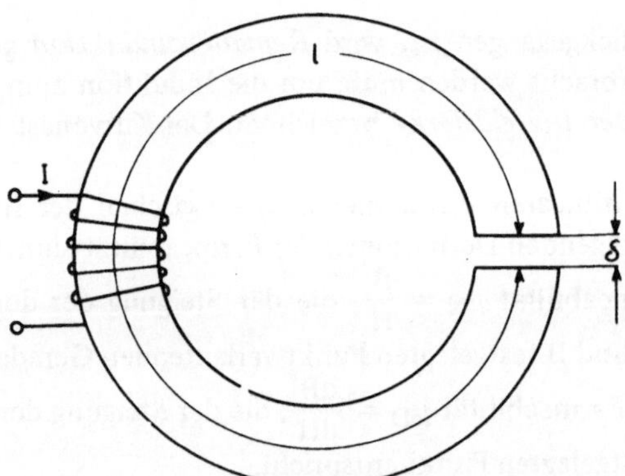

Bild 4.4.1

In dieser Gleichung ist unter H_e die Feldstärke im Eisen und unter H_0 die im Luftspalt zu verstehen. Unter der Annahme, daß keine Streuung im Luftspalt auftritt, muß die Induktion im Eisen gleich der im Luftspalt sein, also

$$\text{(4.4.2)} \qquad B_e = B_0 = \mu_0\,H_0\,.$$

Unter Verwendung dieser Beziehung ergibt sich für Gl. (4.4.1)

$$\text{(4.4.3)} \qquad \Theta = w\,I = H_e\,l + \frac{B_e\,\delta}{\mu_0}\,.$$

Damit wurde eine Gleichung gewonnen, in der B_e und H_e noch unbekannt sind. Zur Bestimmung dieser Größen wird ein weiterer Zusammenhang zwischen diesen beiden Größen benötigt, der aus der Magnetisierungskennlinie B = f(H) entnommen werden kann. Die Auflösung von Gl. (4.4.3) führt auf

$$B_e = -\mu_0 \frac{l}{\delta} H_e + \mu_0 \frac{\Theta}{\delta} . \qquad (4.4.4)$$

Werden hierin die zu bestimmenden Größen B_e und H_e durch die laufenden Variablen B und H ersetzt, so stellt diese Gleichung eine Geradengleichung dar (siehe Bild 4.4.2). Der Schnittpunkt der Geraden mit der Kennlinie liefert die gesuchten Größen B_e und H_e. Diese Gerade, allgemein *Scherungsgerade* genannt, hat eine von der Durchflutung Θ unabhängige Steigung, nämlich $-\mu_0 \cdot \frac{l}{\delta}$. Ändert sich Θ, so

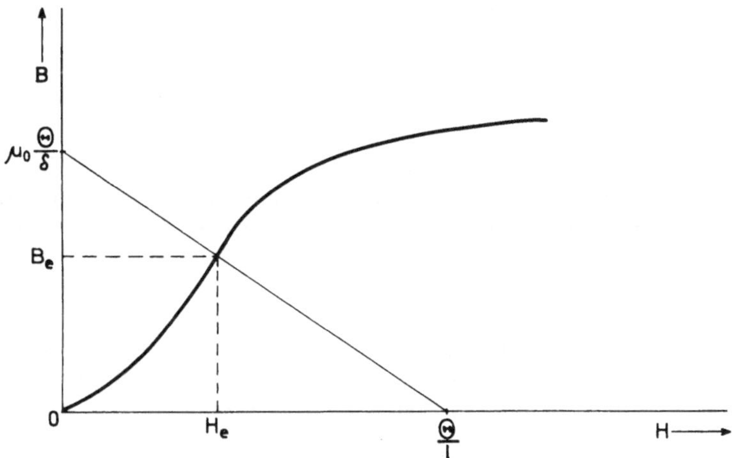

Bild 4.4.2

verschiebt sich die Scherungsgerade parallel zu sich selbst. Dadurch ergeben sich laufend andere Schnittpunkte mit der Magnetisierungskennlinie. Wird die zu jeder Durchflutung gehörende Induktion B_e in Abhängigkeit von H aufgetragen, so folgt daraus die *gescherte Kennlinie* für den Parameter $\frac{l}{\delta}$ (Bild 4.4.3). Die gescherte Kennlinie verläuft wesentlich flacher. Die *Scherung* hat also eine Linearisierung der Kennlinie zur Folge.

Soll die Streuung im Luftspalt nicht vernachlässigt werden, so muß hierzu ein Streufaktor S eingeführt werden. Der wirksame Luftquerschnitt A_0 ist auf Grund der Streuung größer als der Eisenquerschnitt A. Dadurch ist die Induktion im Luftspalt kleiner als die im Eisen.

Es gilt daher

(4.4.5) $B_0 = S\,B_e$ mit $S < 1$.

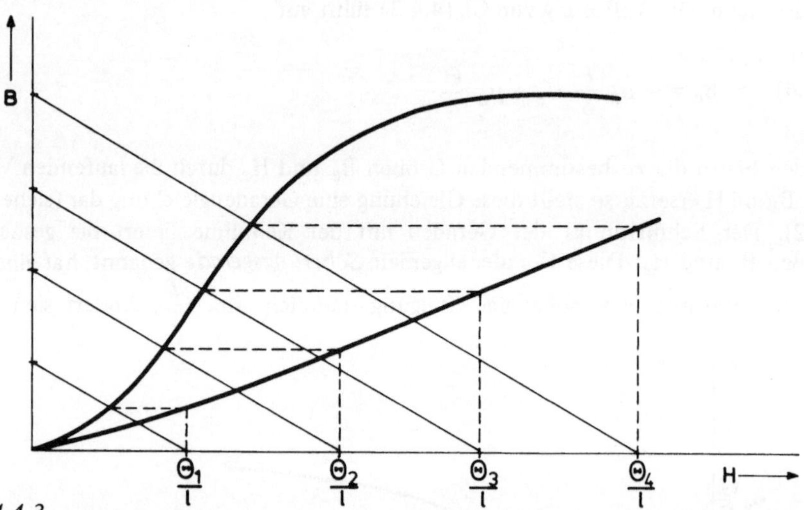

Bild 4.4.3

Die Werte von S müssen für die einzelnen Anordnungen experimentell bestimmt werden. Gl. (4.4.4) lautet jetzt unter Berücksichtigung der Streuung

(4.4.6) $$B_e = -\mu_0 \frac{l}{\delta\,S} H_e + \mu_0 \frac{\Theta}{\delta\,S} .$$

Dauermagnete werden aus magnetisch hartem Material hergestellt und besitzen somit eine breite Hystereseschleife. Für die vorliegenden Betrachtungen ist nur der Teil der Kennlinie wichtig, der zwischen der Remanenzinduktion ($H = 0$, $B = B_r$) und der Koerzitivfeldstärke ($H = -H_k$, $B = 0$) liegt (Bild 4.4.4). Der Eisenring in Bild 4.4.5 mit Luftspalt δ sei durch ein äußeres Feld, welches durch eine Durchflutung erregt worden ist, in magnetische Sättigung versetzt worden.

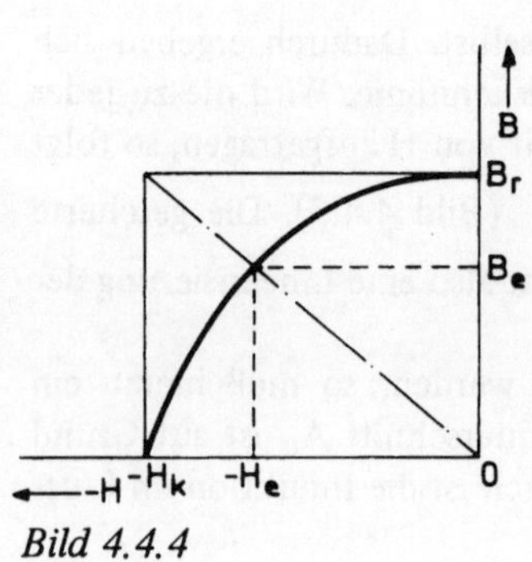

Bild 4.4.4

Bild 4.4.5

Wird sodann die Durchflutung abgeschaltet, so ergibt sich eine Scherungsgerade, die durch den Nullpunkt verläuft (in Bild 4.4.4 gestrichelt gekennzeichnet). Für $\Theta = 0$ lautet Gl. (4.4.6) demzufolge

$$B_e = -\mu_0 \frac{l}{\delta\, S} H_e \,. \tag{4.4.7}$$

Der Schnittpunkt der Kennlinie mit der Scherungsgeraden liefert die Größen B_e und H_e. Um zu einem Kriterium für die Berechnung von Dauermagneten zu kommen, wird eine Energiebetrachtung angestellt. Es zeigt sich, daß die im magnetischen Feld pro Volumeneinheit gespeicherte Energie dem halben Skalarprodukt aus Feldstärke und Induktion gleich ist.

$$\frac{dW}{dV} = \frac{1}{2} \vec{H}\,\vec{B} \,. \tag{4.4.8}$$

Eine analoge Beziehung wurde bereits für das elektrostatische Feld abgeleitet. Der Dauermagnet soll derart entworfen werden, daß in ihm eine maximale Energie gespeichert wird. Es wird also der Arbeitspunkt gesucht, für den $\frac{1}{2} \cdot B_e \cdot H_e$ ein Maximum erreicht. Es zeigt sich, daß dies näherungsweise im Schnittpunkt der Diagonalen des durch B_r und H_k gebildeten Rechteckes mit der Kennlinie der Fall ist, wie in Bild 4.4.4 bereits eingezeichnet. Bei gegebener Kennlinie muß also der Faktor $\frac{l}{\delta \cdot S}$ so bestimmt werden, daß die Scherungsgerade in die eben erwähnte Diagonale fällt.

4.5 Kraftwirkungen magnetischer Felder

In einem magnetischen Feld wird auf eine sich bewegende Ladung eine Kraft ausgeübt. Dabei zeigt das Experiment folgende Ergebnisse:

1. Die Kraft ist der Ladungsmenge Q, der magnetischen Induktion B am Orte der Ladung und der Geschwindigkeit v der Ladung proportional.
2. Die Kraft ist außerdem vom Winkel, den die Vektoren $\vec{v}$ und $\vec{B}$ miteinander einschließen, abhängig; sie ist proportional $\sin(\sphericalangle\, \vec{v}, \vec{B})$.
3. Die Richtung der Kraft ist stets senkrecht zu der von den Vektoren $\vec{v}$ und $\vec{B}$ gebildeten Ebene.

Aus den Ergebnissen 1. und 2. folgt

$$F = Q\, v\, B \sin(\sphericalangle\, \vec{v}, \vec{B}) \,. \tag{4.5.1}$$

Wird außerdem Ergebnis 3. berücksichtigt, so läßt sich die Gesetzmäßigkeit in Vektorschreibweise formulieren.

$$\vec{F} = Q\,(\vec{v} \times \vec{B})\,. \tag{4.5.2}$$

Für die Eigenschaften von Vektorprodukten, zu denen die obige Beziehung zählt, sei hier auf Abschnitt 3.1.2 verwiesen.

Es soll nun ein geradliniger, stromdurchflossener Leiter in einem magnetischen Feld betrachtet werden. Auf die infinitesimal kleine Ladung dQ, die sich mit der Geschwindigkeit $\vec{v}$ fortbewegt, wird also eine Kraft

$$d\vec{F} = dQ\,(\vec{v} \times \vec{B})$$

ausgeübt. Für die Geschwindigkeit $\vec{v}$ wird der Differentialquotient $\frac{d\vec{s}}{dt}$ eingeführt. Hierbei stellt $d\vec{s}$ ein Linienelement des Leiters dar, welches in die Stromrichtung zeigt. Mit $dQ = I \cdot dt$ folgt sodann

$$d\vec{F} = I\,dt\left(\frac{d\vec{s}}{dt} \times B\right) = I\,(d\vec{s} \times \vec{B})\,. \tag{4.5.3}$$

Für den Fall, daß die magnetischen Induktionslinien senkrecht zum Leiter stehen, berechnet sich der Betrag der Kraft zu

$$dF = I\,ds\,B\,.$$

Die gesamte Kraft, die auf den Leiter ausgeübt wird, errechnet sich durch Integration über sämtliche stromdurchflossenen Leiterelemente. Bei einer totalen Länge l ergibt sich betragsmäßig

$$F = I\,l\,B\,. \tag{4.5.4}$$

Natürlich erzeugt der Strom I ein Eigenfeld, welches aus Symmetriegründen zirkular ist. Bild 4.5.1 zeigt die Superposition dieses Eigenfeldes mit einem homogenen Magnetfeld. Der Strom I fließt dabei in die Papierebene hinein. Die Kraft steht sowohl senkrecht auf dem Leiter als auch auf dem Induktionsvektor des homogenen Feldes. Die Feldlinien des Gesamtfeldes, welches sich aus der Überlagerung der beiden Feldlinienbilder ergibt, sind vergleichbar mit aus ihrer Gleichgewichtslage gerückten Gummifäden. Diese Gummifäden üben eine Kraft auf den Leiter aus, deren Richtung mit der aus der Beziehung (4.5.2) abzuleitenden Richtung übereinstimmt.

Somit kann die Kraft berechnet werden, die zwei geradlinige, parallele Leiter aufeinander ausüben, wenn sie von einem zeitlich konstanten Strom durchflossen wer-

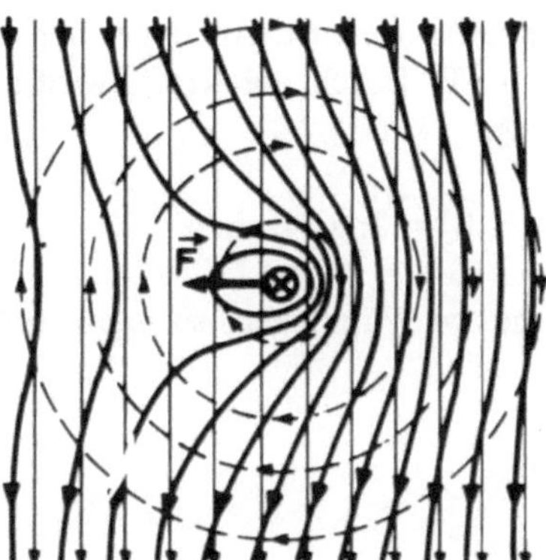

Bild 4.5.1

den. Befinden sich die Leiter in einem Abstand r voneinander, so beträgt die Induktion, hervorgerufen vom Strom I des einen Leiters, am Orte des anderen Leiters ($\mu_r = 1$)

$$B = \mu_0 \frac{I}{2\pi r} .$$

Bei dieser Induktion beträgt gemäß Gl. (4.5.4) die Kraft auf den Leiter

$$F = I\, l\, \mu_0 \frac{I}{2\pi r} = \mu_0 \frac{l}{2\pi r} I^2 . \qquad (4.5.5)$$

Die Drähte stoßen sich dabei ab, wenn die Stromrichtungen entgegengesetzt sind. Sie ziehen sich an, wenn die Ströme gleichgerichtet sind.
An dieser Stelle soll die Definition der Einheit „Ampere" überprüft werden. Wird in Gl. (4.5.5) $F = 2 \cdot 10^{-7}$ N, $l = 1$ m und $r = 1$ m gesetzt und nach I aufgelöst, so folgt

$$I = \sqrt{\frac{2\pi r F}{\mu_0\, l}} = \sqrt{\frac{2\pi \cdot 1\,\mathrm{m} \cdot 2 \cdot 10^{-7}\,\mathrm{N}}{4\pi \cdot 10^{-7} \frac{\mathrm{H}}{\mathrm{m}} \cdot 1\,\mathrm{m}}} = 1\,\mathrm{A} . \qquad (4.5.6)$$

Von den Kraftwirkungen magnetischer Felder wird Gebrauch gemacht u.a. bei elektrischen Maschinen und verschiedenen Meßgeräten. Im Prinzip handelt es sich dabei um drehbare Stromschleifen, die von einem Magnetfeld durchsetzt werden. Bild 4.5.2 stellt eine rechteckige Stromschleife mit den Seiten a und $2 \cdot r$ in der Vorderansicht dar. Die Flächennormale $\vec{n}$ der Fläche $A = 2 \cdot r \cdot a$ schließt mit der magnetischen Induktion den Winkel α ein. Einen Beitrag zum Drehmoment liefern nur die Kräfte, die an den Leiterstücken a angreifen, da die Drehachse der Leiterschleife parallel zu den Rechteckseiten a verläuft. Auf jedes der Leiterstücke a wirkt eine Kraft vom Betrage F = I · a · B. Durch die Kräfte wird auf die Leiterschleife ein Moment ausgeübt vom Betrage

(4.5.7) $$M = 2r\,F\,\sin(\sphericalangle\,\vec{n}, \vec{B}) = 2r\,a\,I\,B\,\sin\alpha = I\,B\,A\,\sin\alpha\,.$$

Besteht die Stromschleife aus w Windungen, so ergibt sich natürlich ein w-faches Drehmoment

(4.5.8) $$M = w\,I\,B\,A\,\sin\alpha\,.$$

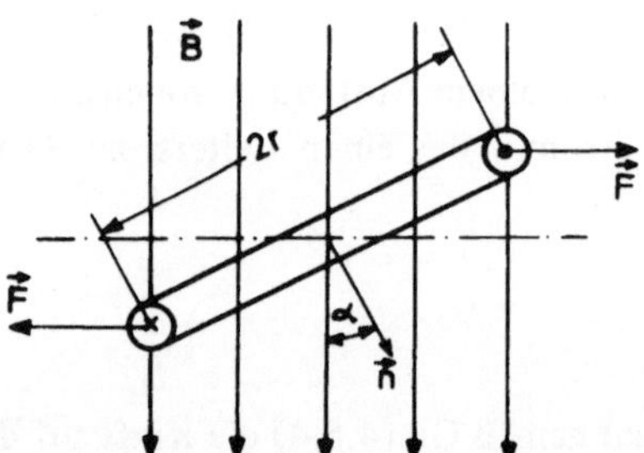

Bild 4.5.2

Auf zwei Anwendungsbeispiele soll nun etwas tiefer eingegangen werden. Da ist zunächst das *Drehspulmeßgerät.* Dieses ist ein ausgesprochenes Gleichstrominstrument. Damit die Skala vom Anfang bis zum Endwert gleichmäßig geteilt werden kann, wird ein vom Drehwinkel unabhängiges Moment benötigt. Hierzu wird zwischen zwei zylindrisch ausgedrehten Polschuhen ein zylindrischer, ortsfester Weicheisenkern mit einem kleinen Luftspalt für die Drehung der Spule angebracht (Bild 4.5.3). Werden die Polschuhe über einen Dauermagneten miteinander verbunden, so stellt sich im Luftspalt ein radial gerichtetes Feld ein. Die Normale der Spulenfläche steht dabei innerhalb eines gewissen Drehbereiches stets senkrecht zum Induktionsvektor im Luftspalt. Mit $\sin\alpha = \sin 90° = 1$ folgt somit

(4.5.9) $$M = w\,I\,B\,A\,.$$

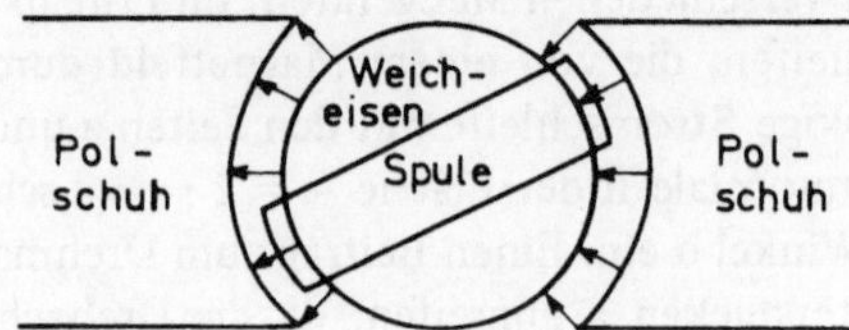

Bild 4.5.3

Das Rückstellmoment wird durch eine Spiralfeder aufgebracht und soll innerhalb des oben erwähnten Bereiches linear mit dem Drehwinkel φ anwachsen ($M_r = D \cdot \varphi$). Im Gleichgewichtszustand gilt dann

(4.5.10) $$M = M_r = w\,I\,B\,A = D\,\varphi$$

bzw. $$\varphi = \frac{w\,B\,A}{D}\,I\,.$$

Der Drehwinkel φ ist also dem Spulenstrom I proportional. Damit ist eine lineare Skaleneinteilung gewährleistet, falls von der Reibung der mechanischen Teile, der Überlastung des Gerätes und dgl. mehr abgesehen wird. Selbstverständlich kann mit dem Drehspulinstrument auch eine Spannungsmessung durchgeführt werden. Hierzu muß lediglich ein zur Spannung proportionaler Strom erzeugt werden.
Die Wirkungsweise des *elektrodynamischen Meßgerätes* beruht darauf, daß sich eine drehbar gelagerte Spule im Magnetfeld einer festen, stromdurchflossenen Spule befindet. Da die magnetische Induktion vom Strom I_1 in der festen Spule abhängig ist, ergibt sich ein Drehmoment, das dem Produkt zweier Ströme proportional ist. Gl. (4.5.9) lautet dann

(4.5.11) $$M = k\,I\,I_1\,.$$

Hierin stellt k einen von den Windungszahlen und der Geometrie der Spulen abhängigen Proportionalitätsfaktor dar. Das Rückstellmoment wird auch hier durch Spiralfedern aufgebracht. Dieses Instrument läßt sich zur Leistungsmessung verwenden, wenn I_1 der durch einen Widerstand fließende Strom ist und I proportional zu der an diesem Widerstand abfallenden Spannung U ist.

5. Elektromagnetische Induktion

5.1 Das Induktionsgesetz

Ein metallischer Leiter werde senkrecht zu einem Magnetfeld (in Bild 5.1.1 zeigen die Induktionslinien senkrecht in die Papierebene) mit der Geschwindigkeit $\vec{v}$ bewegt. Mit dem Leiter werden gleichzeitig die freien Elektronen, also Ladungen bewegt. Diese erfahren eine Kraftwirkung, unter deren Einfluß sie sich in Bewegung setzen (in Bild 5.1.1 nach links). Am linken Ende des Metallstabes entsteht somit

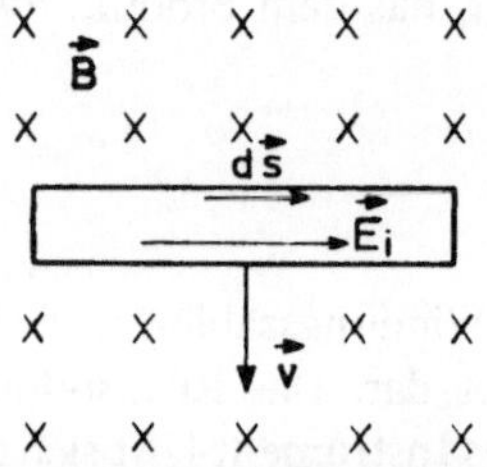

Bild 5.1.1

eine Elektronenanhäufung, am rechten Ende ein Elektronenmangel. Das linke Stabende wird negativ und das rechte positiv aufgeladen. Auf Grund der Ladungstrennung stellt sich ein elektrisches Feld ein, welches bestrebt ist, die Elektronen in die entgegengesetzte Richtung zurückzutreiben. Der Gleichgewichtszustand ist erreicht, wenn die elektrischen Feldkräfte die magnetischen Feldkräfte gerade aufheben. Magnetische Feldkräfte können somit durch äquivalente elektrische Feldkräfte ersetzt werden, d.h.

$$\vec{F}_m = Q\,(\vec{v} \times \vec{B}) = \vec{F}_{el} = Q\,\vec{E}_i\,.$$

Hieraus folgt das *Induktionsgesetz*

$$(5.1.1) \qquad \vec{E}_i = \vec{v} \times \vec{B}\,.$$

$\vec{E}_i$ wird die *induzierte elektrische Feldstärke* genannt. Sie hat die gleichen Wirkungen auf Ladungen zur Folge, wie sie durch das Vektorprodukt aus Geschwindigkeit und magnetischer Induktion hervorgerufen werden. Das Linienintegral der induzierten elektrischen Feldstärke

$$u_i = \int_1^2 \vec{E}_i \, d\vec{s} = \int_1^2 (\vec{v} \times \vec{B}) \, d\vec{s} \tag{5.1.2}$$

wird als *induzierte Spannung* bezeichnet. In Bild 5.1.1 stehen die Vektoren $\vec{v}$, $\vec{B}$ und $d\vec{s}$ gegenseitig senkrecht aufeinander. Ist das Magnetfeld noch homogen und bewegen sich alle Leiterelemente mit der gleichen Geschwindigkeit, so liefert das Linienintegral, erstreckt über die Länge l des Stabes, die induzierte Spannung

$$u_i = v\,B\,l\,. \tag{5.1.3}$$

Im allgemeinen Fall, d.h. bei beliebigem Magnetfeld, unterschiedlicher Geschwindigkeit der Leiterelemente und willkürlicher Leiterform, ist Gl. (5.1.2) für die Berechnung der induzierten Spannung zutreffend. Es werde z.B. eine Metallscheibe betrachtet, die sich zwischen den Polen eines Dauermagneten dreht (siehe Bild 5.1.2). Anordnungen dieser Art heißen Wirbelstrombremsen. Das Magnetfeld sei homogen, die Geschwindigkeit einer im Abstand r vom Mittelpunkt der Kreisscheibe befindlichen Ladung beträgt $v = 2 \cdot \pi \cdot n \cdot r$, wobei n die Drehzahl der Scheibe ist. Mit r_1 als Radius der Achse und r_2 als Radius der Scheibe wird in der Scheibe eine Spannung

$$u_i = \int_{r_1}^{r_2} 2\,\pi\,n\,r\,B\,dr = \pi\,n\,B\,(r_2^{\,2} - r_1^{\,2}) \tag{5.1.4}$$

induziert. Nun sind in der Metallscheibe die von der induzierten Spannung hervorgerufenen Ströme kurzgeschlossen. Diese „Wirbelströme“ entwickeln aber Wärme, die durch mechanische Energie aufgebracht werden muß. Hierauf beruht die Bremswirkung dieser Anordnung.

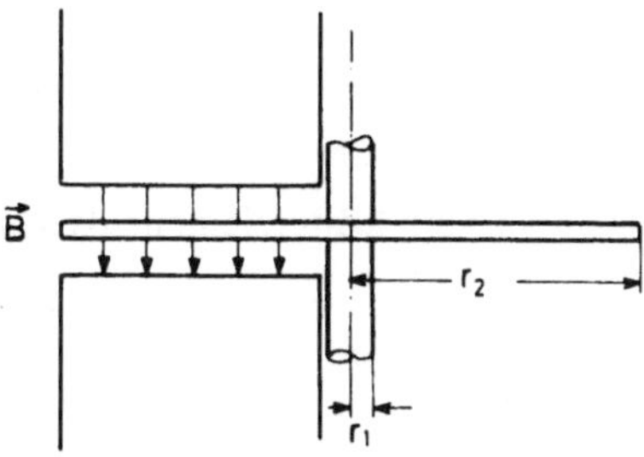

Bild 5.1.2

Das Induktionsgesetz nach Gl. (5.1.1) wird jetzt in eine Form gebracht, die für praktische Anwendungen vorteilhafter ist. Die in einem Leiterelement $d\vec{s}$ – das Leiterelement bewege sich mit der Geschwindigkeit $\vec{v} = \frac{d\vec{r}}{dt}$ in einem Magnetfeld – induzierte Spannung beträgt

$$\text{(a)} \qquad \vec{E}_i\, d\vec{s} = \left(\frac{d\vec{r}}{dt} \times \vec{B}\right) d\vec{s}.$$

Produkte von der Art wie das auf der rechten Seite der Gl. (a) werden in der Vektorrechnung als „Spatprodukte" bezeichnet. Auf Grund der Rechenregeln für Spatprodukte kann

$$\text{(b)} \qquad \left(\frac{d\vec{r}}{dt} \times \vec{B}\right) d\vec{s} = \left(d\vec{s} \times \frac{d\vec{r}}{dt}\right) \vec{B}$$

gesetzt werden, so daß Gl. (a) jetzt

$$\text{(c)} \qquad \vec{E}_i\, d\vec{s} = \left(d\vec{s} \times \frac{d\vec{r}}{dt}\right) \vec{B}$$

lautet. Der Ausdruck $d\vec{s} \times d\vec{r}$ stellt aber die Fläche $d\vec{A}_s$ dar, die vom Linienelement $d\vec{s}$ in der Zeit dt überstrichen wird (in Bild 5.1.3 schraffiert gezeichnet). Damit geht Gl. (c) über in

$$\text{(d)} \qquad \vec{E}_i\, d\vec{s} = \frac{d\vec{A}_s}{dt}\, \vec{B} = \frac{\vec{B}\, d\vec{A}_s}{dt}.$$

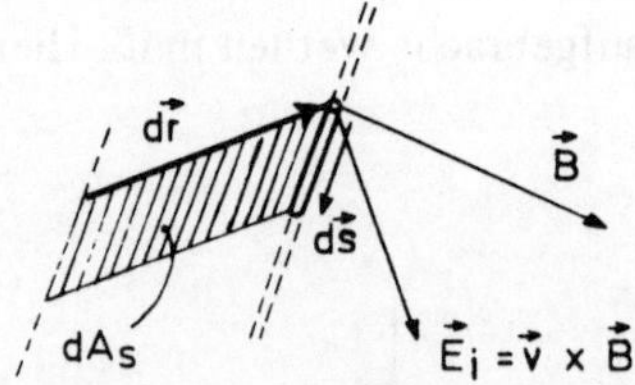

Bild 5.1.3

Nun ist $\vec{B} \cdot d\vec{A}_s$ der Fluß $d\,\phi_s$, der vom Leiterelement $d\vec{s}$ geschnitten wird, so daß aus (d) folgt:

$$\text{(5.1.5)} \qquad \vec{E}_i\, d\vec{s} = \frac{d\phi_s}{dt}.$$

Die im gesamten Leiter induzierte Spannung ergibt sich aus dieser Gleichung durch Integration der induzierten Feldstärke über die Leiterlänge

$$(5.1.6) \qquad \int \vec{E}_i \, d\vec{s} = \frac{d}{dt} \int_A \vec{B} \, d\vec{A}_s = \frac{d\phi}{dt} \, .$$

Hierin entspricht die Größe $d\phi$ jetzt dem vom ganzen Leiter geschnittenen magnetischen Fluß.

Ist der Leiter in sich geschlossen – Stromkreise sind bekanntlich stets geschlossen –, so gilt für das Umlaufintegral der induzierten elektrischen Feldstärke

$$(5.1.7) \qquad \oint_C \vec{E}_i \, d\vec{s} = - \frac{d}{dt} \int_A \vec{B} \, d\vec{A} = - \frac{d\phi}{dt} \, .$$

Die Umlaufrichtung wurde in dieser Beziehung so festgelegt, daß sie den magnetischen Fluß rechtsläufig umschließt. Hier ist also die Umlaufspannung ($u_i = \oint_C \vec{E}_i \cdot d\vec{s}$) im Gegensatz zu der im stationären Strömungsfeld von Null verschieden. Da $-\frac{d\phi}{dt}$ eine Abnahme des magnetischen Flusses bedeutet, wird diese Größe als *magnetischer Schwund* bezeichnet. In der Form der Gl. (5.1.7) lautet damit die Aussage des Induktionsgesetzes: *Die Umlaufspannung in einer geschlossenen Leiterschleife ist gleich dem magnetischen Schwund.*

Für das Zustandekommen der Umlaufspannung ist es dabei unerheblich, ob der magnetische Schwund durch eine zeitliche Änderung der Induktion oder durch die Bewegung der Schleife in einem festen Feld erfolgt.

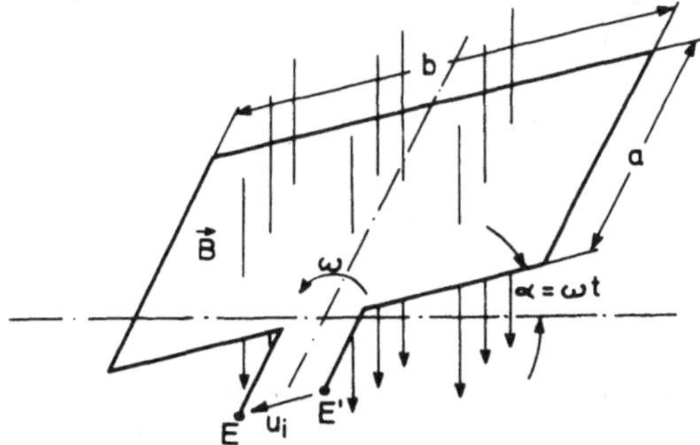

Bild 5.1.4

Es werde z.B. eine einfache, drehbare Rechteckschleife in einem zeitlich konstanten Magnetfeld betrachtet (Bild 5.1.4). Bei Drehung mit konstanter Winkelgeschwindigkeit ω wird innerhalb der Schleife eine Spannung induziert, die sich an den Enden EE' über Schleifringe abgreifen läßt. Das Induktionsgesetz liefert die Beziehung

(e) $$u_i = -\frac{d\phi}{dt} = -\frac{d}{dt}\int_A \vec{B}\,d\vec{A} = -\frac{d}{dt}\int_A B\,dA\cos(\sphericalangle\vec{B},d\vec{A})\,.$$

Der Winkel, den der Induktionsvektor mit der Normalen der Schleifenfläche einnimmt, ändert sich mit der Zeit, so daß

$$\cos(\sphericalangle\vec{B},d\vec{A}) = \cos\alpha = \cos\omega t$$

ist. Aus Gl. (e) folgt damit

(f) $$u_i = -B\int_A dA\,\frac{d}{dt}(\cos\omega t) = B\,a\,b\,\omega\sin\omega t\,.$$

Da sin ωt eine dimensionslose Größe ist, muß $B \cdot a \cdot b \cdot \omega$ eine Spannung darstellen, die mit $\hat{u}$ bezeichnet werden soll. Folglich lautet Gl. (f)

(5.1.8) $$u_i = \hat{u}\sin\omega t\,.$$

An den Enden EE′ kann also eine zeitlich periodisch veränderliche Spannung, *Wechselspannung* genannt, abgegriffen werden, deren Verlauf in Bild 5.1.5 dargestellt ist.

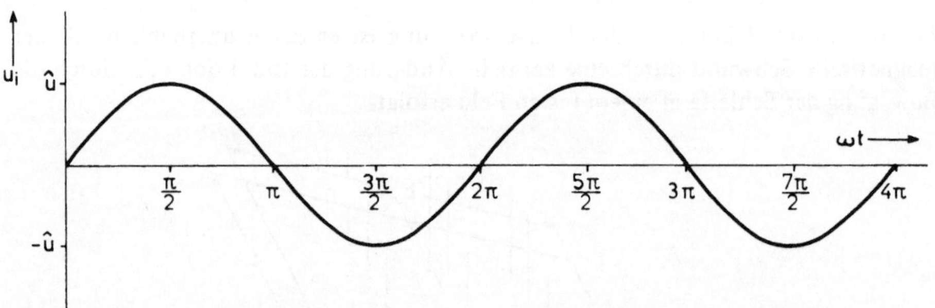

Bild 5.1.5

Wird anstatt der einfachen Leiterschleife eine eng gewickelte Spule mit w Windungen genommen, so hat die induzierte Spannung den w-fachen Wert, da der Stromleiter (Spule) den Fluß w-mal umfaßt. Daher wird zwischen einem *Gesamtfluß* ψ und einem *Bündelfluß* ϕ unterschieden. Zwischen beiden Größen gilt die Beziehung

(5.1.9) $$\psi = w\,\phi\,,$$

sofern alle w Windungen der Spule den Bündelfluß umfassen. Für den Wert der induzierten Spannung ist aber der Gesamtfluß maßgeblich. Damit gilt

$$(5.1.10)\qquad \oint_C \vec{E}_i\, d\vec{s} = u_i = -\frac{d\psi}{dt}.$$

Auf Grund der induzierten Spannung wird in einem geschlossenen Leiterkreis ein Strom von ganz bestimmter Größe fließen. Maßgeblich sind hierfür einmal die induzierte Spannung und zum anderen der Widerstand des Leiters, so daß

$$(5.1.11)\qquad u_i = \oint_C \vec{E}_i\, d\vec{s} = -\frac{d\psi}{dt} = R\, i \qquad *$$

ist. Der Strom im Leiterkreis ruft nun seinerseits ein magnetisches Feld bzw. einen magnetischen Fluß hervor, der mit dem Stromkreis verkettet ist. Bei zeitlicher Änderung des Stromes wird damit durch den von ihm erzeugten Fluß ψ_e eine Spannung induziert, die mit *Selbstinduktionsspannung* bezeichnet wird. Es erweist sich daher als zweckmäßig, den Gesamtfluß aufzuteilen in einen Fremdfluß ψ_f und in einen Eigenfluß ψ_e. Gl. (5.1.11) erhält dann die Form

$$(5.1.12)\qquad -\frac{d\psi}{dt} = -\frac{d(\psi_f + \psi_e)}{dt} = -\frac{d\psi_f}{dt} - \frac{d\psi_e}{dt} = R\, i\,.$$

Der vom Strom i erzeugte Fluß ψ_e ist diesem naturgemäß proportional.

$$(5.1.13)\qquad \psi_e = L\, i\,.$$

Der Proportionalitätsfaktor L, der von der Geometrie der Leiteranordnung und der Permeabilitätskonstanten abhängt, wird *Selbstinduktivität* des Stromkreises genannt und ist bei nichtmagnetischen Stoffen konstant. Bei Stoffen mit nichtlinearer Magnetisierungskennlinie ist die Selbstinduktivität außerdem noch eine Funktion des Stromes. Unter der Voraussetzung $L \neq f(i)$ beträgt die Selbstinduktionsspannung

$$(5.1.14)\qquad u_L = \frac{d\psi_e}{dt} = L\frac{di}{dt}\,.$$

Aus Gl. (5.1.12) folgt mit dieser Beziehung nach entsprechender Umformung

$$(5.1.15)\qquad -\frac{d\psi_f}{dt} = R\, i + L\frac{di}{dt}\,.$$

---

* Ströme und Spannungen werden hier mit Kleinbuchstaben bezeichnet, um anzudeuten, daß es sich um zeitlich veränderliche Größen handelt.

Wird jetzt noch $R \cdot i = u_R$ gesetzt und $-\frac{d\psi_f}{dt}$ mit der Quellenspannung u_0 einer Spannungsquelle gleichgesetzt, dann läßt sich Gl. (5.1.15) wie folgt schreiben

$$(5.1.16) \qquad u_0 = u_R + u_L \, .$$

Damit kann für einen geschlossenen Leiterkreis, der von einem zeitlich sich ändernden, von außen auf ihn einwirkenden Fremdfluß durchsetzt wird, die Ersatzschaltung in Bild 5.1.6 angegeben werden, die aus einer Spannungsquelle, einem ohmschen Widerstand und einer Selbstinduktivität besteht. Der große Vorteil dieser Ersatzschaltung zeigt sich darin, daß auf Grund der Aufteilung der Flußänderung in eine induzierte Quellenspannung u_0 und in eine Selbstinduktionsspannung u_L der Leiterkreis sich mathematisch wie ein Gleichstromkreis behandeln läßt, in dem der zweite Kirchhoffsche Satz seine Gültigkeit behält, nämlich daß die Umlaufspannung Null ist. Physikalisch betrachtet liegt natürlich eine Flußänderung vor, die in dem Leiterkreis ein elektrisches Feld induziert, dessen Umlaufintegral über den geschlossenen Kreis von Null verschieden ist, da es sich bei dem induzierten elektrischen Feld um ein Wirbelfeld handelt.

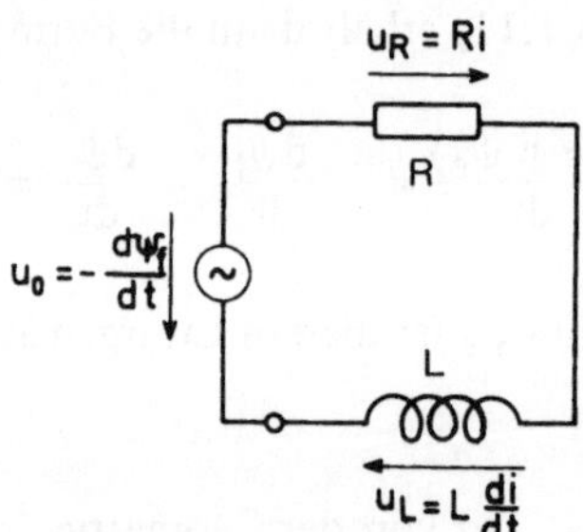

Bild 5.1.6

Für viele Überlegungen, die bei der Behandlung von Wechselstromaufgaben noch angestellt werden, werden die Selbstinduktivitäten von Spulen noch von Nutzen sein. Die Spulen sind hierbei so in den Leiterkreis geschaltet, daß sie nicht vom Fremdfluß durchsetzt werden. Die Ersatzschaltung für die Spulen besteht dann aus einer Selbstinduktivität, die die Verkettung des Eigenflusses zum Ausdruck bringt, und einem ohmschen Widerstand R, der die Energieverluste der Spule berücksichtigt.

5.2 Energie im magnetischen Feld

Die Definition der Leistung als Produkt aus Spannung und Stromstärke bleibt auch für zeitlich sich ändernde Größen gültig. Die dabei umgesetzte Energie ergibt sich durch Integration über die Zeit. Damit läßt sich für die Energiebilanz der Ersatzschaltung in Bild 5.1.6 folgende Beziehung unter Mitverwendung der Gl. (5.1.15) aufstellen:

$$\int_{t_0}^{t_1} (-u_0 + u_R + u_L)\, i\, dt = \int_{\psi_{f0}}^{\psi_{f1}} i\, d\psi_f + R \int_{t_0}^{t_1} i^2\, dt + L \frac{i^2}{2} = 0 . \tag{5.2.1}$$

Die dem Leiterkreis zugeführte Energie $-\int_{\psi_{f0}}^{\psi_{f1}} i \cdot d\, \psi_f$ wird teils in Joulesche Stromwärme $R \cdot \int_{t_0}^{t_1} i^2 \cdot dt$ umgesetzt, teils wird sie zum Aufbau eines Eigenfeldes verwendet; denn unter Zuhilfenahme der Gl. (5.1.13) läßt sich schreiben

$$L \frac{i^2}{2} = \frac{i\, \psi_e}{2} = \frac{\psi_e^{\,2}}{2\, L} = W_m . \tag{5.2.2}$$

Mit dem Verschwinden des Eigenflusses verschwindet auch der Energieanteil W_m. Ähnlich wie im elektrostatischen Feld – wo der vom elektrischen Feld erfüllte Raum als Sitz der elektrischen Energie bezeichnet wurde – soll jetzt der vom Magnetfeld erfüllte Raum als Sitz der magnetischen Energie angesehen werden.
Für das Magnetfeld der in Bild 4.1.2 gezeigten Spule soll nun die in ihm enthaltene Energie berechnet werden. Ausgegangen wird von der Beziehung

$$W_m = \frac{I\, \psi_e}{2} . \tag{5.2.3}$$

Aus Gl. (4.1.8) folgt $I = \frac{H \cdot l}{w}$. Mit A als Spulenquerschnittsfläche beträgt der mit allen w Windungen verkettete Fluß $\psi_e = w \cdot B \cdot A$. Dementsprechend lautet Gl. (5.2.3) jetzt

$$W_m = \frac{1}{2}\, H\, B\, A\, l = \frac{1}{2}\, H\, B\, V ,$$

denn $A \cdot l$ ist gerade das vom Magnetfeld erfüllte Volumen V. Die auf die Raumeinheit bezogene Energie beträgt demnach

$$\frac{W_m}{V} = \frac{1}{2}\, H\, B . \tag{5.2.4}$$

Diese Beziehung ist allgemein gültig, sofern es sich um homogene Magnetfelder handelt. Bei beliebigen Feldern ergibt sich als Ausdruck für die auf die Raumeinheit bezogene Energie

(5.2.5) $$\frac{dW_m}{dV} = \frac{1}{2}\vec{H}\,\vec{B}\,.$$

Weiterhin soll die Energie im Luftspalt eines Elektromagneten (Bild 5.2.1) berechnet werden. Hierbei wird die Streuung im Luftspalt vernachlässigt. Bei der Bestim-

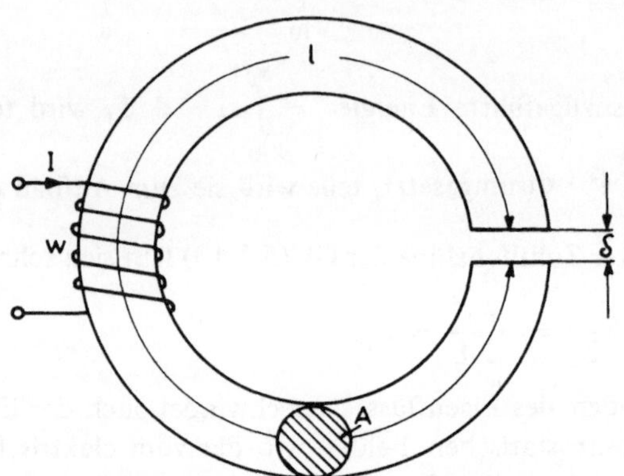

Bild 5.2.1

mung der Feldgrößen im Luftspalt wird vom Durchflutungsgesetz ausgegangen:

$$w\,I = H_e\,l + H_0\,\delta\,.$$

Die Größe $H_0 = \frac{B_0}{\mu_0}$ gibt die Feldstärke im Luftspalt und $H_e = \frac{B_e}{\mu_e}$ die Feldstärke im Eisen an. Da außerdem $B_e = B_0$ ist, folgt aus obiger Gleichung

$$B_0\left(\frac{l}{\mu_e} + \frac{\delta}{\mu_0}\right) = w\,I \quad \text{bzw.} \quad B_0 = \frac{w\,I}{\dfrac{l}{\mu_e} + \dfrac{\delta}{\mu_0}}\,.$$

Hiermit kann die magnetische Energie im Luftspalt – $A \cdot \delta$ ist das vom Feld erfüllte Luftspaltvolumen – bestimmt werden.

$$W_{m0} = \frac{1}{2}\,H_0\,B_0\,A\,\delta = \frac{1}{2}\,\frac{B_0{}^2}{\mu_0}\,A\,\delta\,.$$

Daraus folgt

(5.2.6) $$W_{m0} = \frac{1}{2\mu_0}\,\frac{w^2\,I^2}{\left(\dfrac{l}{\mu_e} + \dfrac{\delta}{\mu_0}\right)^2}\,A\,\delta\,.$$

Mit der im System des Elektromagneten gespeicherten Energie ist eine Kraftwirkung an der Trennfläche zwischen Eisen und Luftspalt verbunden. Die auftretende Kraft*

$$(5.2.7) \qquad F = -\frac{1}{2\mu_0} \cdot \frac{I^2 \cdot w^2 \cdot A}{\left(\frac{l}{\mu_e} + \frac{\delta}{\mu_0}\right)^2}$$

sucht den Luftspalt zu verkleinern. Unter der Annahme, daß die relative Permeabilität des Eisens sehr groß ist, darf $\frac{l}{\mu_e} \ll \frac{\delta}{\mu_0}$ gesetzt werden, so daß jetzt

$$(5.2.8) \qquad F = -\frac{1}{2}\frac{B_0^{\,2}}{\mu_0} A = -\frac{1}{2} H_0 B_0 A$$

ist. Das negative Vorzeichen bringt die Tatsache, daß sich die ungleichnamigen Pole anziehen, zum Ausdruck. Schließlich soll Gl. (5.2.8) noch in eine zugeschnittene Größengleichung umgeformt werden. F soll in kp angegeben werden, während B_0 in T und A in cm^2 gemessen werden. Demzufolge gilt

$$(5.2.9) \qquad \frac{F}{kp}\,kp = \frac{1}{2} \cdot \frac{\left(\frac{B_0}{T}\right)^2 \cdot T^2}{\mu_0} \cdot \frac{A}{cm^2} \cdot cm^2$$

$$\text{bzw.} \qquad \frac{F}{kp} \approx \left(\frac{2\,B_0}{T}\right)^2 \cdot \frac{A}{cm^2}\,.$$

5.2.1 Hystereseverluste

Gl. (5.2.2) liefert nur dann das richtige Resultat für die Energie, wenn die Selbstinduktivität L vom Strom i unabhängig ist, d.h., wenn der Fluß ψ_e linear mit dem Strom i zusammenhängt. Auf Grund der gekrümmten Magnetisierungskennlinie (Bild 5.2.1.1) – die Funktion $\psi_e = f(i)$ hat einen der Funktion $B = f(H)$ entsprechenden Verlauf – kann die Integration

$$(5.2.1.1) \qquad W_m = \int_{t_0}^{t_1} U_L\, i\, dt = \int_{\psi_{e0}}^{\psi_{e1}} i\, d\psi_e$$

---

* Das Linienintegral der Kraft (vgl. hierzu Gl. (3.2.2)) stellt eine Arbeit bzw. Energie dar: $W = \int_A \vec{F} \cdot d\vec{s}$. Hieraus folgt $|\vec{F}| = F = \frac{dW}{ds}$.

nicht ohne weiteres durchgeführt werden. Die durch das Integral in Gl. (5.2.1.1) beschriebene Energie kann jedoch durch die in Bild 5.2.1.1 schraffiert gezeichnete Fläche veranschaulicht werden. Die Hysteresekurve in Bild 5.2.1.2 gibt den Zusam-

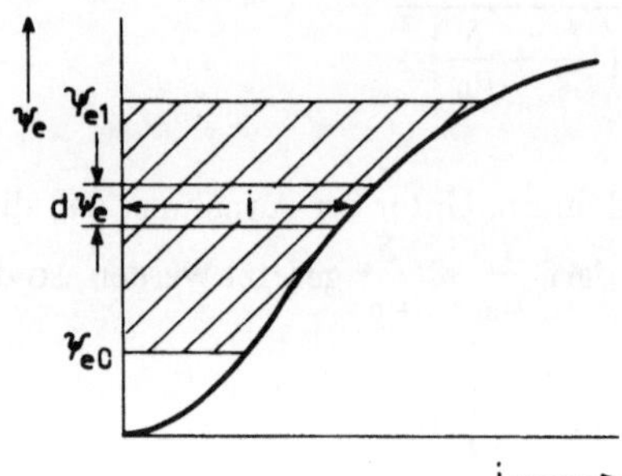

Bild 5.2.1.1

menhang zwischen dem Strom i und dem zu ihm gehörenden Gesamtfluß ψ an. Der Fluß breitet sich nur in ferromagnetischen Stoffen aus. Bei Betrachtung der Energieverhältnisse wird von der Definition $W_m = \int i \cdot d\psi$ ausgegangen. Beginnend beim unteren Remanenzpunkt (Punkt 1) werden bei Stromzunahme nacheinander die Punkte 1, 2 und 3 durchlaufen. Die hierbei geleistete Magnetisierungsarbeit ist der horizontal schraffierten Fläche in Bild 5.2.1.2 proportional. Wird jetzt der Strom abgeschaltet, so wird von Punkt 3 aus der obere Remanenzpunkt (Punkt 5) erreicht. Die dabei zurückgewonnene Arbeit ist der vertikal schraffierten Fläche proportional. Entsprechendes gilt für den linken Teil in Bild 5.2.1.2, da Strom- und Flußrichtung (gleich Integrationsrichtung) umkehren und sich energiemäßig nichts ändert.

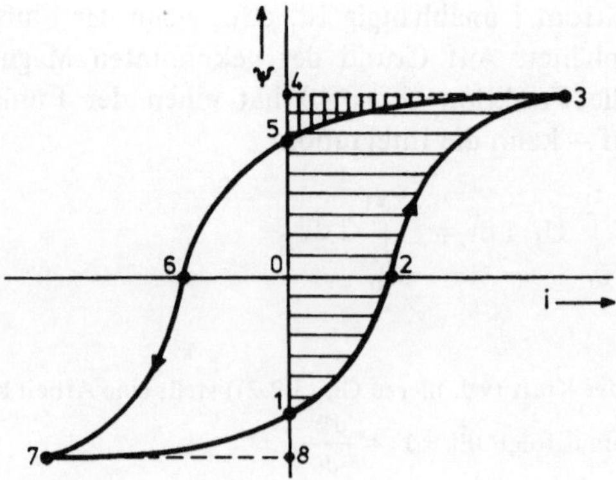

Bild 5.2.1.2

Der Unterschied zwischen aufgebrachter Energie und zurückgewonnener Energie (gleich der von der Hystereseschleife umfaßten Fläche) deckt die sog. Hystereseverluste. Diese sind groß, wenn die Hysteresefläche groß ist. Für magnetische Kreise werden daher Materialien mit schmaler Hystereseschleife (z.B. Weicheisen) verwendet.

5.3 Berechnung von Selbstinduktivitäten

Für die Berechnung von Selbstinduktivitäten stehen zwei Definitionen, nämlich Gl. (5.1.13) und Gl. (5.2.2), zur Verfügung. Bei der in Bild 4.1.2 gezeigten Spule beträgt die magnetische Induktion

(5.3.1) $$B = \mu \frac{w\,i}{l} .$$

Der von einer Windung umfaßte Bündelfluß – Windungsfläche A – beträgt

(5.3.2) $$\phi = \mu \frac{w\,i}{l} A .$$

Laut Gl. (5.1.9) hat der Gesamtfluß die Größe

(5.3.4) $$\psi = w^2 \frac{\mu A}{l} i .$$

Damit folgt auf Grund der Definition der Gl. (5.1.13) die Selbstinduktivität der Spule

(5.3.5) $$L = w^2 \frac{\mu A}{l} .$$

Dasselbe Ergebnis wird erzielt, falls von der in der Spule gespeicherten Energie ausgegangen wird. Diese beträgt nämlich

(5.3.6) $$W_m = \frac{1}{2} H B V = \frac{1}{2} \frac{w\,i}{l} \mu \frac{w\,i}{l} A\,l = \frac{1}{2} w^2 \frac{\mu A}{l} i^2 .$$

Hierin wird der Ausdruck $\frac{\mu \cdot A}{l} = \Lambda$ als magnetischer Leitwert bezeichnet.

Für die in Bild 5.3.1 gezeigte Ringspule mit w Windungen und Rechteckquerschnitt (Breite b) ist die magnetische Feldstärke vom Radius abhängig, und zwar ist

$$H = 0 \quad \text{für} \quad \begin{cases} 0 \leq r < r_i, \\ r_a < r < \infty \end{cases}$$

bzw.

$$H = \frac{w\,i}{2\pi r} \quad \text{für} \quad r_i \leq r \leq r_a .$$

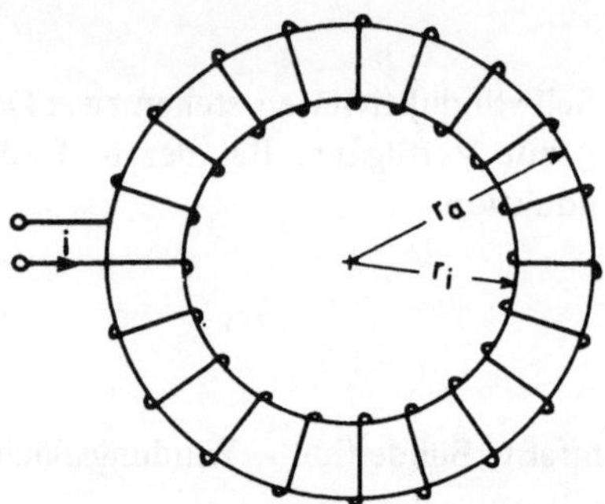

Bild 5.3.1

Entsprechend beträgt die Induktion außerhalb der Spule Null und innerhalb derselben

$$(5.3.7) \qquad B = \mu \frac{w\,i}{2\pi r}.$$

Der Bündelfluß ergibt sich durch Integration über den Spulenquerschnitt zu

$$(5.3.8) \qquad \phi = \int_A B\,dA = \int_{r_i}^{r_a} \mu \frac{w\,i}{2\pi r}\, b\, dr = \mu \frac{w\,i\,b}{2\pi} \ln \frac{r_a}{r_i} .$$

Der Gesamtfluß hat den w-fachen Betrag, so daß für die Selbstinduktivität der Ringspule

$$(5.3.9) \qquad L = w^2 \frac{\mu\, b}{2\pi} \ln \frac{r_a}{r_i}$$

folgt. Zur Kontrolle wird noch die in der Spule gespeicherte Energie berechnet. Durch Integration über sämtliche Volumenelemente des Spulenraumes ergibt sich

(5.3.10)
$$W = \frac{1}{2} \int_V H\,B\,dV = \frac{1}{2} \int_{r_i}^{r_a} \frac{w\,i}{2\pi r}\,\mu\,\frac{w\,i}{2\pi r}\,2\pi r\,b\,dr$$
$$= \frac{1}{2}\,w^2\,\frac{\mu b}{2\pi}\,i^2 \int_{r_i}^{r_a} \frac{dr}{r} = \frac{1}{2}\,w^2\,\frac{\mu b}{2\pi}\,\ln\frac{r_a}{r_i}\,i^2$$
$$= \frac{1}{2}\,L\,i^2$$

Wie erwartet hat die Selbstinduktivität den gleichen Wert wie in Gl. (5.3.9)

5.4 Gegeninduktivität

Fließt in einer aus einer oder mehreren Windungen bestehenden Spule 1 (Bild 5.4.1) ein Strom i_1, so erzeugt er in seiner Umgebung ein magnetisches Feld, das proportional i_1 ist. Befindet sich in der Nähe eine zweite Spule (Spule 2), so wird diese

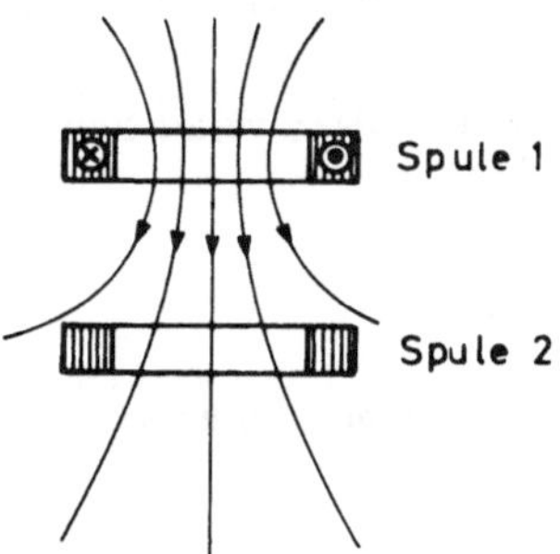

Bild 5.4.1

von einem magnetischen Fluß durchsetzt, der ebenfalls proportional i_1 ist. Allerdings wird im allgemeinen der gesamte von Spule 1 erzeugte Fluß nicht die Spule 2 durchsetzen. Der mit Spule 2 verkettete Fluß wird mit ψ_{12} bezeichnet. Hierbei besagt der Index 1, daß der Fluß vom Strom i_1 hervorgerufen wird, und der Index 2 bringt zum Ausdruck, daß es sich um den mit Spule 2 verketteten Fluß handelt. Dieser Fluß beträgt

(5.4.1) $$\psi_{12} = M_{12}\,i_1\ ,$$

wobei der Proportionalitätsfaktor M_{12} von der Gestalt der beiden Spulen, ihrer gegenseitigen Lage und der Permeabilität des den Raum erfüllenden Stoffes abhängt.

Fließt umgekehrt in der Spule 2 ein Strom i_2, so wird ein Teil des von ihm verursachten Flusses mit der Spule 1 verkettet sein. Analog ergibt sich

$$(5.4.2) \qquad \psi_{21} = M_{21}\, i_2 \,.$$

Es läßt sich zeigen, daß der Proportionalitätsfaktor M_{21} den gleichen Wert wie M_{12} besitzt. Daher kann

$$(5.4.3) \qquad M_{12} = M_{21} = M$$

gesetzt werden. Die Größe M wird allgemein als *Gegeninduktivität* des Leitersystems bezeichnet. Für den speziellen Fall z.B., daß zwei Spulen mit den Windungszahlen w_1 und w_2 und gleichem Querschnitt A auf gleicher Länge l eng ineinander gewickelt sind, durchsetze der vom Strom i_1 der ersten Spule erzeugte Fluß ϕ_1 ganz die zweite Spule ($\phi_1 = \phi_{12}$). Der vom Strom i_2 der zweiten Spule hervorgerufene Fluß ϕ_2 durchsetze dementsprechend ganz die erste Spule ($\phi_2 = \phi_{21}$).

$$(5.4.4) \qquad \phi_{12} = \mu\, \frac{A}{l}\, w_1\, i_1 \quad \text{und} \quad \phi_{21} = \mu\, \frac{A}{l}\, w_2\, i_2 \,.$$

Nun ist ϕ_{12} mit den w_2 Windungen der zweiten Spule verkettet, so daß

$$(5.4.5) \qquad \psi_{12} = w_2\, w_1\, \mu\, \frac{A}{l}\, i_1$$

ist, und ϕ_{21} ist mit den w_1 Windungen der ersten Spule verkettet, so daß

$$(5.4.6) \qquad \psi_{21} = w_1\, w_2\, \mu\, \frac{A}{l}\, i_2$$

ist. Damit wurde bereits an einem sehr speziellen Beispiel gezeigt, daß $M_{12} = M_{21}$ ist.

Sind die Ströme i_1 und i_2 zeitlich veränderlich, so wird in der ersten Spule eine Induktionsspannung hervorgerufen, die gleich der zeitlichen Änderung des Gesamtflusses in dieser Spule ist. Dieser setzt sich zusammen aus ψ_{11}, dem von i_1 erzeugten mit der ersten Spule verketteten Fluß, und aus ψ_{21}, dem von i_2 erzeugten mit der ersten Spule verketteten Fluß. Demnach beträgt die Spannung an den Klemmen der ersten Spule

$$(5.4.7) \qquad u_1 = \frac{d\,(\psi_{11} + \psi_{21})}{dt} = L_1\, \frac{di_1}{dt} + M\, \frac{di_2}{dt} \,.$$

Entsprechend folgt für die Spannung an den Klemmen der zweiten Spule

$$(5.4.8) \qquad u_2 = \frac{d(\psi_{22} + \psi_{12})}{dt} = L_2 \frac{di_2}{dt} + M \frac{di_1}{dt}.$$

Die ohmschen Widerstände der beiden Spulen wurden hierbei vernachlässigt.

Zunächst soll noch an einem weiteren Beispiel gezeigt werden, daß $M_{12} = M_{21}$ ist. Dazu wird von der in Bild 5.4.2 gezeigten Anordnung ausgegangen. In die Berechnung der magnetischen Widerstände für die Ersatzschaltung in Bild 5.4.3 sollen die

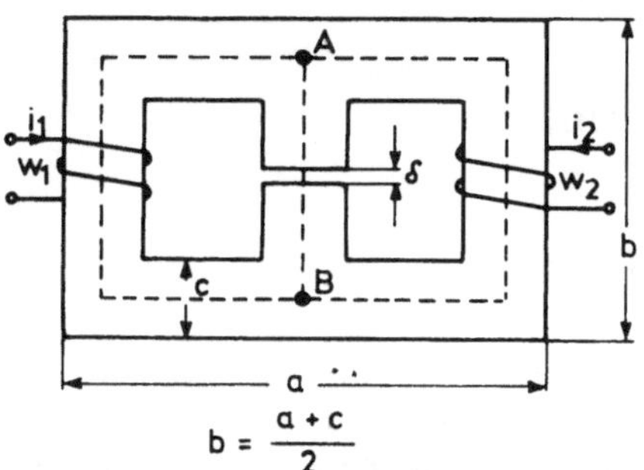

Bild 5.4.2

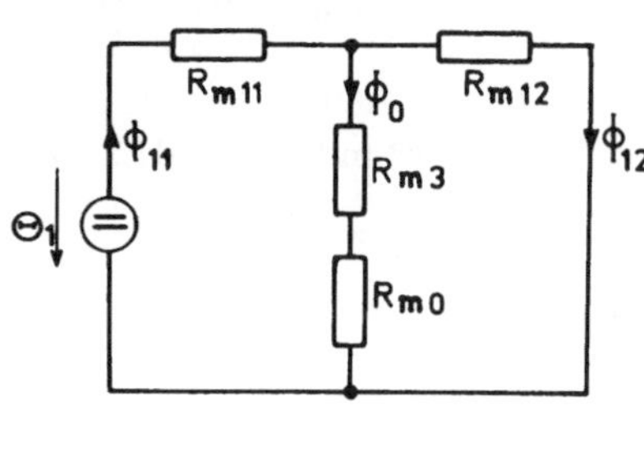

Bild 5.4.3

mittleren Weglängen der Flüsse (gestrichelte Linien in Bild 5.4.2) eingehen. Die Ersatzschaltung zeigt den Fall, daß $\Theta_2 = w_2 \cdot i_2$ kurzgeschlossen ist, da hier die Flüsse mit Hilfe des Superpositionsprinzips bestimmt werden sollen.

Der magnetische Widerstand des linken Schenkels zwischen A und B wird durch R_{m11} berücksichtigt. R_{m12} ist der Widerstand des rechten Schenkels zwischen A und B, R_{m3} ist der Eisenwiderstand und R_{m0} der Luftspaltwiderstand des mittleren Schenkels. Im einzelnen betragen

$$R_{m11} = R_{m12} = \frac{3\,\frac{a-c}{2}}{\mu_0 \mu_r A},$$

$$R_{m3} = \frac{\frac{a-c}{2}}{\mu_0 \mu_r A}, \qquad R_{m0} = \frac{\delta}{\mu_0 A}.$$

Die Anordnung soll hierbei überall den gleichen Querschnitt A besitzen. Der Luftspalt δ soll im Verhältnis zu allen übrigen Abmessungen vernachlässigbar klein sein. Damit ergibt sich für den Fluß ϕ_{11}

$$(5.4.9) \qquad \phi_{11} = \frac{w_1 \mu_0 \mu_r A (4\,l + \mu_r \delta)}{3\,l\,(5\,l + 2\,\mu_r \delta)}\; i_1$$

und für den Fluß ϕ_{12}

$$\phi_{12} = \frac{w_1 \mu_0 \mu_r A (l + \mu_r \delta)}{3 l (5 l + 2 \mu_r \delta)} i_1 . \tag{5.4.10}$$

Zur Abkürzung wurde noch $\frac{a-c}{2} = l$ gesetzt. Der Fluß ϕ_{11} ist mit der Spule 1 w_1-mal verkettet, folglich gilt

$$\psi_{11} = w_1{}^2 \frac{\mu_0 \mu_r A (4 l + \mu_r \delta)}{3 l (5 l + 2 \mu_r \delta)} i_1 = L_1 i_1 . \tag{5.4.11}$$

Der Fluß ϕ_{12} ist mit der Spule 2 w_2-mal verkettet, also

$$\psi_{12} = w_2 w_1 \frac{\mu_0 \mu_r A (l + \mu_r \delta)}{3 l (5 l + 2 \mu_r \delta)} i_1 = M_{12} i_1 . \tag{5.4.12}$$

Auf Grund des symmetrischen Aufbaus der Anordnung in Bild 5.4.2 ergeben sich die entsprechenden Flüsse bei Erregung durch Spule 2 und Kurzschluß der Durchflutung $\Theta_1 = w_1 \cdot i_1$ durch Vertauschung der Indizes in Gl. (5.4.11) und Gl. (5.4.12). Demzufolge ist

$$M_{12} = M_{21} = M = w_1 w_2 \frac{\mu_0 \mu_r A (l + \mu_r \delta)}{3 l (5 l + 2 \mu_r \delta)} . \tag{5.4.13}$$

Durch Koeffizientenvergleich in Gl. (5.4.11) folgt als Selbstinduktivität der Spule 1

$$L_1 = w_1{}^2 \frac{\mu_0 \mu_r A (4 l + \mu_r \delta)}{3 l (5 l + 2 \mu_r \delta)} . \tag{5.4.14}$$

Entsprechend ergibt sich für die Selbstinduktivität der Spule 2

$$L_2 = w_2{}^2 \frac{\mu_0 \mu_r A (4 l + \mu_r \delta)}{3 l (5 l + 2 \mu_r \delta)} . \tag{5.4.15}$$

Leitersysteme, die hauptsächlich durch ihre Gegeninduktivität gekennzeichnet sind, fallen unter den Sammelnamen *Übertrager* bzw. *Transformator*. Grundsätzlich wird ein verlustfreier Übertrager durch Gl. (5.4.7) und Gl. (5.4.8) beschrieben. Für ihn wird das in Bild 5.4.4 gezeigte Symbol verwendet. Die Punkte kennzeichnen dabei den Wicklungssinn der Spulen. Im gezeigten Schaltbild sollen diese andeuten, daß die Spulen gleichen Wicklungssinn haben, d.h., daß die Flüsse die gleiche Richtung besitzen. Je nach Größe der Gegeninduktivität eines Übertragers wird von loser oder

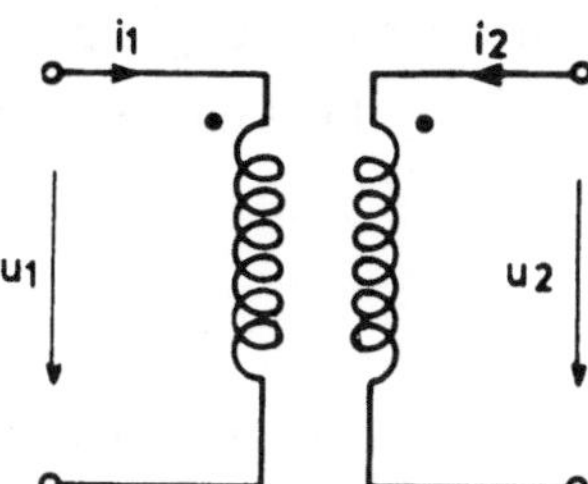

Bild 5.4.4

enger *Kopplung* zwischen den Spulen gesprochen. Die Kopplung ist dabei wie folgt definiert:

$$k = \frac{M}{\sqrt{L_1 L_2}} . \tag{5.4.16}$$

Auf Grund dieser Definition kann k nur Werte zwischen 0 und 1 annehmen. Für den in Bild 5.4.2 gezeigten Übertrager ergibt sich unter Verwendung der Gleichungen (5.4.13), (5.4.14) und (5.4.15) eine Kopplung

$$k = \frac{l + \mu_r \delta}{4 l + \mu_r \delta} < 1 . \tag{5.4.17}$$

Liegen die Werte für k dicht bei 1, so liegt eine enge Kopplung vor; je weiter die Werte für k von 1 entfernt sind, desto loser ist die Kopplung. An dieser Stelle soll noch eine weitere Größe definiert werden, die sich bei der Behandlung von Übertragern als sehr nützlich erweist. Es ist dies die *Streuung*

$$\sigma = 1 - k^2 . \tag{5.4.18}$$

Aus Gl. (5.4.8) folgt

$$u_2 = M \frac{di_1}{dt} , \tag{5.4.19}$$

falls die zweite Spule nicht über einen Stromkreis geschlossen wird. Dieser Fall wird als Leerlauf des Übertragers bezeichnet. Naturgemäß muß Gl. (5.4.7) dann

$$u_1 = L_1 \frac{di_1}{dt} \tag{5.4.20}$$

lauten. Es ist jetzt leicht einzusehen, daß

$$\frac{u_2}{u_1} = \frac{M}{L_1}$$

ist, weil beide Spannungen der Stromänderung $\frac{di_1}{dt}$ proportional sind. Unter Benutzung der Definition $M = k\sqrt{L_1 \cdot L_2}$ führt diese Gleichung auf

$$(5.4.21) \quad \frac{u_2}{u_1} = k\sqrt{\frac{L_2}{L_1}} .$$

Für den Fall, daß zwei Spulen mit w_1 bzw. w_2 Windungen und gleichem Querschnitt A auf gleicher Länge l eng ineinander gewickelt sind, beträgt die Kopplung 1, weil $M = w_1 \cdot w_2 \cdot \mu \cdot \frac{A}{l}$ und $L_1 = w_1{}^2 \cdot \mu \cdot \frac{A}{l}$ bzw. $L_2 = w_2{}^2 \cdot \mu \cdot \frac{A}{l}$ ist. Die Spannungen verhalten sich dann wie die Windungszahlen

$$(5.4.22) \quad \frac{u_2}{u_1} = \frac{w_2}{w_1} .$$

Mit Hilfe einer Energiebilanz für zwei gekoppelte Leitersysteme wird nun allgemein gezeigt, daß die Proportionalitätsfaktoren M_{12} und M_{21} einander gleich sind. Die im gekoppelten Leitersystem gespeicherte Energie beträgt

$$(5.4.23) \quad W_m = \int_0^t (u_1\, i_1 + u_2\, i_2)\, dt .$$

Als Ersatzschaltung wird die Schaltung in Bild 5.4.4 zugrundegelegt. Bei Leerlauf des Übertragers ($i_2 = 0$) soll zunächst der Strom i_1 von Null auf I_1 anwachsen. Dann folgt wegen $u_1 = L_1 \cdot \frac{di_1}{dt}$

$$(5.4.24) \quad W_{m1} = \int_0^t u_1 i_1\, dt = \int_0^{I_1} L_1\, i_1\, di_1 = \frac{1}{2}\, L_1\, I_1{}^2 .$$

Nachdem i_1 seinen Endwert erreicht hat, soll i_2 von Null auf I_2 anwachsen. Die Spannungen u_1 und u_2 sind dabei nur von der Änderung des Stromes i_2 abhängig. Demzufolge gilt

$$(5.4.25) \quad W_{m2} = \int_0^t (u_1\, I_1 + u_2\, i_2)\, dt = \int_0^{I_2} M_{21}\, I_1\, di_2 + \int_0^{I_2} L_2\, i_2\, di_2$$

$$= M_{21}\, I_1\, I_2 + \frac{1}{2}\, L_2\, I_2{}^2 .$$

Als Gesamtenergie ergibt sich

(5.4.26) $$W_m = W_{m1} + W_{m2} = \frac{1}{2} L_1 I_1^2 + M_{21} I_1 I_2 + \frac{1}{2} L_2 I_2^2 .$$

Wächst umgekehrt zunächst i_2 von Null auf I_2 bei einem $i_1 = 0$ an und nimmt dann bei festem $i_2 = I_2$ der Strom i_1 von Null auf I_1 zu, so beträgt die Gesamtenergie

(5.4.27) $$W_m = \frac{1}{2} L_1 I_1^2 + M_{12} I_1 I_2 + \frac{1}{2} L_2 I_2^2 .$$

Da der Übertrager in beiden Fällen die gleiche Energie aufnimmt, nämlich $W_m = \int_0^t (u_1 \cdot i_1 + u_2 \cdot i_2) \cdot dt$, kann

$$M_{12} = M_{21} = M$$

gefolgert werden.
Zum Abschluß wird noch die Hintereinanderschaltung zweier Spulen behandelt, die miteinander gekoppelt sind. Bei der in Bild 5.4.5 gezeigten Schaltung haben die Spulen den gleichen Wicklungssinn. Die von dieser Anordnung gespeicherte Energie beträgt

(5.4.28) $$W_m = \frac{1}{2} (L_1 + 2 M + L_2) I_1^2 .$$

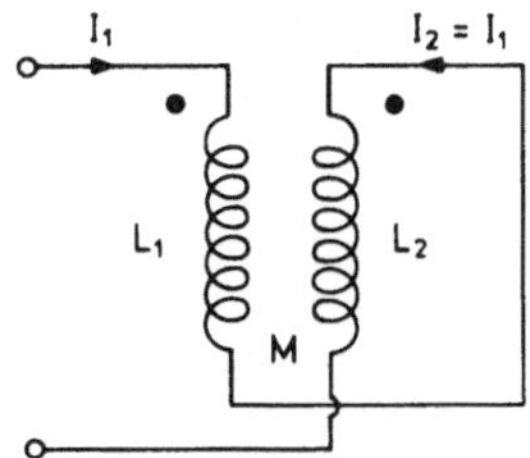

Bild 5.4.5

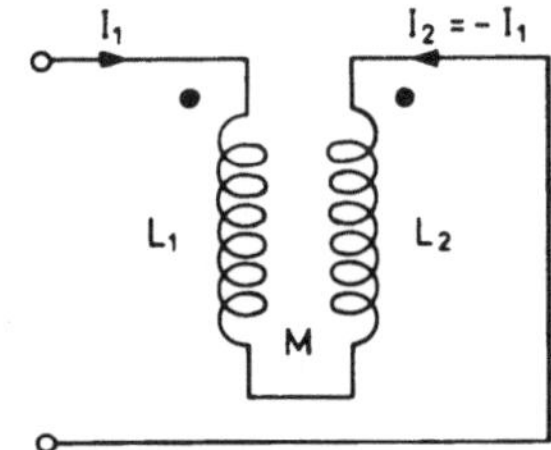

Bild 5.4.6

Eine diesen hintereinandergeschalteten Spulen äquivalente Spule würde die Energie $W_m = \frac{1}{2} \cdot L_I \cdot I_1^2$ aufnehmen. Ein Koeffizientenvergleich führt zu dem Ergebnis

(5.4.29) $$L_I = L_1 + L_2 + 2 M .$$

Die Spulen in Bild 5.4.6 haben entgegengesetzten Wicklungssinn. Hier erreicht die aufgenommene Energie den Wert

(5.4.30) $$W_m = \frac{1}{2} (L_1 - 2 M + L_2) I_1^2 .$$

Eine äquivalente Spule müßte die Selbstinduktivität

(5.4.31) $\quad L_{II} = L_1 + L_2 - 2\,M$

besitzen. Die Gegeninduktivität kann somit je nach Wicklungssinn der Spulen positiv oder negativ sein. Die Schaltungsanordnungen in den Bildern 5.4.5 und 5.4.6 können dazu benutzt werden, die Gegeninduktivität zu bestimmen. Werden die Selbstinduktivitäten L_I und L_{II} gemessen, so ist $M = \frac{1}{4} \cdot (L_I - L_{II})$ bekannt.

5.5 Schaltungen aus konzentrierten Schaltelementen

Die konzentrierten Schaltelemente, die bisher behandelt wurden, sind ohmsche Widerstände, Kondensatoren und Spulen. Die entsprechenden Symbole und die Zusammenhänge zwischen Strom und Spannung sind aus Bild 5.5.1 ersichtlich. In

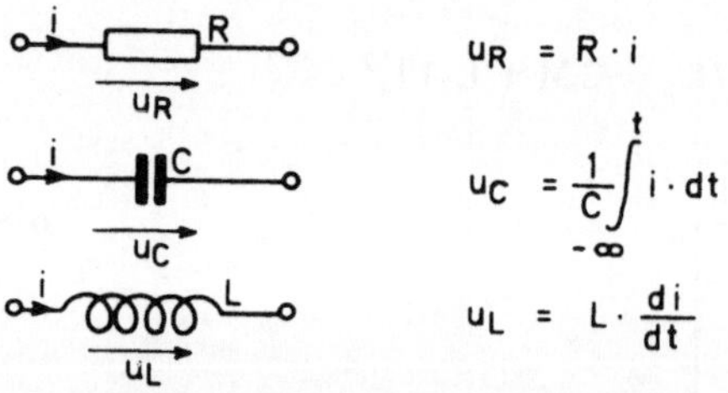

$$u_R = R \cdot i$$

$$u_C = \frac{1}{C}\int_{-\infty}^{t} i \cdot dt$$

$$u_L = L \cdot \frac{di}{dt}$$

Bild 5.5.1

gewissem Sinne wurden die Bauelemente idealisiert, denn in der Praxis lassen sich keine kapazitäts- und selbstinduktivitätsfreien Widerstände herstellen, wohl kapazitäts- und selbstinduktivitätsarme, so daß der ohmsche Widerstand überwiegt. Entsprechendes trifft für die Kondensatoren und Spulen zu.

Die Reihenschaltung der drei Elemente, angeschlossen an eine Stromquelle mit zeitlich veränderlicher Klemmenspannung, zeigt Bild 5.5.2. Bei zeitvariablen Grö-

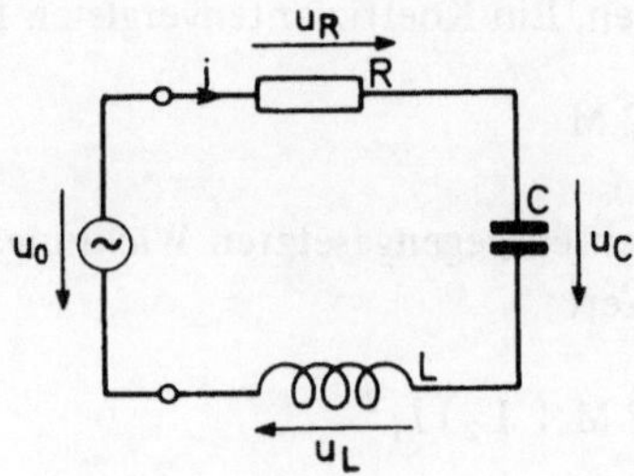

Bild 5.5.2

ßen gilt für einen geschlossenen Stromkreis stets, daß die Umlaufspannung dem magnetischen Schwund gleich ist. Die Flußänderung in der Spule wurde bereits durch die Selbstinduktionsspannung u_L berücksichtigt. Es bleibt noch die vom Strom i verursachte Änderung des Eigenflusses in der durch die hintereinandergeschalteten Bauelemente und die Stromquelle gebildeten Schleife. Nun ist die Selbstinduktivität der aus konzentrierten Schaltelementen aufgebauten Kreise im allgemeinen sehr gering, so daß die auf Grund der Stromänderung induzierte Spannung erst erheblich wird, wenn die zeitlichen Änderungen rasch verlaufen, so z.B. in der Hochfrequenztechnik. Hier sollen solche zeitlichen Änderungen der Stromgrößen vorausgesetzt werden, daß die Umlaufspannung in einer Masche ohne weiteres gleich Null gesetzt werden darf. Damit gilt für die Schaltung in Bild 5.5.2

$$(5.5.1) \qquad u_0 = u_R + u_C + u_L = i\,R + \frac{1}{C}\int_0^t i\,dt + U_C + L\,\frac{di}{dt}.$$

Hierin ist $U_C = \int\limits_{-\infty}^{0} i \cdot dt$ eine Integrationskonstante, die den Wert der Spannung am Kondensator zur Zeit $t = 0$ angibt, Wird Gl. (5.5.1) differenziert, so folgt die Differentialgleichung.

$$(5.5.2) \qquad \frac{du_0}{dt} = L\,\frac{d^2 i}{dt^2} + R\,\frac{di}{dt} + \frac{1}{C}\,i\,.$$

5.6 Zusammenfassung der bisher abgeleiteten Feldgleichungen (Maxwellsche Gleichungen)

Die Gleichungen haben eine zweifache Schreibart, die Integral- und Differentialform. Je nach der Problemstellung wird es nützlich sein, von der einen oder der anderen Gleichungsform auszugehen. Die Zahlen in den Klammern verweisen auf die entsprechenden Gleichungen im Text.
Außerdem sind einige Feldgrößen noch durch Stoffkonstanten miteinander verknüpft.

$\vec{S} = \kappa\,\vec{E}$	$\vec{D} = \epsilon\,\vec{E}$	$\vec{B} = \mu\,\vec{H}$
(3.3.8)	(3.4.10)	(4.1.1)

Es wird später noch zu zeigen sein, daß für den allgemeinen Fall die Beziehung

$$\oint_C \vec{H}\,d\vec{s} = \int_A \vec{S}\,d\vec{A} + \frac{d}{dt}\int_A \vec{D}\,d\vec{A} \qquad \text{bzw.} \qquad \operatorname{rot}\vec{H} = \vec{S} + \frac{d}{dt}\vec{D}\,.$$

gelten muß.

Integralform		Differentialform
$\oint_C \vec{H}\, d\vec{s} = \int_A \vec{S}\, d\vec{A}$	(4.1.5)	$\text{rot}\, \vec{H} = \vec{S}$
$\oint_C \vec{E}\, d\vec{s} = -\frac{d}{dt} \int_A \vec{B}\, d\vec{A}$	(5.1.7)	$\text{rot}\, \vec{E} = -\frac{d}{dt} \vec{B}$
$\oint_A \vec{D}\, d\vec{A} = Q = \int_V \rho\, dV$	(3.4.11)	$\text{div}\, \vec{D} = \rho$
$\oint_A \vec{B}\, d\vec{A} = 0$	(4.1.11)	$\text{div}\, \vec{B} = 0$

Der Begriff der *Divergenz* eines Vektors $\vec{F}$ (geschrieben div $\vec{F}$) muß noch näher erläutert werden. Wird $\vec{F}$ mit einer Flüssigkeitsströmung verglichen, dann ist die durch das Flächenelement $d\vec{A}$ hindurchtretende Flüssigkeitsmenge durch $\vec{F} \cdot d\vec{A}$ gegeben. Es soll jetzt ein Raumelement dV in diesem Vektorfeld betrachtet werden. Die Oberflächenelemente $d\vec{A}$ dieser Raumelemente sollen alle nach außen gerichtet sein. Die durch ein Oberflächenelement heraustretende Flüssigkeitsmenge wird dann gleich $\vec{F} \cdot d\vec{A}$ sein und positiv gezählt. Die in ein Oberflächenelement hineintretende Flüssigkeitsmenge muß dementsprechend negativ gezählt werden. Die Summierung sämtlicher Anteile $\vec{F} \cdot d\vec{A}$ über die ganze Oberfläche gibt folglich den Überschuß der austretenden über die eintretende Flüssigkeitsmenge an. Der Überschuß muß so gedeutet werden, daß bei positivem Wert Quellen und bei negativem Wert Senken innerhalb des Raumelementes dV vorhanden sind. Das Integral $\oint_A \vec{F} \cdot d\vec{A}$ über die Oberfläche A des Volumens dV stellt gleichermaßen die Ergiebigkeit des Raumelementes dV dar. Die Ergiebigkeit (Divergenz) in einem Raumpunkt ist dann durch den Grenzwert

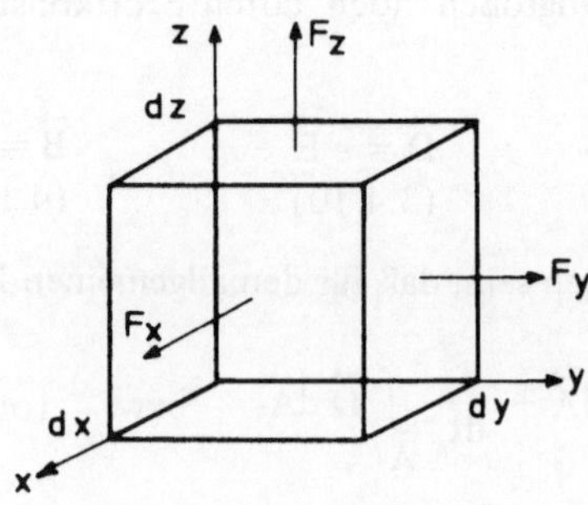

Bild 5.6.1

(5.6.1) $$\operatorname{div} \vec{F} = \lim_{\Delta V \to 0} \frac{1}{\Delta V} \oint_A \vec{F}\, d\vec{A}$$

gegeben. Auf Grund dieser Definition läßt sich jetzt für den Vektor

$$\vec{F} = F_x \vec{e}_x + F_y \vec{e}_y + F_z \vec{e}_z$$

(Bild 5.6.1) leicht ableiten, daß

(5.6.2) $$\operatorname{div} \vec{F} = \frac{\partial F_x}{\partial x} + \frac{\partial F_y}{\partial y} + \frac{\partial F_z}{\partial z}$$

ist.

6. Komplexe Berechnung von Wechselstromschaltungen

6.1 Periodische Funktionen

6.1.1. Wechselgrößen

Es wurde bereits gezeigt, daß eine Wechselspannung verhältnismäßig einfach zu erzeugen ist (Gl. (5.1.8)). Die in diesem Zusammenhang auftretende Sinusfunktion zählt zu den reellen, zeitlich periodischen Funktionen. Diese sind durch ein kleinstes $T > 0$, *Periode* oder zuweilen auch *Periodendauer* genannt, gekennzeichnet, so daß für alle t die Gleichung

$$(6.1.1.1) \qquad f(t + T) = f(t)$$

gilt. Wenn daher der Verlauf der Funktion in irgendeinem Zeitintervall T gegeben ist, ist damit die Funktion für alle t bekannt.

Erfüllt eine derartige Funktion die Bedingung, daß ihr Zeitintegral über einer vollen Periode verschwindet, das heißt, besitzt eine zeitlich periodische Funktion keinen Gleichanteil, so wird die zugehörige Größe, die durch die Funktion beschrieben wird, als *Wechselgröße* (z.B. Wechselspannung, Wechselstrom) bezeichnet. Zeitlich periodische Funktionen, die die eben genannte Bedingung erfüllen und die sich

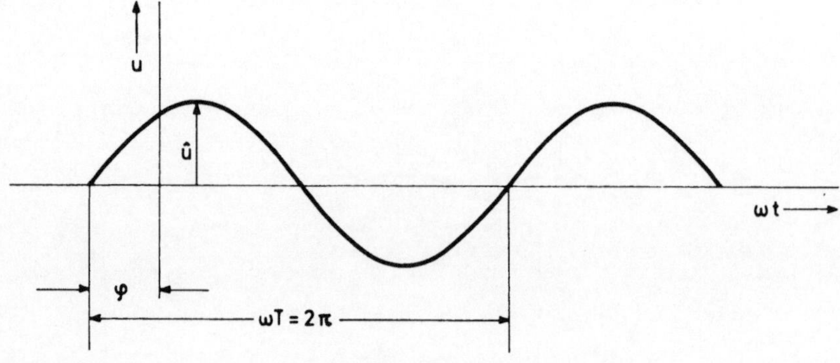

Bild 6.1.1.1

zudem in geschlossener Form angeben lassen, sind die Sinus- und die Kosinusfunktionen, die im folgenden behandelt werden sollen. Zu ihrer Beschreibung sind neben der Periodendauer T noch die Angabe eines *Scheitelwertes* (vielfach auch *Amplitude* genannt) und die Angabe eines *Nullphasenwinkels* erforderlich. Bei der in Bild 6.1.1.1 gezeigten Wechselspannung ist der Scheitelwert mit û und der Nullphasenwinkel mit φ bezeichnet. Damit läßt sich bei Benutzung der *Kreisfrequenz* $\omega = \frac{2\pi}{T}$ für die sinusförmige Wechselspannung schreiben

(6.1.1.2) $$u = \hat{u} \sin(\omega t + \varphi).$$

Das Argument $(\omega t + \varphi)$ heißt hierbei *Augenblicksphasenwinkel*. Der Kehrwert der Periodendauer T wird *Frequenz* (Häufigkeit) f genannt, so daß die Beziehung

(6.1.1.3) $$f = \frac{1}{T} = \frac{\omega}{2\pi}$$

folgt.

Die Wechselspannung nach Gl. (6.1.1.2) läßt sich ebensogut durch eine Kosinusfunktion darstellen. Mit Hilfe der Beziehung $\cos(\alpha - \frac{\pi}{2}) = \sin \alpha$ sowie der Substitution $\alpha = \omega t + \varphi$ ergibt sich

(6.1.1.4) $$u = \hat{u} \cos(\omega t + \varphi - \frac{\pi}{2}) = \hat{u} \cos(\omega t + \phi).$$

Der Nullphasenwinkel beträgt jetzt $\phi = \varphi - \frac{\pi}{2}$. Eine weitere Möglichkeit, die in Bild 6.1.1.1 dargestellte Funktion mathematisch zu formulieren, ist durch

(6.1.1.5) $$u = -\hat{u} \sin(\omega t + \varphi \pm \pi) = -\hat{u} \sin(\omega t + \phi_1)$$

gegeben. Hier tritt als neuer Nullphasenwinkel $\phi_1 = \varphi \pm \pi$ auf.

Die Änderungen der Nullphasenwinkel mit der Darstellung des Wechselvorganges als Kosinusfunktion bzw. als negativer Sinusfunktion können als Sonderfälle einer allgemeinen Koordinatentransformation gedeutet werden. In Bild 6.1.1.2 ist neben dem Koordinatensystem $(\omega t, u)$ ein zweites Koordinatensystem $(\omega t', u)$ eingezeichnet. Im ersten Koordinatensystem entspricht die Wechselspannung der Beziehung

(6.1.1.6) $$u = \hat{u} \sin(\omega t + \varphi).$$

Bezogen auf das zweite Koordinatensystem ergibt sich

(6.1.1.7) $$u = \hat{u} \sin(\omega t' + \varphi').$$

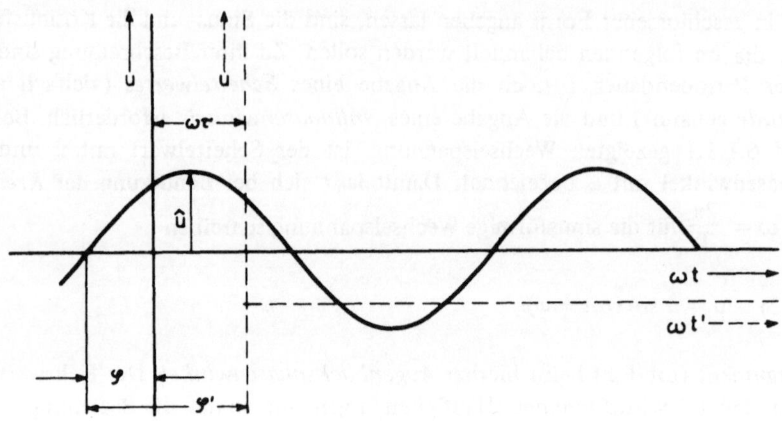

Bild 6.1.1.2

Ferner ist dem Bild 6.1.1.2 zu entnehmen, daß $t = t' + \tau$ ist. Dies führt Gl. (6.1.1.6) über in

(6.1.1.8) $\quad u = \hat{u} \sin(\omega[t' + \tau] + \varphi) = \hat{u} \sin(\omega t' + \varphi')$

mit $\varphi' = \omega\tau + \varphi$. Bei fest vorgegebener Winkelgeschwindigkeit ω hängt der Nullphasenwinkel φ' also von $\tau = t - t'$ ab, d.h. von der Zeit, um die die t' anzeigende Uhr in bezug auf die t anzeigende Uhr $\left\{\begin{matrix}\text{nacheilt}\\ \text{voreilt}\end{matrix}\right\}$, sofern $\tau \left\{\begin{matrix}> 0\\ < 0\end{matrix}\right\}$ ist.

Die Addition zweier Wechselgrößen ist mit einigem Aufwand verbunden. Das zeigt sich bei der Berechnung des Stromes i_3, wenn die Ströme $i_1 = \hat{i}_1 \cdot \sin(\omega t + \varphi_1)$ und $i_2 = \hat{i}_2 \cdot \sin(\omega t + \varphi_2)$ gegeben sind. Die Kontinuitätsbedingung muß auch bei zeitlich veränderlichen Strömen erfüllt sein, so daß für den in Bild 6.1.1.3 gezeigten Knoten gilt

(6.1.1.9) $\quad i_3 = i_1 + i_2 = \hat{i}_1 \sin(\omega t + \varphi_1) + \hat{i}_2 \sin(\omega t + \varphi_2)$.

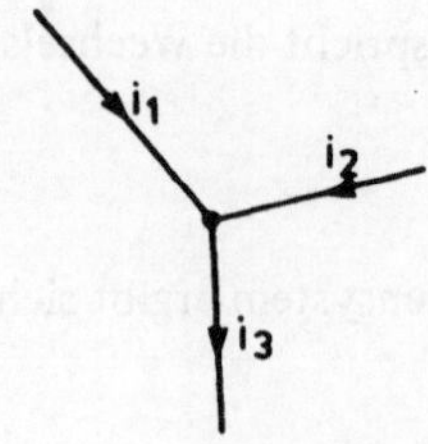

Bild 6.1.1.3

Der Strom i_3 soll in einer den Strömen i_1 bzw. i_2 analogen Form dargestellt werden, d.h.

(6.1.1.10) $i_3 = \hat{i}_3 \sin(\omega t + \varphi_3)$.

Mit Hilfe der Additionstheoreme für trigonometrische Funktionen folgt aus Gl. (6.1.1.9)

(6.1.1.11) $i_3 = (\hat{i}_1 \cos\varphi_1 + \hat{i}_2 \cos\varphi_2) \sin\omega t + (\hat{i}_1 \sin\varphi_1 + \hat{i}_2 \sin\varphi_2) \cos\omega t,$

während Gl. (6.1.1.10) mit

(6.1.1.12) $i_3 = \hat{i}_3 \cos\varphi_3 \sin\omega t + \hat{i}_3 \sin\varphi_3 \cos\omega t$

übereinstimmt. Durch Koeffizientenvergleich ergibt sich

(a) $\hat{i}_3 \cos\varphi_3 = \hat{i}_1 \cos\varphi_1 + \hat{i}_2 \cos\varphi_2$

bzw.

(b) $\hat{i}_3 \sin\varphi_3 = \hat{i}_1 \sin\varphi_1 + \hat{i}_2 \sin\varphi_2$.

Quadrieren dieser Ausdrücke und Summieren führt auf

(c) $\hat{i}_3^{\,2} \cos^2\varphi_3 + \hat{i}_3^{\,2} \sin^2\varphi_3 = \hat{i}_3^{\,2} = \hat{i}_1^{\,2} + \hat{i}_2^{\,2} + 2\,\hat{i}_1\,\hat{i}_2 \cos(\varphi_1 - \varphi_2)$.

Damit beträgt die Amplitude

(6.1.1.13) $\hat{i}_3 = \sqrt{\hat{i}_1^{\,2} + \hat{i}_2^{\,2} + 2\,\hat{i}_1\,\hat{i}_2 \cos(\varphi_1 - \varphi_2)}$.

Um den Wert des Nullphasenwinkels φ_3 zu bestimmen, wird zunächst der Quotient

(d) $\dfrac{\hat{i}_3 \sin\varphi_3}{\hat{i}_3 \cos\varphi_3} = \tan\varphi_3 = \dfrac{\hat{i}_1 \sin\varphi_1 + \hat{i}_2 \sin\varphi_2}{\hat{i}_1 \cos\varphi_1 + \hat{i}_2 \cos\varphi_2}$

gebildet. Damit ist der Nullphasenwinkel

(6.1.1.14) $\varphi_3 = \arctan \dfrac{\hat{i}_1 \sin\varphi_1 + \hat{i}_2 \sin\varphi_2}{\hat{i}_1 \cos\varphi_1 + \hat{i}_2 \cos\varphi_2}$

ebenfalls bekannt.

Auffallend an der Beziehung (c) ist die Ähnlichkeit mit dem Kosinussatz. Für das in Bild 6.1.1.4 dargestellte Dreieck gilt

$$c^2 = a^2 + b^2 - 2\,a\,b \cos\gamma \quad \text{bzw.} \quad c^2 = a^2 + b^2 + 2\,a\,b \cos(\pi - \gamma).$$

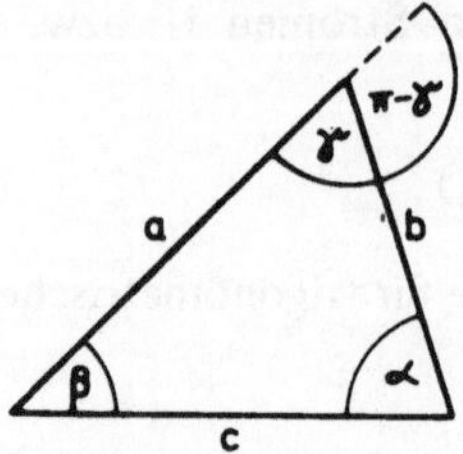

Bild 6.1.1.4

Es muß sich die Amplitude $\hat{i}_3$ und der Nullphasenwinkel φ_3 also durch eine geometrische Konstruktion bestimmen lassen. Die Strecke $\hat{i}_1$, die der Amplitude des Stromes i_1 entsprechen soll, schließe mit einer Bezugsachse den Winkel φ_1 ein (Bild 6.1.1.5). Die Strecke $\hat{i}_2$ sei der Amplitude des Stromes i_2 proportional und bilde mit der gleichen Bezugsachse den Winkel φ_2. Die geometrische Summe der Strecken $\hat{i}_1$ und $\hat{i}_2$ liefert die Strecke $\hat{i}_3$, die der Amplitude des Summenstromes i_3 entspricht, weil für das aus $\hat{i}_1$, $\hat{i}_2$ und $\hat{i}_3$ gebildete Dreieck die Beziehung (c) erfüllt ist. Außerdem stimmt der Tangens des von $\hat{i}_3$ mit der Bezugsachse gebildeten Winkels φ_3 mit der Beziehung (d) überein.

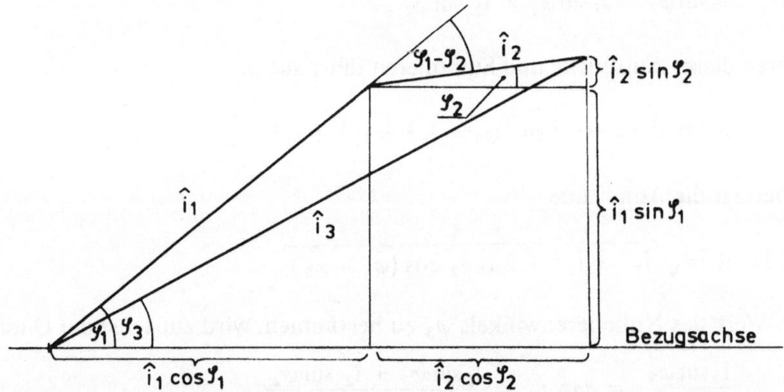

Bild 6.1.1.5

Künftig sollen die Wechselgrößen durch Zeiger dargestellt werden. Allgemein üblich ist die Darstellung durch Effektivwertzeiger. Der Strom $i = \hat{i} \cdot \sin(\omega t + \varphi)$ z.B. werde durch den Zeiger $\underline{I}$, der mit der horizontal angenommenen Bezugsachse den Winkel φ einschließt, veranschaulicht (siehe Bild 6.1.1.6). Zwischen dem Betrag I des Zeigers und der Amplitude des Stromes besteht bei den vorausgesetzten sinusförmigen Wechselgrößen die Beziehung $\hat{i} = \sqrt{2} \cdot I$ (siehe Abschnitt 6.1.2). Allerdings gibt die Zeigerdarstellung noch keine Auskunft über den Augenblickswert des Stromes i. Zu diesem Zweck soll eine Zeitlinie mit der Winkelgeschwindigkeit ω in

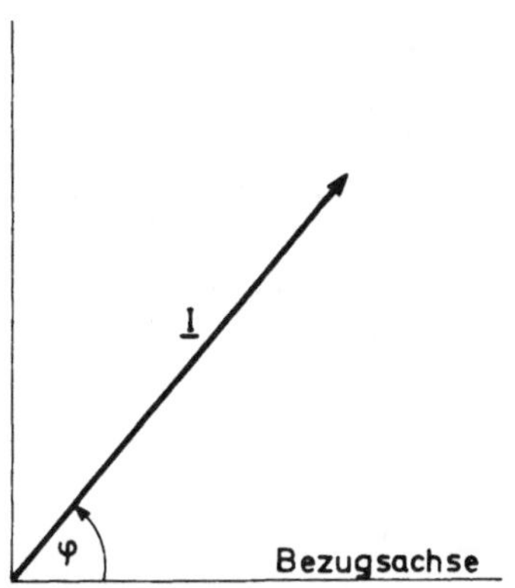

Bild 6.1.1.6

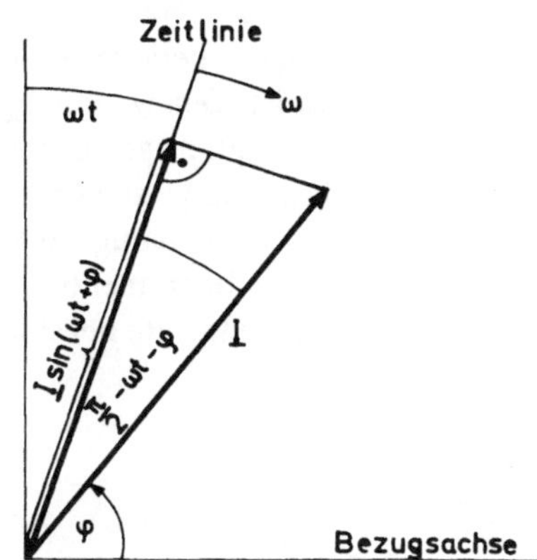

Bild 6.1.1.7

der in Bild 6.1.1.7 angegebenen Richtung rotieren. Zur Zeit t hat die Zeitlinie dann den Winkel ωt durchlaufen. Der Augenblickswert des Stromes ist jetzt der Projektion des Zeigers $\underline{I}$ auf die Zeitlinie proportional. Wie der Zeichnung in Bild 6.1.1.7 zu entnehmen ist, beträgt der Strom

$$i = \sqrt{2}\, I \cos\left(\frac{\pi}{2} - \omega t - \varphi\right) = \sqrt{2}\, I \sin(\omega t + \varphi) = \hat{i} \sin(\omega t + \varphi)\,.$$

6.1.2 Mittelwerte von zeitlich periodischen Vorgängen

Bei der Messung von zeitlich periodischen Vorgängen wird auf den Begriff des Mittelwertes zurückgegriffen. Der arithmetische Mittelwert $\bar{a}$ einer zeitvariablen Größe a

$$(6.1.2.1)\qquad \bar{a} = \frac{1}{T}\int_0^T a\,dt,$$

der den Gleichanteil des periodischen Vorganges angibt, verschwindet definitionsgemäß für einen Wechselvorgang. So ist zum Beispiel für $a = \hat{a} \sin \omega t$

$$\bar{a} = \frac{1}{T}\int_0^T \hat{a} \sin \omega t\, dt = -\frac{\hat{a}}{\omega T} \cos \omega t \Big|_0^T = 0\,,$$

da die über eine ganze Periode von der Sinusfunktion und der Zeitachse eingeschlossene Fläche Null ist. Genügend träge Meßgeräte, deren Anzeige linear mit der Meßgröße zusammenhängt, zeigen den arithmetischen Mittelwert an.
Beim Drehspulgerät z.B. ist der Zeigerausschlag proportional zum Meßstrom. Ändert sich dieser schnell genug, so kann der Zeiger auf Grund der trägen Masse der bewegten Teile des Instrumentes den Stromänderungen nicht mehr folgen. Demnach zeigen diese Meßgeräte bei sinusförmigem Stromverlauf nichts an.

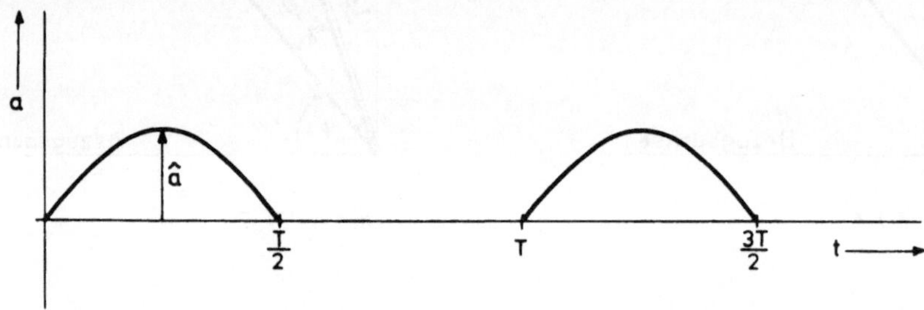

Bild 6.1.2.1

Wird dagegen das Drehspulgerät in Verbindung mit einem Einweggleichrichter verwendet, so gelangt im Instrument ein Strom von der in Bild 6.1.2.1 dargestellten Form zur Messung. Der entsprechende Mittelwert beträgt

$$(6.1.2.2) \quad \bar{a} = \frac{1}{T} \int_0^{\frac{T}{2}} \hat{a} \sin \omega t \, dt = -\frac{\hat{a}}{\omega T} \cos \omega t \Big|_0^{\frac{T}{2}} = \frac{\hat{a}}{\pi} \approx 0{,}32\,\hat{a}\,.$$

Bei der Zweiweggleichrichtung wird gegenüber Bild 6.1.2.1 noch die negative Halbschwingung in den positiven Bereich geklappt (Bild 6.1.2.2).

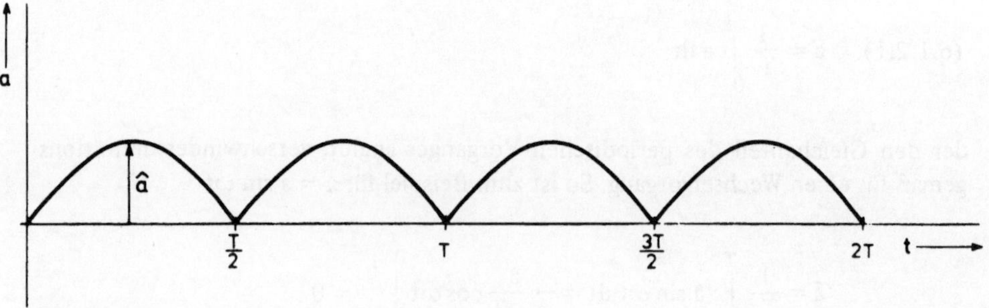

Bild 6.1.2.2

Der dann durch das Drehspulinstrument angezeigte Mittelwert hat den doppelten Betrag von Gl. (6.1.2.2), wie aus

$$\text{(6.1.2.3)} \quad \overline{a} = \frac{1}{T}\int_0^T |\hat{a}\sin\omega t|\,dt = \frac{2}{T}\int_0^{\frac{T}{2}} \hat{a}\sin\omega t\,dt = \frac{2\hat{a}}{\pi} \approx 0{,}64\,\hat{a}$$

folgt.

Hauptsächlich aber werden zur Messung von Wechselvorgängen quadratisch wirkende Meßgeräte verwendet, d.h. Meßgeräte, deren Zeigerausschlag dem Quadrat der Meßgröße proportional ist. Ein solches Meßgerät ist z.B. das elektrodynamische Meßgerät. Wenn der Meßstrom i sowohl durch die feststehende als auch durch die drehbare Spule geleitet wird, folgt aus Gl. (4.5.11)

$$M = k\,i^2 \,.$$

In Bild 6.1.2.3 ist neben der Sinusfunktion $a = \hat{a} \cdot \sin\omega t$ noch das Quadrat $a^2 = (\hat{a} \cdot \sin\omega t)^2$ aufgetragen. Nun soll der *quadratische Mittelwert* von a durch Integration über eine ganze Periodendauer bestimmt werden.

$$\text{(6.1.2.4)} \quad \overline{a^2} = \frac{1}{T}\int_0^T \hat{a}^2\sin^2\omega t\,dt = \frac{\hat{a}^2}{T}\int_0^T \frac{1}{2}(1-\cos 2\omega t)\,dt$$

$$= \frac{\hat{a}^2}{2T}\,t\,\Big|_0^T - \frac{\hat{a}^2}{4\omega T}\sin 2\omega t\,\Big|_0^T = \frac{\hat{a}^2}{2} \,.$$

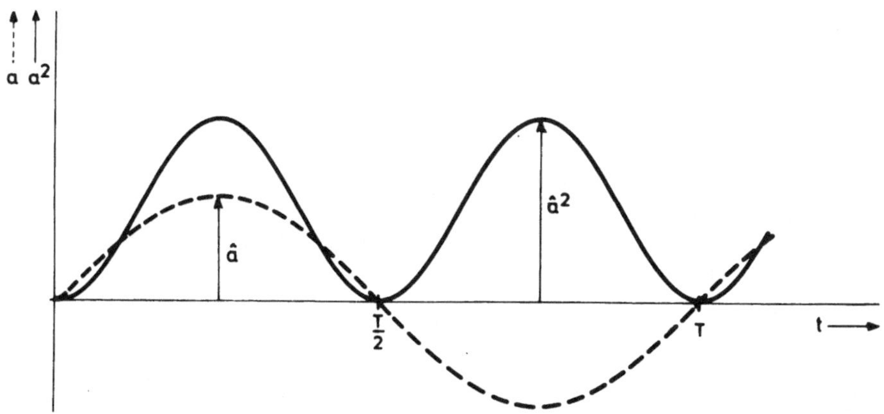

Bild 6.1.2.3

Durch Ziehen der Wurzel erhalten wir den quadratischen Mittelwert – auch *Effektivwert* genannt – der Wechselgröße

$$(6.1.2.5) \quad A = \sqrt{\overline{a^2}} = \frac{\hat{a}}{\sqrt{2}} \approx 0{,}707\,\hat{a}\,.$$

Wird dieses Ergebnis auf einen sinusförmigen Strom übertragen, so ist $I = \frac{\hat{i}}{\sqrt{2}}$ der mittlere Stromwert, dessen Quadrat von den quadratisch wirkenden Meßgeräten angezeigt wird. Das Verhältnis von Scheitelwert zu Effektivwert, also das Verhältnis $\frac{\hat{a}}{A}$, wird als *Scheitelfaktor* bezeichnet. Dieser beträgt nach Gl. (6.1.2.5) $\sqrt{2}$. Ändert sich die Wechselgröße nicht rein sinusförmig, so hat der Scheitelfaktor einen von $\sqrt{2}$ unterschiedlichen, von der jeweiligen Schwingungsform abhängigen Wert. Als *Formfaktor* wird das Verhältnis des Effektivwertes zum arithmetischen Mittelwert einer gleichgerichteten (Zweiweggleichrichtung) Wechselgröße, also das Verhältnis $\frac{A}{\overline{|a|}}$, bezeichnet. Für eine sinusförmige Wechselgröße beträgt der Formfaktor nach Gl. (6.1.2.5) und Gl. (6.1.2.3) $\frac{\pi}{2 \cdot \sqrt{2}} \approx 1{,}11$.

Die komplexe Amplitude, die hier mit einem Dachsymbol gekennzeichnet wird, ist in der Literatur auch in Sütherlinschrift oder in Frakturbuchstaben dargestellt. Die Energietechnik rechnet in der Regel mit komplexen Effektivwerten, die Nachrichtentechnik mit komplexen Amplituden, wobei jedoch vielfach die gleiche Schreibweise verwendet wird.

Hier werden Effektivwertzeiger durch lateinische Buchstaben, z.B. $\underline{U}$ bzw. $\underline{I}$ und Scheitelwertzeiger durch lateinische Buchstaben mit Dachsymbol, z.B. $\underline{\hat{U}}$ bzw. $\underline{\hat{I}}$ dargestellt.

6.2 Komplexe Zahlen

Zur mathematischen Behandlung von Zeigern eignet sich besonders ihre Darstellung als komplexe Zahlen.

Bekanntlich besitzt nicht jede quadratische Gleichung im Bereich der reellen Zahlen Lösungen. Die quadratische Gleichung

$$\underline{z}^2 - 2\,x\,\underline{z} + (x^2 + y^2) = 0 \quad \text{oder} \quad (\underline{z} - x)^2 + y^2 = 0$$

mit reellem x und y hat für $y \neq 0$ sicher keine reellen Wurzeln, weil die Summe zweier Quadrate, von denen eines (y^2) ungleich Null ist, nicht Null sein kann. Rein formal kann sie aber durch die Ausdrücke

$$\underline{z} = x \pm \sqrt{-y^2} = x \pm y\sqrt{-1}$$

gelöst werden. Diese neuen Zahlenverbindungen werden als *komplexe Zahlen** bezeichnet. Die Größe $+\sqrt{-1}$ wird mit j** abgekürzt. Dann folgt

$$\underline{z}_1 = x + jy, \quad \underline{z}_2 = x - jy \quad (j = +\sqrt{-1}).$$

Solche komplexen Zahlen, die sich nur durch das Vorzeichen von j unterscheiden, werden zueinander *konjugiert* komplex genannt und lassen sich schreiben als $\underline{z}_1 = \underline{z}_2^*$, $\underline{z}_2 = \underline{z}_1^*$. Die komplexen Zahlen umfassen für $y = 0$ als Sonderfall die *reellen Zahlen.* Ist $x = 0$, so führt dies als weiterer Sonderfall auf die *imaginären Zahlen* jy. x heißt der *Realteil*, y der *Imaginärteil* der komplexen Zahl $\underline{z} = x + jy$. Hierfür wird geschrieben:

$$x = \mathrm{Re}\{\underline{z}\} \quad \text{und} \quad y = \mathrm{Im}\{\underline{z}\}.$$

Entsprechend ist 1 die reelle Einheit und j die imaginäre Einheit.

Die reellen Zahlen lassen sich als Punkte auf einer Geraden, der Zahlengeraden, veranschaulichen. Die komplexen Zahlen werden als Punkte in einer Ebene, der komplexen Zahlenebene, dargestellt. Bild 6.2.1 zeigt die komplexe Zahl $\underline{z}$ in der

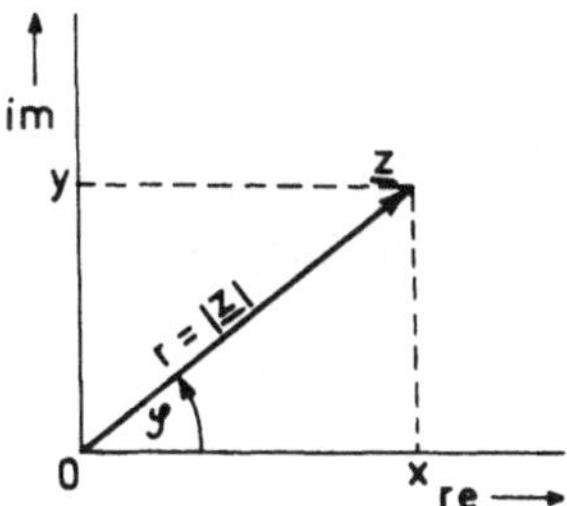

Bild 6.2.1

komplexen Ebene. Der Punkt $\underline{z}$ hat die rechtwinkligen Koordinaten x und y. Daneben ist es üblich, $\underline{z}$ als Zeiger vom Nullpunkt des Koordinatensystems zum Punkt $\underline{z}$ zu bezeichnen. Dementsprechend müssen x und y als die rechtwinkligen Komponenten des Zeigers $\underline{z}$ gedeutet werden. Als *Betrag* $|\underline{z}| = r$ der komplexen Zahl $\underline{z}$ wird

* Dieser Ausdruck stammt von C.F. Gauß, 1777–1855.

** In der mathematischen Fachsprache wird $+\sqrt{-1}$ mit i bezeichnet. Hier wird j verwendet, weil i zur Bezeichnung von Strömen dient.

die Länge des Zeigers $\underline{z}$ definiert. Das entspricht dem Abstand zwischen dem Nullpunkt des Koordinatensystems und $\underline{z}$.

$$|\underline{z}| = r = +\sqrt{x^2 + y^2}\,.$$

Der Winkel φ zwischen dem Zeiger $\underline{z}$ und der reellen Achse wird als *Phase* bezeichnet.

$$\tan\varphi = \frac{y}{x}\,; \quad \varphi = \arctan\frac{y}{x}\,. \quad *$$

Die beiden Größen r und φ sind die Polarkoordinaten der komplexen Zahl $\underline{z}$. Es ist dem Bild 6.2.1 leicht zu entnehmen, daß

$$x = r\cos\varphi \qquad \text{und} \qquad y = r\sin\varphi$$

ist. Damit läßt sich die komplexe Zahl $\underline{z}$ wie folgt schreiben

$$\underline{z} = x + jy = r\cos\varphi + j\,r\sin\varphi = r(\cos\varphi + j\sin\varphi). \tag{6.2.1}$$

Die zu $\underline{z}$ konjugiert komplexe Zahl $\underline{z}^*$ ergibt sich auf Grund der Definition durch Spiegelung an der reellen Achse.

6.2.1 Addition und Subtraktion komplexer Zahlen

Die Addition zweier komplexer Zahlen geschieht in gleicher Weise wie die Addition zweier (zweidimensionaler) Vektoren. Ausgehend von der Komponentendarstellung

$$\underline{z}_1 = x_1 + jy_1 \qquad \text{und} \qquad \underline{z}_2 = x_2 + jy_2$$

folgt als Summe

$$\underline{z} = \underline{z}_1 + \underline{z}_2 = (x_1 + x_2) + j(y_1 + y_2).$$

Die Summe der Realteile der Summanden ergibt den Realteil der Summe, die Summe der Imaginärteile der Summanden ergibt den Imaginärteil der Summe.
In Bild 6.2.1.1 sind die Summanden $\underline{z}_1$ und $\underline{z}_2$ und ihre Summe $\underline{z}$ durch Zeiger veranschaulicht.

* Vielfach wird φ auch als Arcus (Bogen) von $\underline{z}$ bezeichnet ($\varphi = \operatorname{arc}\underline{z}$).

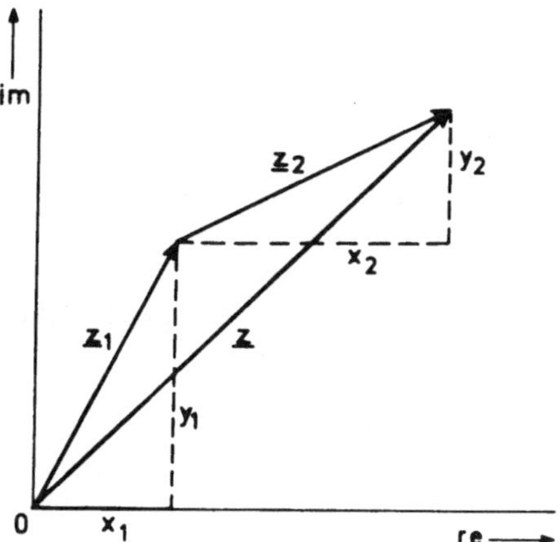

Bild 6.2.1.1

Die Subtraktion zweier komplexer Zahlen $\underline{z}_1 = x_1 + jy_1$ und $\underline{z}_2 = x_2 + jy_2$ ist definiert als

$$\underline{z} = \underline{z}_1 - \underline{z}_2 = (x_1 - x_2) + j(y_1 - y_2).$$

Die Differenz der Realteile ergibt den Realteil der Differenz, die Differenz der Imaginärteile ergibt den Imaginärteil der Differenz.
In Bild 6.2.1.2 ist die Subtraktion graphisch durchgeführt worden.

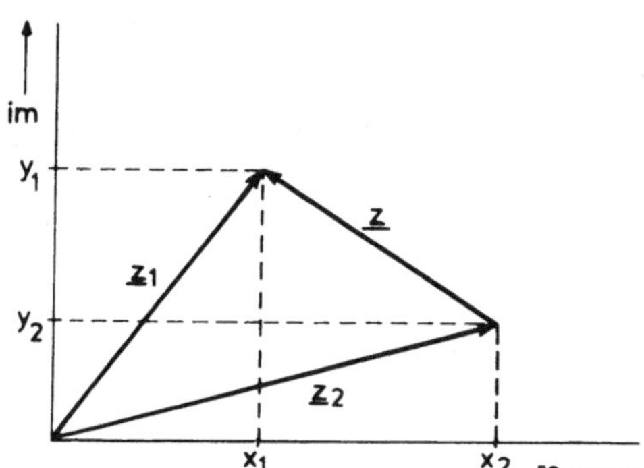

Bild 6.2.1.2

Werden die konjugiert komplexen Zahlen $\underline{z} = x + jy$ und $\underline{z}^* = x - jy$ addiert, so folgt als Summe der zweifache Realteil wegen

$$\underline{z} + \underline{z}^* = (x + jy) + (x - jy) = 2x.$$

Werden dagegen zwei konjugiert komplexe Zahlen subtrahiert, so ergibt sich

$$\underline{z} - \underline{z}^* = (x + jy) - (x - jy) = \quad j\,2\,y$$

bzw.

$$\underline{z}^* - \underline{z} = (x - jy) - (x + jy) = -j\,2\,y\,.$$

6.2.2 Multiplikation komplexer Zahlen

Bei der Produktbildung ist es zweckmäßiger, mit Polarkoordinaten zu rechnen. Die beiden Faktoren lauten im einzelnen

$$\underline{z}_1 = r_1\,(\cos\varphi_1 + j\sin\varphi_1)$$

und

$$\underline{z}_2 = r_2\,(\cos\varphi_2 + j\sin\varphi_2)\,,$$

so daß sich als Produkt

$$\underline{z} = \underline{z}_1\,\underline{z}_2 = r_1\,(\cos\varphi_1 + j\sin\varphi_1)\,r_2\,(\cos\varphi_2 + j\sin\varphi_2)$$

ergibt.

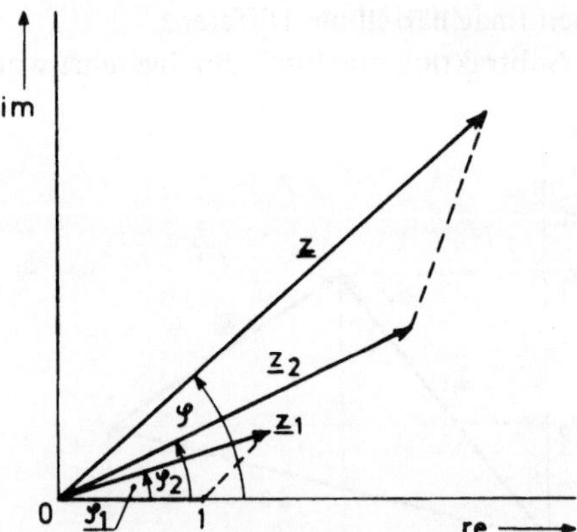

Bild 6.2.2.1

Werden die Klammerausdrücke miteinander multipliziert, so folgt mit $j^2 = -1$

$$\underline{z} = r_1 r_2\,[(\cos\varphi_1\cos\varphi_2 - \sin\varphi_1\sin\varphi_2) + j(\sin\varphi_1\cos\varphi_2 + \cos\varphi_1\sin\varphi_2)]\,.$$

Unter Verwendung der Additionstheoreme für trigonometrische Funktionen läßt sich obiger Ausdruck noch weiter vereinfachen, nämlich

$$\underline{z} = r_1 r_2 [\cos(\varphi_1 + \varphi_2) + j \sin(\varphi_1 + \varphi_2)] .$$

Mit $r_1 \cdot r_2 = r$ und $\varphi_1 + \varphi_2 = \varphi$ ergibt sich schließlich als Produkt

$$\underline{z} = r(\cos\varphi + j \sin\varphi).$$

Eine komplexe Zahl $\underline{z}_1$ wird also mit einer zweiten Zahl $\underline{z}_2$ multipliziert, indem der Zeiger $\underline{z}_1$ um den Faktor r_2 gestreckt und um den Winkel φ_2 in positiver Richtung (Gegenuhrzeigersinn) gedreht wird. Dies wird Drehstreckung genannt. Ist insbesondere einer der Faktoren reell, so ergibt sich eine Streckung. Die Multiplikation mit einer komplexen Zahl $(\cos\varphi + j \sin\varphi)$ – Betrag 1 – bewirkt ausschließlich eine Drehung, und zwar um den Winkel φ.
Zur geometrischen Konstruktion des Produktes (Bild 6.2.2.1) sei bemerkt, daß sich 1 zu $\underline{z}_1$ verhält wie $\underline{z}_2$ zu $\underline{z}$. Dies folgt ohne weiteres aus der Definition

$$\underline{z} = 1 \cdot \underline{z} = \underline{z}_1 \underline{z}_2 \qquad \text{oder} \qquad \frac{1}{\underline{z}_1} = \frac{\underline{z}_2}{\underline{z}} .$$

Das durch die Zeiger $\underline{z}_1$ und 1 gebildete Dreieck ist also dem aus den Zeigern $\underline{z}$ und $\underline{z}_2$ geformten Dreieck ähnlich.
Als besonders wichtigen Sonderfall werde zum Abschluß noch die Multiplikation zweier konjugiert komplexer Zahlen behandelt. Das Produkt muß reell sein, da auf Grund der Phasen $\varphi_1 = \varphi$ und $\varphi_2 = -\varphi$ die Summe der Winkel Null ist. Damit folgt

$$\underline{z}\,\underline{z}^* = r\,r = r^2$$

oder, wenn die konjugiert komplexen Zahlen mit Hilfe der rechtwinkligen Koordinaten x und y dargestellt werden,

$$\underline{z}\,\underline{z}^* = (x + jy)(x - jy) = x^2 - (jy)^2 = x^2 + y^2 .$$

6.2.3 Division komplexer Zahlen

Bei der Berechnung des Quotienten wird zunächst wieder von der Darstellung der komplexen Zahlen in Polarkoordinaten ausgegangen, also von

$$\underline{z}_1 = r_1(\cos\varphi_1 + j \sin\varphi_1) \qquad \text{und} \qquad \underline{z}_2 = r_2(\cos\varphi_2 + j \sin\varphi_2) .$$

Der Quotient beträgt, sofern $r_2 \neq 0$ ist,

$$\underline{z} = \frac{\underline{z}_1}{\underline{z}_2} = \frac{r_1(\cos\varphi_1 + j \sin\varphi_1)}{r_2(\cos\varphi_2 + j \sin\varphi_2)} .$$

Durch Erweiterung von Zähler und Nenner mit $\underline{z}_2^*$ und mit $\underline{z}_2 \cdot \underline{z}_2^* = r_2^2$ wird der Nenner von $\underline{z}$ reell.

$$\underline{z} = \frac{\underline{z}_1\ \underline{z}_2^*}{\underline{z}_2\ \underline{z}_2^*} = \frac{r_1\ (\cos\varphi_1 + j\sin\varphi_1)\, r_2\ (\cos\varphi_2 - \sin\varphi_2)}{r_2^2}.$$

Nach einigen Umformungen ergibt sich

$$\underline{z} = \frac{r_1}{r_2}[\cos(\varphi_1 - \varphi_2) + j\sin(\varphi_1 - \varphi_2)].$$

Mit $\frac{r_1}{r_2} = r$ und $\varphi_1 - \varphi_2 = \varphi$ lautet der Quotient

$$\underline{z} = r(\cos\varphi + j\sin\varphi).$$

Eine komplexe Zahl $\underline{z}_1$ wird also durch eine zweite Zahl $\underline{z}_2$ dividiert, indem der Zeiger $\underline{z}_1$ um den Faktor $\frac{1}{r_2}$ gestreckt und um den Winkel φ_2 in negativer Richtung (Uhrzeigersinn) gedreht wird.

Bei der geometrischen Konstruktion des Quotienten kann wieder von der Ähnlichkeit von Dreiecken Gebrauch gemacht werden. Es ist nämlich das durch die Zeiger $\underline{z}$ und 1 aufgespannte Dreieck dem durch die Zeiger $\underline{z}_1$ und $\underline{z}_2$ aufgespannten Dreieck ähnlich (Bild 6.2.3.1).

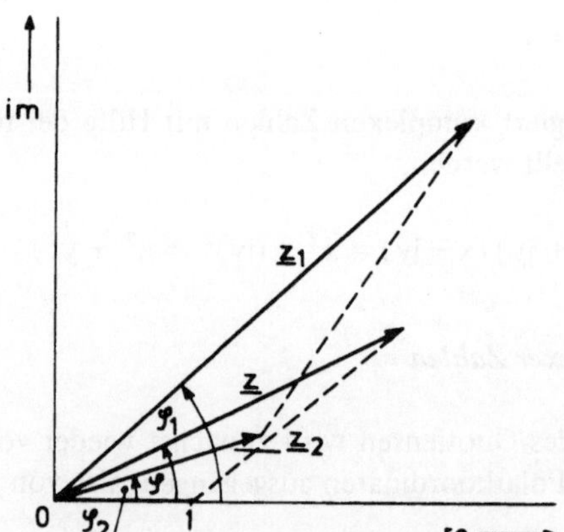

Bild 6.2.3.1

Dieser Ähnlichkeit liegt das Verhältnis

$$\frac{\underline{z}}{1} = \frac{\underline{z}_1}{\underline{z}_2}$$

zugrunde.

Der Quotient zweier konjugiert komplexer Zahlen hat den Betrag 1.
Zum Schluß soll noch der Quotient zweier komplexer Zahlen unter Bezugnahme auf ein kartesisches Koordinatensystem berechnet werden. Es gilt dann

$$\underline{z} = \frac{\underline{z}_1}{\underline{z}_2} = \frac{x_1 + jy_1}{x_2 + jy_2} = \frac{(x_1 + jy_1)(x_2 - jy_2)}{(x_2 + jy_2)(x_2 - jy_2)}$$

$$= \frac{x_1 x_2 + y_1 y_2 + j(x_2 y_1 - x_1 y_2)}{x_2^2 + y_2^2}.$$

6.2.4 Potenzen und Wurzeln komplexer Zahlen

In diesem Abschnitt sollen die Potenzen und anschließend die Wurzeln komplexer Zahlen betrachtet werden.
Nach der Produktregel folgt aus

$$\underline{z} = r(\cos\varphi + j\sin\varphi)$$

der Reihe nach

$$\underline{z}^2 = r^2(\cos 2\varphi + j\sin 2\varphi)$$

$$\underline{z}^3 = r^3(\cos 3\varphi + j\sin 3\varphi)$$

$$\vdots$$

$$\underline{z}^n = r^n(\cos n\varphi + j\sin n\varphi).$$

Hierbei ist n eine beliebige positive ganze Zahl. Andererseits ist aber

$$\underline{z}^n = r^n(\cos\varphi + j\sin\varphi)^n.$$

Durch Vergleich der beiden rechten Seiten von $\underline{z}^n$ folgt die Moivresche* Formel

(6.2.4.1) $$(\cos\varphi + j\sin\varphi)^n = \cos n\varphi + j\sin n\varphi.$$

Wird in dieser Formel j durch $-j$ ersetzt, so ergibt sich

$$(\cos\varphi - j\sin\varphi)^n = \cos n\varphi - j\sin n\varphi.$$

* Abraham de Moivre, 1667–1754.

Es läßt sich jetzt einfach zeigen, daß die Moivresche Formel auch für negative ganze n gültig ist. Es ist sowohl

$$(\cos\varphi + j\sin\varphi)^{-n}(\cos\varphi + j\sin\varphi)^{n} = 1$$

als auch

$$(\cos\varphi - j\sin\varphi)^{n}\,(\cos\varphi + j\sin\varphi)^{n} = 1.$$

Hieraus kann gefolgert werden

$$(\cos\varphi + j\sin\varphi)^{-n} = (\cos\varphi - j\sin\varphi)^{n}.$$

Demnach gilt für alle ganzen Zahlen n

$$(\cos\varphi + j\sin\varphi)^{-n} = \cos n\varphi - j\sin n\varphi = \cos(-n\varphi) + j\sin(-n\varphi).$$

Wegen der Vieldeutigkeit des Bogenmaßes sind die Winkel in der Moivreschen Formel nur bis auf Vielfache von 2π bestimmt. Es gilt daher allgemein für ganze n

$$(\cos\psi + j\sin\psi)^{n} = \cos(n\psi - 2\pi k) + j\sin(n\psi - 2\pi k)$$

$$\text{mit } k = \ldots, -1, 0, 1, \ldots .$$

Wird in dieser Formel

$$n\psi - 2\pi k = \varphi \quad \text{bzw.} \quad \psi = \frac{\varphi + 2\pi k}{n}$$

gesetzt, so ergibt sich

$$\left(\cos\frac{\varphi + 2\pi k}{n} + j\sin\frac{\varphi + 2\pi k}{n}\right)^{n} = \cos\varphi + j\sin\varphi$$

oder nach Ziehen der n-ten Wurzel

$$\left(\cos\varphi + j\sin\varphi\right)^{\frac{1}{n}} = \cos\frac{\varphi + 2\pi k}{n} + j\sin\frac{\varphi + 2\pi k}{n} .$$

Zu der komplexen Zahl

$$\underline{z} = r(\cos\varphi + j\sin\varphi)$$

beträgt somit die n-te Wurzel

$$\sqrt[n]{\underline{z}} = \sqrt[n]{r}\left(\cos\frac{\varphi + 2\pi k}{n} + j\sin\frac{\varphi + 2\pi k}{n}\right)$$

$$\text{mit } k = \ldots, -1, 0, 1, \ldots .$$

Eine geometrische Konstruktion der n-ten Potenz von $\underline{z}$ erübrigt sich. Es ist dies eine n-fache Wiederholung der Multiplikation. In Bild 6.2.4.1 sind neben der komplexen Zahl $\underline{z} = r \cdot (\cos\varphi + j\sin\varphi)$ mit $r = 1$ und $\varphi = \frac{\pi}{4}$ die vier Werte

$$\underline{z}_1 = \cos\frac{\pi}{16} + j\sin\frac{\pi}{16}$$

$$\underline{z}_2 = \cos\frac{9\pi}{16} + j\sin\frac{9\pi}{16}$$

$$\underline{z}_3 = \cos\frac{17\pi}{16} + j\sin\frac{17\pi}{16}$$

$$\underline{z}_4 = \cos\frac{25\pi}{16} + j\sin\frac{25\pi}{16}$$

ihrer 4-ten Wurzel eingezeichnet.

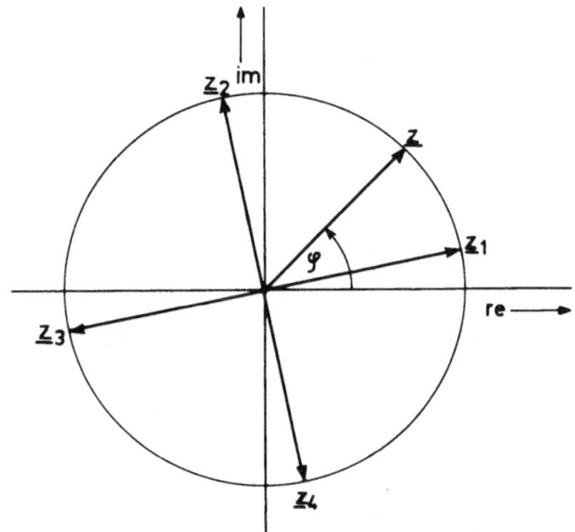

Bild 6.2.4.1

6.2.5 Zusammenhang zwischen den trigonometrischen Funktionen und der Exponentialfunktion

Die Potenzreihe

$$e^x = 1 + \frac{x}{1!} + \frac{x^2}{2!} + \frac{x^3}{3!} + \ldots = \sum_{n=0}^{\infty} \frac{x^n}{n!}$$

ist zunächst für ein reelles x definiert. Die Weierstraßsche* Definition dehnt den Bereich der Potenzreihe auch auf komplexe Argumente $\underline{z}$ aus:

$$e^{\underline{z}} = 1 + \frac{\underline{z}}{1!} + \frac{\underline{z}^2}{2!} + \frac{\underline{z}^3}{3!} + \ldots = \sum_{n=0}^{\infty} \frac{\underline{z}^n}{n!} .$$

Dabei behält das Additionstheorem

$$e^{\underline{z}_1} e^{\underline{z}_2} = e^{\underline{z}_1 + \underline{z}_2}$$

auch im komplexen Bereich seine Gültigkeit, denn es gilt

$$\begin{aligned} e^{\underline{z}_1} e^{\underline{z}_2} &= \left(1 + \frac{\underline{z}_1}{1!} + \frac{\underline{z}_1^2}{2!} + \frac{\underline{z}_1^3}{3!} + \ldots\right)\left(1 + \frac{\underline{z}_2}{1!} + \frac{\underline{z}_2^2}{2!} + \frac{\underline{z}_2^3}{3!} + \ldots\right) \\ &= 1 + \frac{\underline{z}_1 + \underline{z}_2}{1!} + \frac{\underline{z}_1^2 + 2\underline{z}_1\underline{z}_2 + \underline{z}_2^2}{2!} + \frac{\underline{z}_1^3 + 3\underline{z}_1^2\underline{z}_2 + 3\underline{z}_1\underline{z}_2^2 + \underline{z}_2^3}{3!} + \ldots \\ &= 1 + \frac{\underline{z}_1 + \underline{z}_2}{1!} + \frac{(\underline{z}_1 + \underline{z}_2)^2}{2!} + \frac{(\underline{z}_1 + \underline{z}_2)^3}{3!} + \ldots = e^{\underline{z}_1 + \underline{z}_2} . \end{aligned}$$

Für $\underline{z} = x + jy$ darf also

$$(6.2.5.1) \qquad e^{\underline{z}} = e^{x+jy} = e^x \, e^{jy}$$

geschrieben werden. Die Bedeutung von e^x ist geläufig. Der Faktor e^{jy} wird in eine Reihe entwickelt

$$e^{jy} = 1 + \frac{jy}{1!} + \frac{(jy)^2}{2!} + \frac{(jy)^3}{3!} + \frac{(jy)^4}{4!} + \frac{(jy)^5}{5!} + \frac{(jy)^6}{6!} + \ldots .$$

Bekanntlich ist $j^2 = -1$. Hieraus folgt $j^3 = -j$, $j^4 = 1$, $j^5 = j$, also allgemein $j^{4n+m} = j^m$ (m, n ganzzahlig). Bei Berücksichtigung dieser Relationen sowie nach Zusammenfassung der reellen und imaginären Größen ergibt sich

$$e^{jy} = \left(1 - \frac{y^2}{2!} + \frac{y^4}{4!} - \frac{y^6}{6!} \pm \ldots\right) + j\left(\frac{y}{1!} - \frac{y^3}{3!} + \frac{y^5}{5!} \mp \ldots\right) .$$

Der Realteil von e^{jy} stimmt aber mit

* Karl Theodor Wilhelm Weierstraß, 1815–1897.

$$\cos y = 1 - \frac{y^2}{2!} + \frac{y^4}{4!} - \frac{y^6}{6!} \pm \ldots$$

überein. Der Imaginärteil von e^{jy} ist mit

$$\sin y = \frac{y}{1!} - \frac{y^3}{3!} + \frac{y^5}{5!} \mp \ldots$$

identisch. Damit ergibt sich die Eulersche* Formel

(6.2.5.2) $\quad e^{jy} = \cos y + j \sin y.$

Die Verwendung der Eulerschen Formel in Gl. (6.2.5.1) führt auf

$$e^{\underline{z}} = e^x \, e^{jy} = e^x \, (\cos y + j \sin y) \, .$$

Demnach ist der Betrag von $e^{\underline{z}}$

$$|e^{\underline{z}}| = e^x$$

und die Phase

$$\operatorname{arc} e^{\underline{z}} = y \, .$$

Neben der Darstellung einer komplexen Zahl $\underline{z}$ in Polarkoordinaten (Gl. (6.2.1)) ist also auch die Exponentialdarstellung

(6.2.5.3) $\quad \underline{z} = r \, e^{j\varphi}$

möglich, deren Verwendung in vielen Berechnungen große Vereinfachungen mit sich bringt. Vor allem bei der Multiplikation, der Division, dem Potenzieren und Radizieren komplexer Zahlen ist die Exponentialdarstellung am zweckmäßigsten. Wird z.B. $\underline{z}_1 = r_1 \cdot e^{j\varphi_1}$ mit $\underline{z}_2 = r_2 \cdot e^{j\varphi_2}$ multipliziert, so lautet das Produkt

$$\underline{z} = \underline{z}_1 \, \underline{z}_2 = r_1 \, e^{j\varphi_1} \, r_2 \, e^{j\varphi_2} = r_1 r_2 \, e^{j(\varphi_1 + \varphi_2)} \, .$$

Dies stimmt überein mit

$$\underline{z} = \underline{z}_1 \, \underline{z}_2 = r_1 r_2 \, [(\cos(\varphi_1 + \varphi_2) + j \sin(\varphi_1 + \varphi_2)] \, .$$

---

* Leonhard Euler, 1707–1783.

Entsprechend wird die Division durchgeführt. Der Quotient aus $\underline{z}_1$ und $\underline{z}_2$ beträgt

$$\underline{z} = \frac{\underline{z}_1}{\underline{z}_2} = \frac{r_1 e^{j\varphi_1}}{r_2 e^{j\varphi_2}} = \frac{r_1}{r_2} e^{j\varphi_1} e^{-j\varphi_2} = \frac{r_1}{r_2} e^{j(\varphi_1 - \varphi_2)}, (r_2 \neq 0).$$

Wird $\underline{z} = r \cdot e^{j\varphi}$ in die n-te Potenz erhoben, so ergibt sich

$$\underline{z}^n = (r\, e^{j\varphi})^n = r^n e^{jn\varphi} .$$

Die n-te Wurzel aus $\underline{z} = r \cdot e^{j\varphi}$ hat für ganzzahlige n die Lösungen

$$\underline{z}^{\frac{1}{n}} = (r\, e^{j(\varphi + 2\pi k)})^{\frac{1}{n}} = r^{\frac{1}{n}} e^{j\frac{\varphi + 2\pi k}{n}}$$

mit $k = \ldots, -1, 0, 1, \ldots$.

Die Vieldeutigkeit des Bogenmaßes wird hier durch $e^{j\varphi} = e^{j(\varphi + 2\pi k)}$ berücksichtigt. Zum Abschluß sollen die Sinus- und die Kosinusfunktionen noch durch die Exponentialfunktion ausgedrückt werden. In der Eulerschen Formel

(a) $e^{j\varphi} = \cos\varphi + j \sin\varphi$

wird φ durch $(-\varphi)$ ersetzt:

(b) $e^{-j\varphi} = \cos(-\varphi) + j \sin(-\varphi)$.

Die Sinusfunktion ist eine ungerade, die Kosinusfunktion eine gerade Funktion. Somit ist die Gl. (b) mit

(c) $e^{-j\varphi} = \cos\varphi - j \sin\varphi$

identisch. Aus der Addition der Gl. (a) und Gl. (c) folgt

(6.2.5.4) $$\cos\varphi = \frac{e^{j\varphi} + e^{-j\varphi}}{2} .$$

Wird Gl. (c) von Gl. (a) subtrahiert, so ergibt sich

(6.2.5.5) $$\sin\varphi = \frac{e^{j\varphi} - e^{-j\varphi}}{2j} .$$

6.2.6 Differentiation und Integration von $e^{j\omega t}$

Hier soll nur die Differentiation und Integration der komplexen Zahl $\underline{z} = e^{j\omega t}$ behandelt werden. Die Zeit t sei die reelle, unabhängige Variable. Der Differentialquotient von $e^{j\omega t}$ nach der Zeit ist definitionsgemäß

$$\frac{d\underline{z}}{dt} = \lim_{\Delta t \to 0} \frac{e^{j\omega(t+\Delta t)} - e^{j\omega t}}{\Delta t}$$

$$= \lim_{\Delta t \to 0} \frac{e^{j\omega t}(e^{j\omega \Delta t} - 1)}{\Delta t}$$

$$= e^{j\omega t} \lim_{\Delta t \to 0} \frac{(1 + j\omega\Delta t + \frac{(j\omega\Delta t)^2}{2!} + \ldots) - 1}{\Delta t}$$

$$= j\omega\, e^{j\omega t}\,.$$

Die Integration ist die Umkehrung der Differentiation, d.h., das Integral $\int j\omega \cdot e^{j\omega t} \cdot dt$ muß bis auf eine Konstante gleich $e^{j\omega t}$ sein. Für den Fall, daß die Konstante Null ist, gilt

$$\int j\omega e^{j\omega t}\, dt = j\omega \int e^{j\omega t}\, dt = e^{j\omega t}$$

und hiermit

$$\int e^{j\omega t}\, dt = \frac{e^{j\omega t}}{j\omega}\,.$$

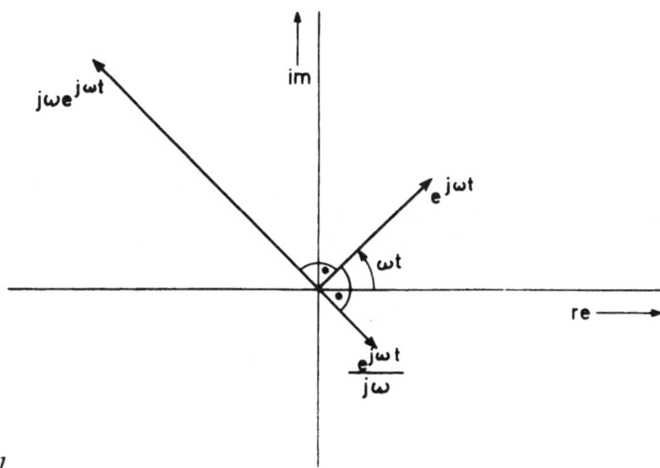

Bild 6.2.6.1

Mit Hilfe der Eulerschen Formel gemäß Gl. (6.2.5.2) läßt sich ableiten, daß $j = e^{j\frac{\pi}{2}}$ ist. Entsprechend ist $\frac{1}{j} = -j = e^{-j\frac{\pi}{2}}$. Demzufolge ist der Differentialquotient von $e^{j\omega t}$ gegenüber $e^{j\omega t}$ um den arc $j\omega = \frac{\pi}{2}$ gedreht und gleichzeitig um den Faktor ω gestreckt. Das Integral von $e^{j\omega t}$ ist um den gleichen Betrag in umgekehrter Richtung $\left(\text{arc } \frac{1}{j\omega} = -\frac{\pi}{2}\right)$ gegenüber $e^{j\omega t}$ gedreht und um den Faktor $\frac{1}{\omega}$ gestreckt. In Bild 6.2.6.1 ist die gegenseitige Lage der einzelnen Zeiger dargestellt.

6.3 Darstellung von Wechselgrößen durch komplexe Amplituden

Der komplexe Zeiger $e^{j(\omega t + \varphi)}$ schließt zur Zeit $t = 0$ mit der Bezugsachse den Winkel φ ein (Bild 6.3.1). Mit wachsendem t durchläuft die Pfeilspitze nacheinander

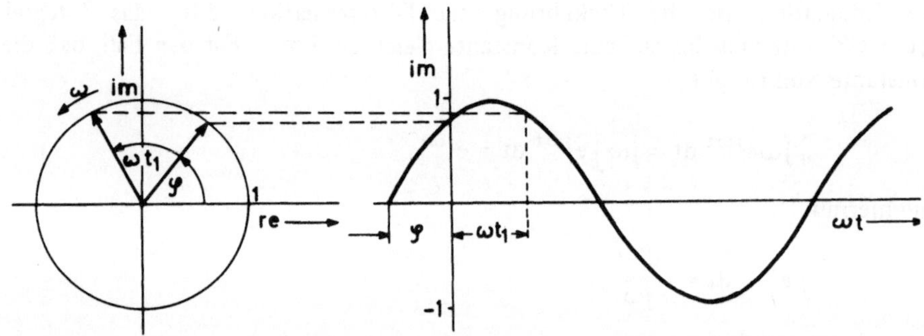

Bild 6.3.1

alle Punkte des Einheitskreises, wenn der Zeiger mit der Winkelgeschwindigkeit ω in positiver Richtung rotiert. Die Projektion des Zeigers auf die imaginäre Achse ergibt, über dem Drehwinkel ωt aufgetragen, die im rechten Teil des Bildes gezeigte Schwingung, deren mathematischer Ausdruck $\sin(\omega t + \varphi)$ ist. Nun ist die Projektion auf die imaginäre Achse aber gerade dem Imaginärteil des Zeigers gleich, d.h.

$$\text{Im}\left\{e^{j(\omega t+\varphi)}\right\} = \sin(\omega t + \varphi).$$

Analog ist die Projektion des rotierenden Zeigers auf die reelle Achse mit seinem Realteil identisch.

$$\text{Re}\left\{e^{j(\omega t+\varphi)}\right\} = \cos(\omega t + \varphi).$$

Eine sinusförmig sich ändernde Größe, z.B. $a_2 = \hat{A} \cdot \sin(\omega t + \alpha)$, läßt sich demnach als

(6.3.1) $$a_2 = \mathrm{Im}\left\{\hat{A}\, e^{j(\omega t+\alpha)}\right\}$$

darstellen. Entsprechend stimmt $a_1 = \hat{A} \cdot \cos(\omega t + \alpha)$ mit

(6.3.2) $$a_1 = \mathrm{Re}\left\{\hat{A}\, e^{j(\omega t+\alpha)}\right\}$$

überein. Wird jetzt in Gl. (6.3.1) und Gl. (6.3.2) die *komplexe Amplitude** $\underline{\hat{A}} = \hat{A} \cdot e^{j\alpha}$ eingeführt, so folgt

(6.3.3) $$a_2 = \mathrm{Im}\left\{\underline{\hat{A}}\, e^{j\omega t}\right\}$$

und

(6.3.4) $$a_1 = \mathrm{Re}\left\{\underline{\hat{A}}\, e^{j\omega t}\right\}.$$

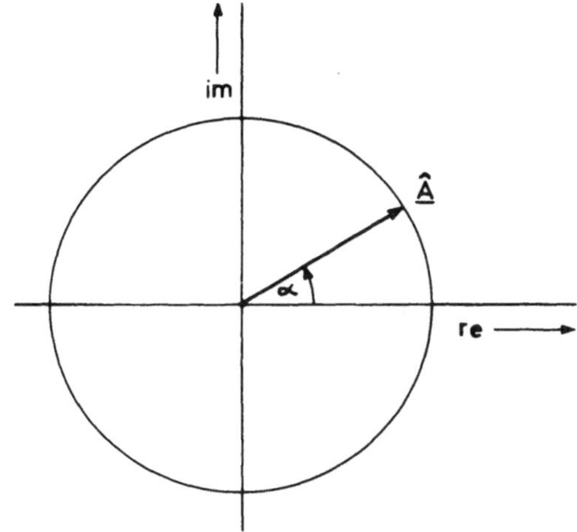

Bild 6.3.2

$\underline{\hat{A}}$ ist also ein Zeiger (Bild 6.3.2) vom Betrag

$$|\underline{\hat{A}}| = \hat{A}$$

und mit der Phase

$$\mathrm{arc}\, \underline{\hat{A}} = \alpha\,.$$

* Zur Darstellung komplexer Amplituden werden große lateinische Buchstaben unterstrichen.

Auf Grund der multiplikativen Verknüpfung mit der zeitabhängigen komplexen Zahl $e^{j\omega t}$ rotiert $\underline{\hat{A}}$ mit der Winkelgeschwindigkeit ω im positiven Sinne. Mit Hilfe des Begriffes der komplexen Amplitude läßt sich z.B. die Wechselspannung $u = \hat{u} \cdot \cos(\omega t + \varphi_u)$ durch

(6.3.5) $$u = \text{Re}\left\{\underline{\hat{U}}\, e^{j\omega t}\right\}$$

mit $\underline{\hat{U}} = \hat{U} \cdot e^{j\varphi_u}$ darstellen.

Nun sollen mehrere sinusförmig sich ändernde Größen $a_1, b_1, \ldots$ betrachtet werden, die alle die gleiche Frequenz $f = \frac{\omega}{2\pi}$ haben, deren Amplituden und Phasen aber unterschiedlich sein dürfen. Jede dieser Größen möge sich als Realteil einer komplexen Amplitude, multipliziert mit $e^{j\omega t}$, darstellen lassen. So sei

$$a_1 = \text{Re}\left\{\underline{\hat{A}}\, e^{j\omega t}\right\}, \quad b_1 = \text{Re}\left\{\underline{\hat{B}}\, e^{j\omega t}\right\}, \ldots .$$

Da sich mit komplexen Zahlen alle Rechnungen einfacher gestalten gegenüber Rechnungen mit Kosinusfunktionen, werden die Schwingungen $a_1, b_1, \ldots$ mit den imaginären Schwingungen $ja_2 = j\,\text{Im}\left\{\underline{\hat{A}}\, e^{j\omega t}\right\}$, $jb_2 = j\,\text{Im}\left\{\underline{\hat{B}}\, e^{j\omega t}\right\}$, ... ergänzt. Hieraus folgen die komplexen Schwingungen

$$\underline{a} = \underline{\hat{A}}\, e^{j\omega t}, \quad \underline{b} = \underline{\hat{B}}\, e^{j\omega t}, \ldots .$$

Diese Ergänzung verändert die ursprünglichen Schwingungen nicht. Bei den Rechnungen mit $\underline{a}, \underline{b}, \ldots$ muß nur stets beachtet werden, daß $\underline{a}, \underline{b}, \ldots$ reine Rechengrößen sind, die zur Vereinfachung des Rechenvorgangs dienen und damit den Rechenaufwand erheblich vermindern. Die Realteile der komplexen Schwingungen sind als die wirklichen, physikalischen Schwingungen zu interpretieren. Das gilt auch für die Rechenresultate, allerdings nicht uneingeschränkt. Im komplexen Rechenresultat stimmt der Realteil mit der gesuchten Schwingung nur dann überein, wenn es sich bei den Rechenoperationen ausschließlich um Addition, Subtraktion und Multiplikation mit einer reellen Zahl, Differentiation und Integration handelt, wie gleich gezeigt werden soll. Zunächst sei aber bemerkt, daß dies gerade die Operationen sind, die bei der Berechnung von Wechselstromschaltungen benötigt werden.

Die Summe der beiden Schwingungen $a_1 = \text{Re}\{\underline{a}\}$ und $b_1 = \text{Re}\{\underline{b}\}$ sind über die komplexen Schwingungen $\underline{a}$ und $\underline{b}$ zu berechnen. Die Summe der Realteile der Summanden ist nämlich gleich dem Realteil der Summe

$$\text{Re}\{\underline{a}\} + \text{Re}\{\underline{b}\} = \text{Re}\{\underline{a} + \underline{b}\}.$$

Eine Subtraktion verläuft in ähnlicher Weise. Die gesuchte Schwingung $\mathrm{Re}\{\underline{a}\} - \mathrm{Re}\{\underline{b}\}$ stimmt mit $\mathrm{Re}\{\underline{a} - \underline{b}\}$ überein.
Wird eine komplexe Schwingung $\underline{a}$ mit einer reellen Zahl r multipliziert, so läßt sich leicht ableiten, daß

$$\mathrm{Re}\{r\,\underline{a}\} = r\,\mathrm{Re}\{\underline{a}\} \tag{6.3.6}$$

ist. Weiter soll gezeigt werden, daß bei der Differentation

$$\frac{d}{dt}\,\mathrm{Re}\{\underline{a}\} = \mathrm{Re}\left\{\frac{d\underline{a}}{dt}\right\} \tag{6.3.7}$$

ist. Mit $\mathrm{Re}\{\underline{a}\} = \hat{A} \cdot \cos(\omega t + \alpha)$ ergibt sich einmal

$$\frac{d}{dt}\,\mathrm{Re}\{\underline{a}\} = -\omega\hat{A}\sin(\omega t + \alpha),$$

zum anderen ist

$$\mathrm{Re}\left\{\frac{d\underline{a}}{dt}\right\} = \mathrm{Re}\left\{\frac{d\,\underline{\hat{A}}\,e^{j\omega t}}{dt}\right\} = \mathrm{Re}\left\{j\omega\,\underline{\hat{A}}\,e^{j\omega t}\right\}$$

$$= \mathrm{Re}\left\{\omega\,\hat{A}\,e^{j(\omega t + \alpha + \frac{\pi}{2})}\right\}$$

$$= -\omega\,\hat{A}\sin(\omega t + \alpha)\;.$$

Damit ist die Gleichheit bewiesen.
Ebenso einfach läßt sich zeigen, daß

$$\int \mathrm{Re}\{\underline{a}\}\,dt = \mathrm{Re}\left\{\int \underline{a}\,dt\right\} \tag{6.3.8}$$

ist.

Bei den genannten Operationen verhält sich das Symbol Re wie ein konstanter Faktor.

Bei der Lösung der meisten Aufgaben wird der zeitabhängige Faktor $e^{j\omega t}$ durch die ganze Berechnung mitgeschleppt und bildet nur einen unnötigen Ballast. Dieser Faktor $e^{j\omega t}$ soll von nun ab einfach fortgelassen werden, so daß die Berechnung ausschließlich mit den komplexen Amplituden bzw. Effektivwertzeigern durchgeführt wird. Bei der Interpretation der Ergebnisse muß dann berücksichtigt werden, daß die komplexe Größe immer durch den komplexen Zeiger $e^{j\omega t}$ zu ergänzen ist.

6.4 Komplexe Widerstände

Es sollen nun die in Bild 5.5.1 gezeigten konzentrierten Schaltelemente betrachtet werden. Dabei wird von einem sich sinusförmig ändernden Quellenstrom ausgegangen.

(6.4.1) $i = \hat{\imath} \cos(\omega t + \varphi)$.

Demzufolge ändert sich die am ohmschen Widerstand R abfallende Spannung ebenfalls rein sinusförmig.

(6.4.2) $u_R = R\,\hat{\imath} \cos(\omega t + \varphi) = \hat{u}_R \cos(\omega t + \varphi)$.

Anstelle der Augenblickswerte i und u_R werden jetzt die komplexen Schwingungen $\sqrt{2} \cdot \underline{I} \cdot e^{j\omega t}$ und $\sqrt{2} \cdot \underline{U}_R \cdot e^{j\omega t}$ eingeführt. Gl. (6.4.2) läßt sich damit wie folgt formulieren:

(6.4.3) $\sqrt{2}\,\underline{U}_R\, e^{j\omega t} = \sqrt{2}\,R\,\underline{I}\,e^{j\omega t}$.

Wird durch den Zeitfaktor $e^{j\omega t}$ und den Faktor $\sqrt{2}$ gekürzt, so folgt

(6.4.4) $\underline{U}_R = R\,\underline{I}$.

Der Effektivwertzeiger der Widerstandsspannung ergibt sich also durch Multiplikation des Effektivwertzeigers des Widerstandsstromes mit R. Da R reell ist, wird $\underline{U}_R$ durch eine Streckung von $\underline{I}$ um den Faktor R (Bild 6.4.1) gewonnen. Wegen unterschiedlicher Dimensionen dürften $\underline{U}_R$ und $\underline{I}$ nicht in einer Ebene aufgetragen werden. Um jedoch die gegenseitige Lage der Effektivwertzeiger zu veranschaulichen, wurden beide in ein Diagramm eingezeichnet.

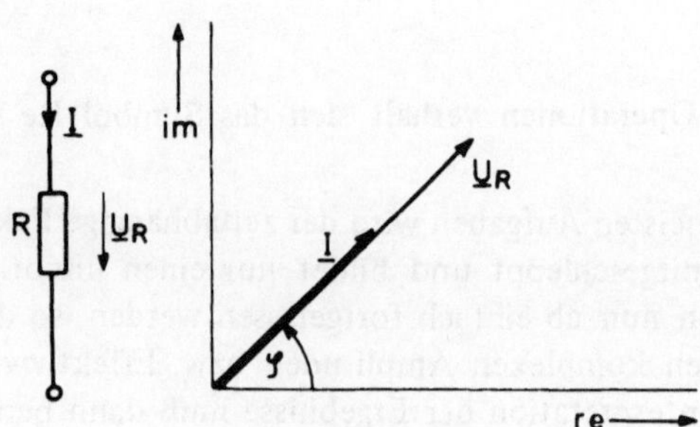

Bild 6.4.1

Als nächstes soll der Zusammenhang zwischen Strom und Spannung am Kondensator betrachtet werden. Wird der sinusförmige Quellenstrom im Augenblick seines maximalen Wertes an einen ungeladenen Kondensator der Kapazität C geschaltet, so fällt an diesem eine Spannung

$$u_C = \frac{1}{C}\int \hat{\imath}\cos(\omega t+\varphi)\,dt = \frac{\hat{\imath}}{\omega C}\sin(\omega t+\varphi) = \frac{\hat{\imath}}{\omega C}\cos\left(\omega t+\varphi-\frac{\pi}{2}\right) \tag{6.4.5}$$

$$= \hat{u}_C\cos\left(\omega t+\varphi-\frac{\pi}{2}\right)$$

ab, die sich wieder sinusförmig ändert. Die Augenblickswerte i und u_C werden durch die komplexen Schwingungen $\sqrt{2}\cdot\underline{I}\cdot e^{j\omega t}$ und $\sqrt{2}\cdot\underline{U}_C\cdot e^{j\omega t}$ ersetzt. Auf Grund der Definition $u_C = \frac{1}{C}\int i\cdot dt$ und der Beziehung in Gl. (6.3.8) folgt sodann

$$\sqrt{2}\,\underline{U}_C\,e^{j\omega t} = \frac{1}{C}\int\sqrt{2}\,\underline{I}\,e^{j\omega t}\,dt = \frac{1}{j\omega C}\sqrt{2}\,\underline{I}\,e^{j\omega t}. \tag{6.4.6}$$

Wiederum werden der Faktor $\sqrt{2}$ und der Zeitfaktor $e^{j\omega t}$ herausgekürzt.

$$\underline{U}_C = \frac{1}{j\omega C}\,\underline{I}. \tag{6.4.7}$$

Der Effektivwertzeiger der Kondensatorspannung ist dem um den Faktor $\frac{1}{\omega C}$ gestreckten und um den Winkel $\frac{\pi}{2}$ im negativen Sinne (arc $\frac{1}{j} = -\frac{\pi}{2}$) gedrehten Effektivwertzeiger des Kondensatorstromes gleich (Bild 6.4.2). Da die Zeiger $\underline{I}$ und $\underline{U}_C$ mit der Winkelgeschwindigkeit ω im Gegenuhrzeigersinn rotieren, zeigt Bild 6.4.2 nur eine Momentaufnahme zur Zeit t = 0. Die Kondensatorspannung eilt somit dem Kondensatorstrom um $\frac{\pi}{2}$ ($\hat{=}$ 90°) nach.

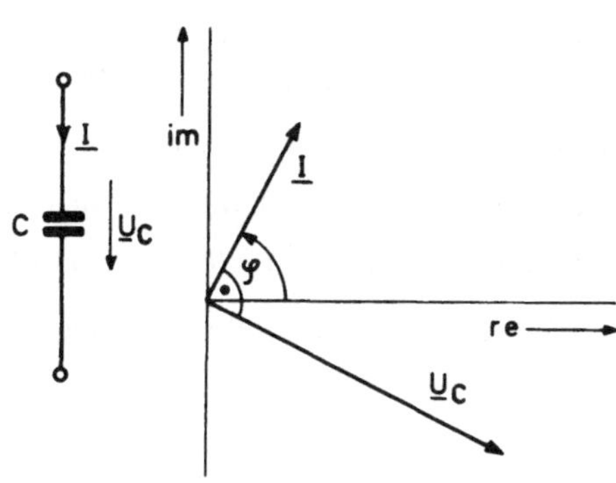

Bild 6.4.2

Für den Spannungsabfall an der Selbstinduktivität ergibt sich bei sinusförmigem Strom gemäß Gl. (6.4.1)

(6.4.8) $$u_L = L \frac{d}{dt} [\hat{i} \cos(\omega t + \varphi)] = -\omega L \hat{i} \sin(\omega t + \varphi)$$

$$= \omega L \hat{i} \cos(\omega t + \varphi + \frac{\pi}{2}) = \hat{u}_L \cos(\omega t + \varphi + \frac{\pi}{2}).$$

Die Spulenspannung ändert sich auch sinusförmig. Werden die Augenblickswerte i und u_L durch $\sqrt{2} \cdot \underline{I} \cdot e^{j\omega t}$ und $\sqrt{2} \cdot \underline{U}_L \cdot e^{j\omega t}$ dargestellt, so folgt wegen $u_L = L \cdot \frac{di}{dt}$ und Gl. (6.3.7)

(6.4.9) $$\sqrt{2}\,\underline{U}_L\, e^{j\omega t} = L \frac{d}{dt} (\sqrt{2}\,\underline{I}\, e^{j\omega t}) = j\omega L \sqrt{2}\,\underline{I}\, e^{j\omega t}.$$

Wird durch $e^{j\omega t}$ und $\sqrt{2}$ geteilt, so ergibt sich

(6.4.10) $$\underline{U}_L = j\omega L\, \underline{I}.$$

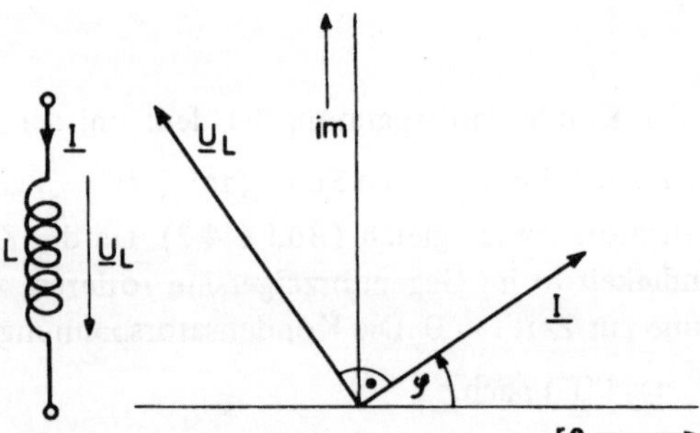

Bild 6.4.3

Der Effektivwertzeiger der Spulenspannung ist dem Produkt aus $j\omega L$ und dem Effektivwertzeiger des Spulenstromes gleich. Die Multiplikation von $\underline{I}$ mit $j\omega L$ bedeutet eine Streckung des Zeigers $\underline{I}$ um ωL und eine Drehung um $\frac{\pi}{2}$ im positiven Sinne (arc $j = \frac{\pi}{2}$). Die Zeiger $\underline{U}_L$ und $\underline{I}$ rotieren im positiven Sinne, so daß die Spulenspannung dem Spulenstrom um $\frac{\pi}{2}$ ($\hat{=}$ 90°) vorauseilt.

In der symbolischen Schreibweise der Effektivwertzeiger ergibt sich für die in Bild 6.4.4 gezeigte Schaltung das Spannungsgleichgewicht

$$\underline{U} = \underline{U}_R + \underline{U}_L + \underline{U}_C.$$

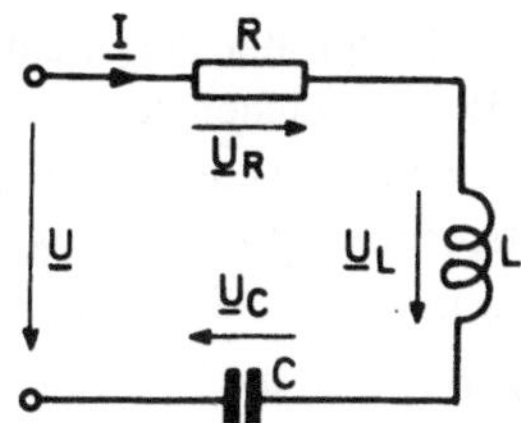

Bild 6.4.4

Wird in dieser Beziehung für die Widerstandsspannung Gl. (6.4.4), für die Spulenspannung Gl. (6.4.10) und für die Kondensatorspannung Gl. (6.4.7) verwendet, so folgt

(6.4.11) $$\underline{U} = R\underline{I} + j\omega L\,\underline{I} + \frac{1}{j\omega C}\,\underline{I}$$

oder, wenn $\underline{I}$ ausgeklammert wird,

(6.4.12) $$\underline{U} = (R + j\omega L + \frac{1}{j\omega C})\,\underline{I}\,.$$

Das entsprechende Zeigerdiagramm ist in Bild 6.4.5 zu sehen. Bei der Konstruktion wurde davon ausgegangen, daß der Strom durch den Effektivwertzeiger $\underline{I} = I \cdot e^{j\varphi_i}$ gegeben ist. Die Einzelspannungen $\underline{U}_R$, $\underline{U}_L$ und $\underline{U}_C$ ergeben sich aus $\underline{I}$ durch entsprechende Drehstreckung, d.h. durch Multiplikation mit R, $j\omega L$ und $\frac{1}{j\omega C}$.

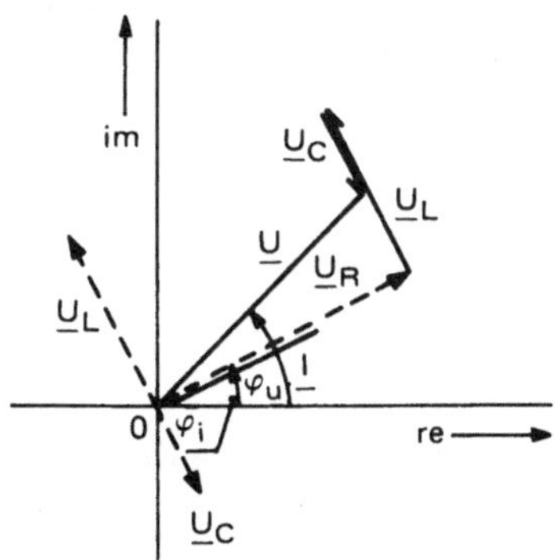

Bild 6.4.5

Die vektorielle Addition der Zeiger $\underline{U}_R$, $\underline{U}_L$ und $\underline{U}_C$ liefert als Summe den Effektivwertzeiger $\underline{U}$ der Gesamtspannung. Die Länge des Zeigers $\underline{U}$ entspricht dem Scheitelwert û, der Winkel zwischen $\underline{U}$ und der reellen Achse der Phase φ_u der Summen-

spannung. Um die einzelnen Wechselgrößen aus dem Zeigerbild abzuleiten, wird angenommen, daß alle Zeiger mit der gleichen Kreisfrequenz ω im positiven Sinne rotieren. Die Lage der Zeiger zueinander ist also starr. Die Projektion der Zeiger auf die reelle Achse liefert die entsprechenden Wechselgrößen, vorausgesetzt, daß der als gegeben angenommene Strom mit Re $\{\sqrt{2} \cdot \underline{I} \cdot e^{j\omega t}\}$ übereinstimmt.
Der Faktor $(R + j\omega L + \frac{1}{j\omega C})$ in Gl. (6.4.12) ist eine komplexe Größe, die die Dimension eines Widerstandes (Ω) haben muß. Daher werden künftig komplexe Größen mit der Dimension eines Widerstandes als *komplexe Widerstände* bezeichnet und zu ihrer Darstellung das Symbol $\underline{Z}$ verwendet. In Gl. (6.4.12) hat der komplexe Widerstand z.B. den Wert

$$(6.4.13) \qquad \underline{Z} = R + j\omega L + \frac{1}{j\omega C} \; .$$

Damit erhält Gl. (6.4.12) die Form

$$(6.4.14) \qquad \underline{U} = \underline{Z}\,\underline{I} \, ,$$

die dem Ohmschen Gesetz entspricht.
Durch die Einführung eines komplexen Widerstandes lassen sich die Berechnungen bei Wechselstromkreisen wie die bei Gleichstromkreisen durchführen. Der komplexe Widerstand ist als Quotient der komplexen Amplituden von Spannung und Strom definiert. Vielfach wird

$$(6.4.15) \qquad \underline{Z} = \frac{\underline{U}}{\underline{I}} = |\underline{Z}| \; e^{j \operatorname{arc} \underline{Z}}$$

als *Impedanz* oder *Scheinwiderstand* bezeichnet. Betragsmäßig gilt

$$|\underline{Z}| = \frac{|\underline{U}|}{|\underline{I}|} = \frac{U}{I} \; .$$

Die Phase von $\underline{Z}$ ist der Phasendifferenz von Spannung und Strom gleich.

$$\operatorname{arc} \underline{Z} = \operatorname{arc} \underline{U} - \operatorname{arc} \underline{I} \, .$$

Die Impedanz $\underline{Z}$ kann auch durch rechtwinklige Koordinaten dargestellt werden.

$$(6.4.16) \qquad \underline{Z} = R + j\,X \, .$$

Für R sind die Bezeichnungen *Wirkwiderstand* oder *Resistanz* eingeführt, für X die Namen *Blindwiderstand* oder *Reaktanz.* Soll die eine Form (Gl. (6.4.15)) in die andere (Gl. (6.4.16)) umgerechnet werden, so ergibt sich

$$|\underline{Z}| = +\sqrt{R^2 + X^2} \quad \text{und} \quad \text{arc}\, \underline{Z} = \arctan \frac{X}{R} \,.$$

Der Kehrwert der Impedanz

$$(6.4.17) \qquad \underline{Y} = \frac{1}{\underline{Z}} = \frac{\underline{I}}{\underline{U}} = |\underline{Y}|\, e^{j\, \text{arc}\, \underline{Y}}$$

heißt *komplexer Leitwert, Admittanz* oder *Scheinleitwert*. Der Betrag von $\underline{Y}$ ist

$$|\underline{Y}| = \frac{1}{|\underline{Z}|} = \frac{|\underline{I}|}{|\underline{U}|} = \frac{I}{U} \,,$$

und die Phase der Admittanz

$$\text{arc}\, \underline{Y} = \text{arc}\, \underline{I} - \text{arc}\, \underline{U} = -\,\text{arc}\, \underline{Z}$$

ist der negativen Phase der Impedanz $\underline{Z}$ gleich. Der komplexe Leitwert läßt sich ebenfalls in rechtwinkligen Koordinaten darstellen.

$$(6.4.18) \qquad \underline{Y} = G + jB \,.$$

Hierin wird G mit *Wirkleitwert* oder *Konduktanz* und B mit *Blindleitwert* oder *Suszeptanz* bezeichnet. Es gelten die folgenden Umrechnungsformeln

$$|\underline{Y}| = +\sqrt{G^2 + B^2} \quad \text{und} \quad \text{arc}\, \underline{Y} = \arctan \frac{B}{G} \,.$$

Im besonderen ist die Impedanz eines ohmschen Widerstandes wegen $\underline{Z} = R$ reell. Demnach beträgt der Leitwert $\underline{Y} = \frac{1}{R} = G$. Bei der (idealen) Spule und dem (idealen) Kondensator sind die Impedanzen imaginär, dementsprechend auch die Admittanzen. Im einzelnen betragen der Spulenwiderstand $\underline{Z} = j\omega L$, der Spulenleitwert $\underline{Y} = \frac{1}{j\omega L}$, der Kondensatorwiderstand $\underline{Z} = \frac{1}{j\omega C}$, und der Kondensatorleitwert $\underline{Y} = j\omega C$.

Ein rein ohmscher Widerstand ist frequenzunabhängig. Die Impedanz einer idealen Spule wächst betragsmäßig linear mit der Frequenz an, während der Betrag der Impedanz eines idealen Kondensators der Frequenz umgekehrt proportional ist. In Bild 6.4.6 ist das Frequenzverhalten der einzelnen Elemente skizziert.

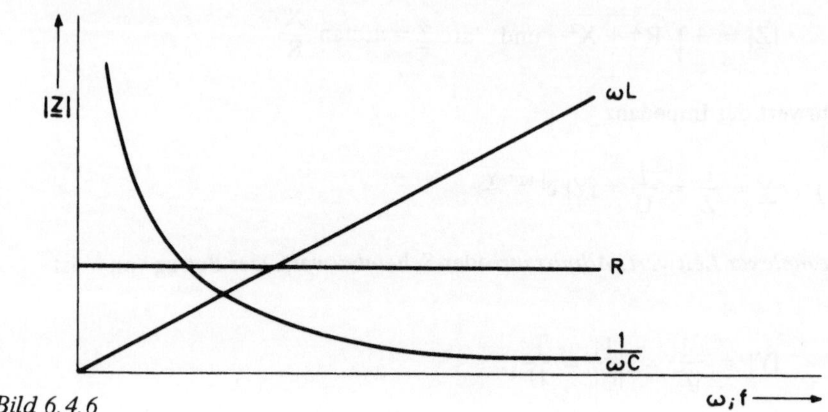

Bild 6.4.6

6.4.1 Serienschaltung komplexer Widerstände

Durch die beiden Widerstände $\underline{Z}_1$ und $\underline{Z}_2$ (Bild 6.4.1.1) fließt ein Strom $\underline{I}$. Dieser ruft am Widerstand $\underline{Z}_1$ eine Spannung $\underline{U}_1 = \underline{Z}_1 \cdot \underline{I}$ und am Widerstand $\underline{Z}_2$ eine Spannung $\underline{U}_2 = \underline{Z}_2 \cdot \underline{I}$ hervor. Die Gesamtspannung, die an der Serienschaltung von $\underline{Z}_1$ und $\underline{Z}_2$ abfällt, ist der Summe der Einzelspannungen gleich, also

(6.4.1.1) $$\underline{U} = \underline{U}_1 + \underline{U}_2 = \underline{Z}_1 \underline{I} + \underline{Z}_2 \underline{I} = (\underline{Z}_1 + \underline{Z}_2)\,\underline{I}\,.$$

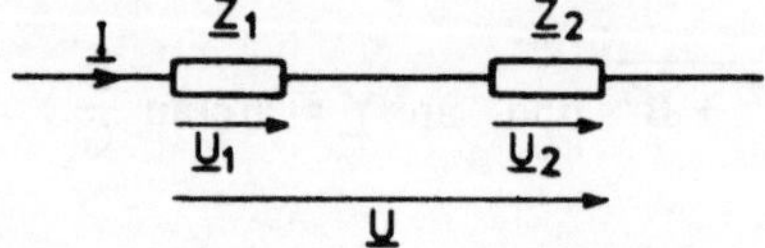

Bild 6.4.1.1

Der Widerstand $\underline{Z}$ der Serienschaltung ist als Quotient von Gesamtspannung und Strom definiert. Hieraus folgt

(6.4.1.2) $$\underline{Z} = \underline{Z}_1 + \underline{Z}_2\,.$$

Bei der Bestimmung des Leitwertes der Serienschaltung wird von Gl. (6.4.1.2) ausgegangen.

(6.4.1.3) $$\frac{1}{\underline{Y}} = \frac{1}{\underline{Y}_1} + \frac{1}{\underline{Y}_2} = \frac{\underline{Y}_1 + \underline{Y}_2}{\underline{Y}_1\,\underline{Y}_2}\,.$$

Bilden des Kehrwerts führt zu

(6.4.1.4) $$\underline{Y} = \frac{\underline{Y}_1\,\underline{Y}_2}{\underline{Y}_1 + \underline{Y}_2}\,.$$

Bei n hintereinandergeschalteten komplexen Widerständen beträgt der Gesamtwiderstand der Anordnung

(6.4.1.5) $$\underline{Z} = \underline{Z}_1 + \underline{Z}_2 + \ldots + \underline{Z}_i + \ldots + \underline{Z}_n = \sum_{i=1}^{n} \underline{Z}_i\,.$$

6.4.2 Parallelschaltung komplexer Leitwerte

An beiden Leitwerten $\underline{Y}_1$ und $\underline{Y}_2$ (Bild 6.4.2.1) liegt die gleiche Spannung an. Der Strom $\underline{I}$ teilt sich in einen Strom $\underline{I}_1 = \underline{Y}_1 \cdot \underline{U}$ und einen Strom $\underline{I}_2 = \underline{Y}_2 \cdot \underline{U}$ auf. Folglich gilt

(6.4.2.1) $$\underline{I} = \underline{I}_1 + \underline{I}_2 = \underline{Y}_1\underline{U} + \underline{Y}_2\underline{U} = (\underline{Y}_1 + \underline{Y}_2)\,\underline{U}\,.$$

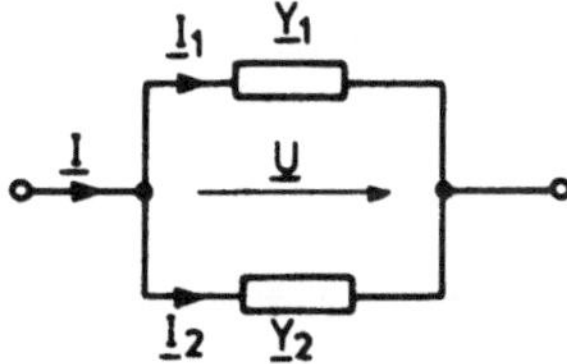

Bild 6.4.2.1

Der Gesamtleitwert $\underline{Y}$ der Anordnung ergibt sich aus der Division von $\underline{I}$ durch $\underline{U}$, so daß

(6.4.2.2) $$\underline{Y} = \underline{Y}_1 + \underline{Y}_2$$

ist. Der Gesamtwiderstand der Anordnung entspricht dem Kehrwert von $\underline{Y}$

(6.4.2.3) $$\underline{Z} = \frac{1}{\underline{Y}} = \frac{1}{\underline{Y}_1 + \underline{Y}_2} = \frac{1}{\frac{1}{\underline{Z}_1} + \frac{1}{\underline{Z}_2}} = \frac{\underline{Z}_1\,\underline{Z}_2}{\underline{Z}_1 + \underline{Z}_2}\,.$$

Für den Fall, daß n Leitwerte parallelgeschaltet sind, ergibt sich als Admittanz der Parallelschaltung

(6.4.2.4) $$\underline{Y} = \underline{Y}_1 + \underline{Y}_2 + \ldots + \underline{Y}_i + \ldots + \underline{Y}_n = \sum_{i=1}^{n} \underline{Y}_i \,.$$

6.5 Ortskurven

Die Impedanz einer verlustbehafteten Spule betrage für eine bestimmte Kreisfrequenz ω_1

$$\underline{Z}_1 = R + j\,\omega_1 L\,.$$

In der komplexen Widerstandsebene läßt sich $\underline{Z}_1$ als Zeiger mit den rechtwinkligen Komponenten R und $\omega_1 L$ darstellen (Bild 6.5.1). Wird die Frequenz auf den doppelten Betrag ($\omega_2 = 2 \cdot \omega_1$) erhöht, so nimmt der Blindwiderstand der Spule ebenfalls auf den doppelten Wert zu. Die zu ω_2 gehörende Impedanz ist durch den Zeiger $\underline{Z}_2$ veranschaulicht. Indem die Frequenz weiter variiert und zu jedem ω_i die entsprechende Impedanz der Spule $\underline{Z}_i$ in die Widerstandsebene eingezeichnet wird, ergibt sich eine Schar von Zeigern, deren Endpunkte alle auf einem zur positiven imaginären Achse parallel verlaufenden Strahl liegen. Dieser Strahl wird als die *Ortskurve* der Spulenimpedanz bezeichnet.

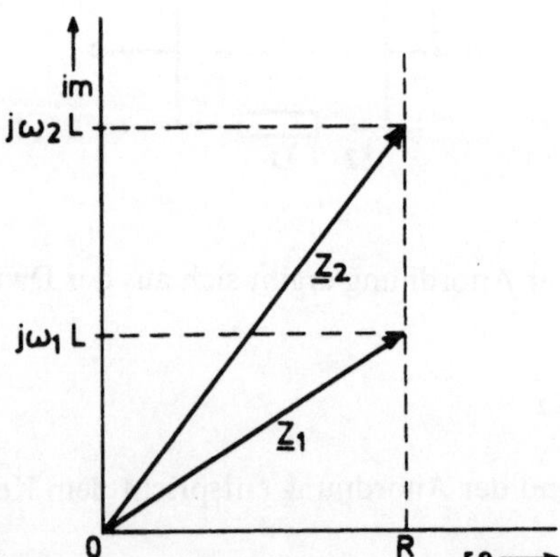

Bild 6.5.1

Allgemein ist die Ortskurve eines Zeigers $\underline{A}$ der geometrische Ort der Zeigerspitze, wenn der reelle Parameter λ, von dem der Zeiger abhängt, verändert wird.
In Bild 6.5.2 ist die Ortskurve für die Spulenimpedanz $\underline{Z}$ gezeigt. Diese Kurve ist zugleich mit einer Skala der Kreisfrequenz versehen.
Der Scheinleitwert der Spule folgt aus

$$\underline{Y} = \frac{1}{\underline{Z}} = \frac{1}{R + j\omega L}.$$

Wird von der Komponentendarstellung zur Schreibweise

$$\underline{Z} = |\underline{Z}|\, e^{j \operatorname{arc} \underline{Z}}$$

übergegangen, so folgt

$$\underline{Y} = \frac{1}{|\underline{Z}|\, e^{j \operatorname{arc} \underline{Z}}} = \frac{1}{|\underline{Z}|}\, e^{-j \operatorname{arc} \underline{Z}} = |\underline{Y}|\, e^{j \operatorname{arc} \underline{Y}}.$$

Betrag und Phase des $\underline{Y}$-Zeigers ergeben sich demnach aus

$$\frac{1}{|\underline{Z}|} = |\underline{Y}| \quad \text{oder} \quad |\underline{Z}|\,|\underline{Y}| = 1 \qquad \text{und} \qquad \operatorname{arc} \underline{Z} = -\operatorname{arc} \underline{Y}.$$

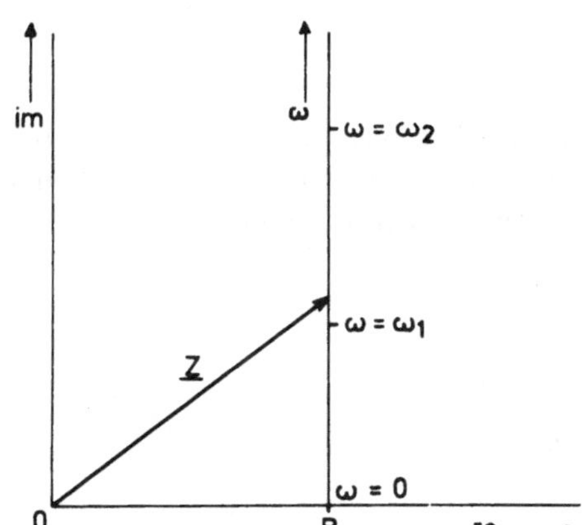

Bild 6.5.2

Bei der Konstruktion von Ortskurven komplizierter Wechselstromschaltungen z.B. wird teils mit Impedanzen gerechnet, wenn es sich um Serienschaltungen handelt, teils mit Admittanzen, wenn es sich um Parallelschaltungen handelt. Auf diese Weise werden Impedanzen in Admittanzen und Admittanzen in Impedanzen zu überführen sein. Bei diesen Transformationen gilt für die Beträge stets die grundlegende Beziehung

(6.5.1) $\quad r\, r' = 1.$

Stellt die Größe r hierin z.B. den Betrag einer $\left\{\begin{matrix}\text{Impedanz}\\ \text{Admittanz}\end{matrix}\right\}$ dar, so entspricht r' dem Betrag der entsprechenden $\left\{\begin{matrix}\text{Admittanz}\\ \text{Impedanz}\end{matrix}\right\}$. Eine derartige Transformation wird als *Inversion* in bezug auf den Einheitskreis bezeichnet. Dabei werden durch die Inversion alle Punkte P innerhalb des Einheitskreises – ihr Abstand vom Kreismittelpunkt 0 beträgt $r < 1$ – in Punkte P' außerhalb des Einheitskreises – mit dem Abstand $r' > 1$ von 0 – abgebildet und umgekehrt. Der Kreismittelpunkt, der abzubildende Punkt und der Bildpunkt liegen hierbei auf einer Geraden. Im besonderen aber werden durch die Inversion

I	eine Gerade durch 0	in	eine Gerade durch 0
II	{eine Gerade, die nicht durch 0 verläuft,}	in	einen Kreis durch 0
III	ein Kreis durch 0	in	{eine Gerade, die nicht durch 0 geht}
IV	{ein Kreis, der nicht durch 0 verläuft,}	in	{einen Kreis, der nicht durch 0 geht,}

abgebildet. Diese vier Behauptungen lassen sich geometrisch recht einfach beweisen. Die Behauptung I ist trivial. Aus Bild 6.5.3 folgt laut Definition der Inversion $\overline{0P} \cdot \overline{0P'} = 1$. Jeder auf der durch 0 und P verlaufenden Geraden liegende Punkt wird in einen Punkt auf dieser Geraden abgebildet.

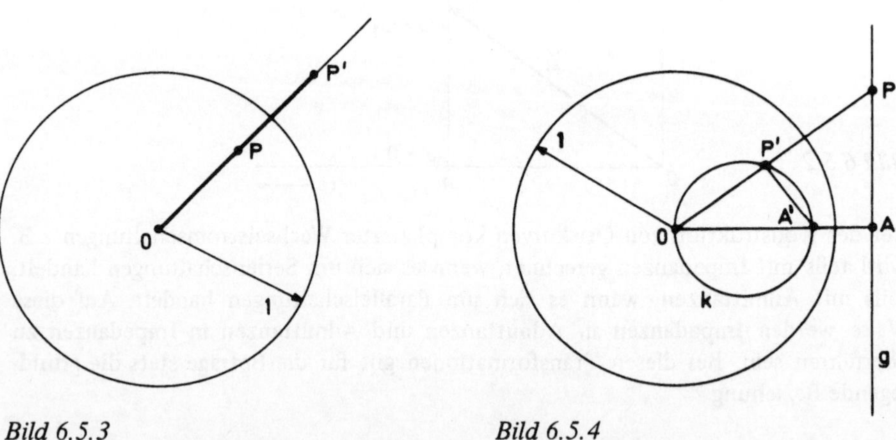

Bild 6.5.3 *Bild 6.5.4*

Die Behauptung II läßt sich mit Hilfe von Bild 6.5.4 beweisen. Die Gerade g verläuft nicht durch 0. Für den Bildpunkt A' von A (Fußpunkt des Lotes von 0 auf g) gilt $\overline{0A} \cdot \overline{0A'} = 1$. Ebenso erfüllt der Bildpunkt P' von P die Bedingung $\overline{0P} \cdot \overline{0P'} = 1$.

Hieraus folgt das Verhältnis

$$\frac{\overline{0P}}{\overline{0A}} = \frac{\overline{0A'}}{\overline{0P'}} .$$

Demnach sind die Dreiecke 0A'P' und 0PA ähnlich. Weil der Winkel 0AP ein rechter Winkel ist, muß der Winkel 0P'A' ebenfalls ein rechter Winkel sein. An all diesem ändert sich nichts, wenn die Lage des Punktes P auf g variiert wird. Für jeden Bildpunkt P' muß also der über der Strecke $\overline{0A'}$ errichtete Winkel 0P'A' ein rechter Winkel sein. Diese Bedingung ist erfüllt, wenn P' auf dem Kreis k (Durchmesser $\overline{0A'}$) liegt. Damit ist die Behauptung II bewiesen.

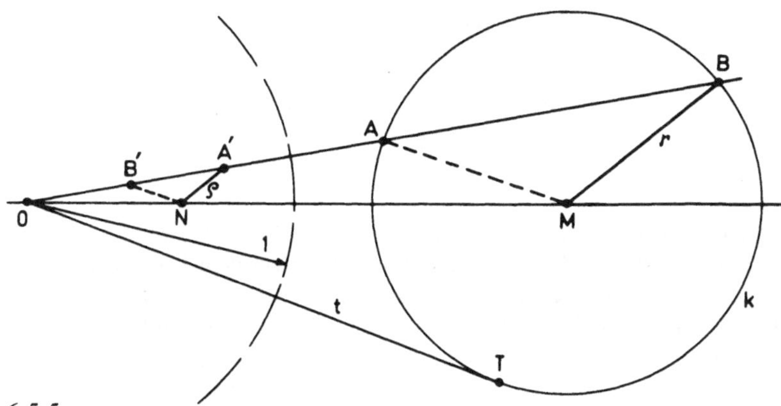

Bild 6.5.5

Da die Inversion eine eindeutige Transformation ist, wird umgekehrt der Kreis k in die Gerade g abgebildet. Damit ist die Behauptung III ebenfalls bewiesen.
Zum Beweis von Behauptung IV wird von Bild 6.5.5 ausgegangen. Gesucht ist die Abbildung des Kreises k (Mittelpunkt M, Radius r). Ein Teil der Peripherie des Einheitskreises ist gestrichelt gezeichnet. Von 0 wird eine Gerade gezogen, die den Kreis k in den Punkten A und B schneidet. Die entsprechenden Bildpunkte A' und B' ergeben sich auf Grund der Beziehungen

(a) $\overline{0A} \cdot \overline{0A'} = 1$ und (b) $\overline{0B} \cdot \overline{0B'} = 1$.

Einer elementaren Kreiseigenschaft zufolge ist

(c) $\overline{0A} \cdot \overline{0B} = \overline{0T}^2 = t^2$.

Wird noch eine Parallele zu $\overline{BM}$ durch A' gezogen, so ergibt sich der Punkt N auf der durch 0 und M festgelegten Geraden. Die Division von Gl. (a) durch Gl. (c) führt auf

(d) $$\frac{\overline{0A'}}{\overline{0B}} = \frac{1}{\overline{0T}^2} = \frac{1}{t^2} .$$

Andererseits ist wegen der Ähnlichkeit der Dreiecke 0A'N und 0BM mit $\overline{A'N} = \rho$ und $\overline{BM} = r$

(e) $$\frac{\overline{0A'}}{\overline{0B}} = \frac{\rho}{r} = \frac{\overline{0N}}{\overline{0M}}, \quad \text{also} \quad \frac{\overline{0A'}}{\overline{0B}} = \frac{1}{t^2} = \frac{\rho}{r} = \frac{\overline{0N}}{\overline{0M}} .$$

Wird jetzt Gl. (b) durch Gl. (c) dividiert, so ergibt sich

(f) $$\frac{\overline{0B'}}{\overline{0A}} = \frac{1}{\overline{0T}^2} = \frac{1}{t^2} = \frac{\rho}{r} = \frac{\overline{0N}}{\overline{0M}} .$$

Hieraus folgt, daß $\overline{B'N}$ ebenfalls gleich ρ ist. Da ferner für den Kreis k sowohl t als auch r konstant sind, haben unabhängig von der Lage der Punkte A, B auf k ihre Bildpunkte A', B' von N den gleichen Abstand ρ. Sie liegen also auf einem Kreis. Damit ist auch die Behauptung IV bewiesen.

Die Inversion in bezug auf den Einheitskreis berücksichtigt bei der Konstruktion der Kehrwerte komplexer Größen – Invertierung von Ortskurven – nur die Beträge. Bei der Invertierung einer Ortskurve ist aber auch die Phasenbeziehung zu berücksichtigen. Schließt der Zeiger $\underline{A}$ mit der reellen Achse der komplexen Ebene den Winkel arc $\underline{A} = \alpha$ ein, so gilt für den Kehrwert arc $\underline{A}^{-1} = -\alpha$. Bei der Invertierung von Ortskurven muß also wie folgt vorgegangen werden: Zunächst wird die gegebene Ortskurve an der reellen Achse gespiegelt. Damit wird die Phasenbeziehung berücksichtigt. Anschließend wird dann die reelle Inversion in bezug auf den Einheitskreis durchgeführt.

Für die Konstruktion inverser Punkte wird von Bild 6.5.6 ausgegangen. Der Abstand $\overline{0P}$ sei gleich r, der Abstand $\overline{0P'}$ gleich r'.

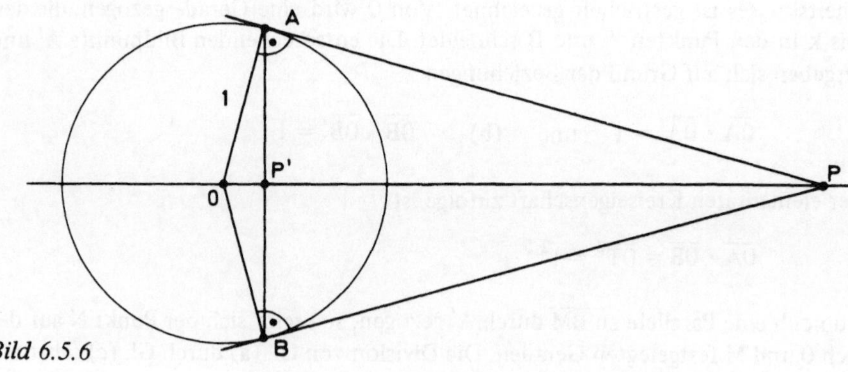

Bild 6.5.6

Auf Grund der Ähnlichkeit der Dreiecke 0AP (0BP) und 0P'A (0P'B) ergibt sich sofort

$$\frac{\overline{0P'}}{1} = \frac{1}{\overline{0P}} \qquad \text{oder} \qquad r\,r' = 1.$$

Ist jetzt P gegeben, so müssen, um P' zu finden, die Tangenten von P an den Einheitskreis konstruiert werden. Die Verbindung $\overline{AB}$ der Berührungspunkte A und B schneidet die durch 0 und P verlaufende Gerade im gesuchten Punkt P'.
Umgekehrt, wenn P' gegeben ist, wird auf der durch 0 und P' gehenden Geraden in P' die Senkrechte errichtet, deren Schnittpunkte A und B mit dem Einheitskreis mit 0 verbunden werden. Auf $\overline{0A}$ ($\overline{0B}$) wird sodann in A (B) die Senkrechte errichtet, deren Schnittpunkt mit der durch 0 und P' verlaufenden Geraden den zu P' inversen Punkt P ergibt.

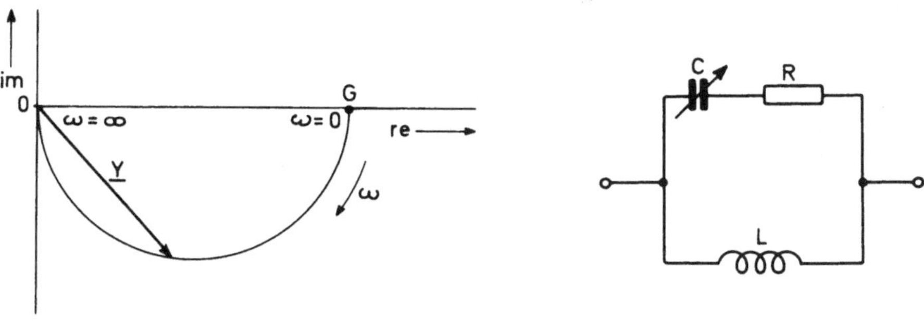

Bild 6.5.7 *Bild 6.5.8*

Nun kann die Ortskurve des Scheinleitwertes aus der Ortskurve des Scheinwiderstandes (Bild 6.5.2) abgeleitet werden. Dabei ist bekannt, daß eine Gerade, die nicht durch 0 geht, durch Inversion in einen Kreis durch 0 übergeführt wird. Zunächst wird das Lot von 0 auf die Ortskurve des Scheinwiderstandes gefällt. Die Länge des Lotes (R) entspricht dem Minimalbetrag der Impedanz. Der Kehrwert dieses Minimalbetrages ergibt den Maximalbetrag des Scheinleitwertes (G) und ist zugleich der Durchmesser der gesuchten halbkreisförmigen Ortskurve (Bild 6.5.7) des Scheinleitwertes für variable Frequenz.
In der Schaltung von Bild 6.5.8 soll bei einer festen Frequenz ω die Kapazität C variiert werden. Die zugehörige Ortskurve des Scheinwiderstandes soll konstruiert werden. Am zweckmäßigsten wird dabei vom Leitwert des Kondensators $j\omega C$ ausgegangen. Dieser wächst linear mit der Kapazität C (Bild 6.5.9a). Durch Inver-

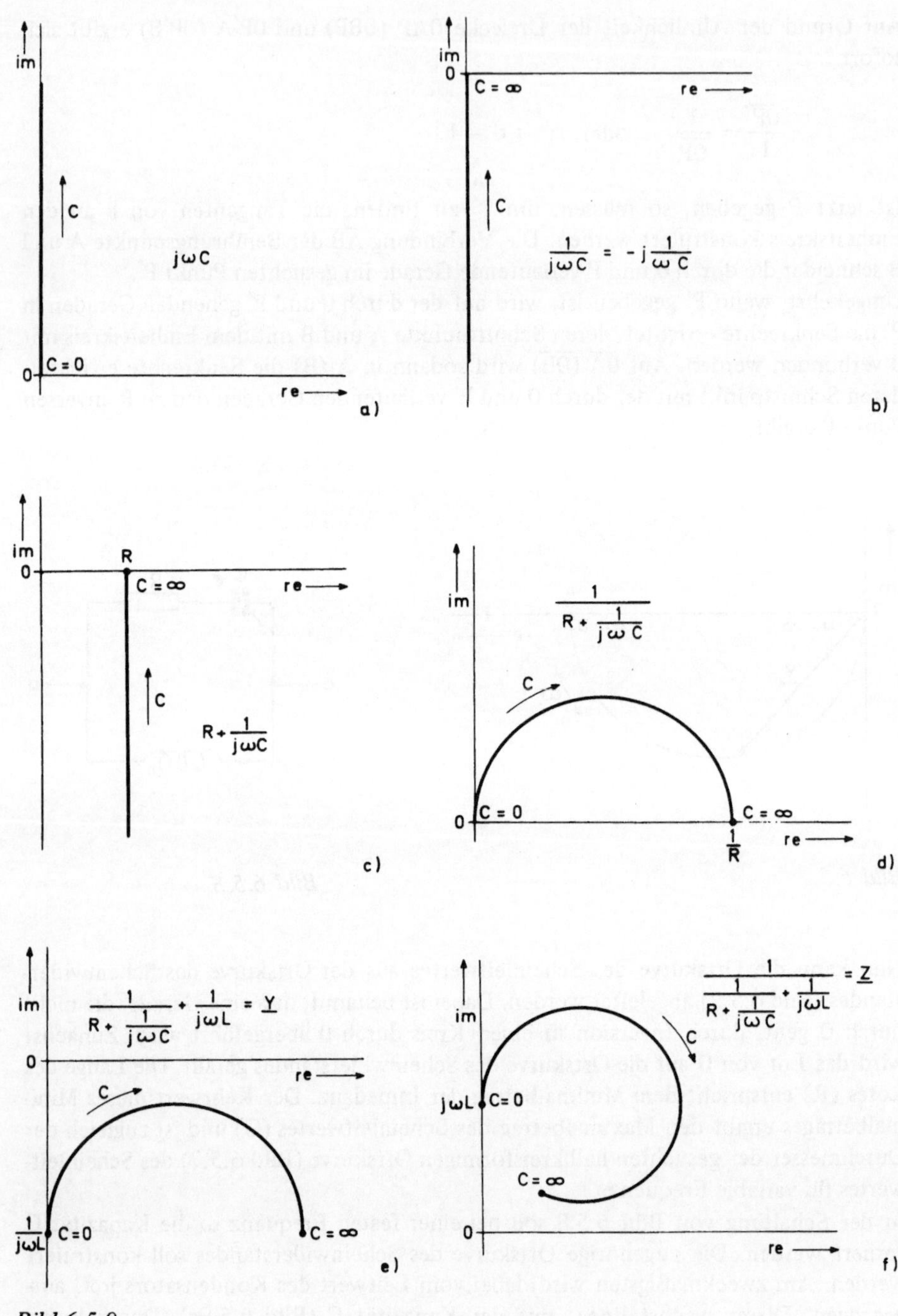

im
C
jωC
C=0
re
a)
im
0
C = ∞
re
C
$\frac{1}{j\omega C} = -j\frac{1}{\omega C}$
b)
im
0
R
C = ∞
re
C
$R + \frac{1}{j\omega C}$
c)
im
$\frac{1}{R + \frac{1}{j\omega C}}$
C
C = 0
C = ∞
$\frac{1}{R}$
re
d)
im
$\frac{1}{R + \frac{1}{j\omega C}} + \frac{1}{j\omega L} = \underline{Y}$
0
C
re
$\frac{1}{j\omega L}$
C=0
C = ∞
e)
im
$\frac{1}{\frac{1}{R + \frac{1}{j\omega C}} + \frac{1}{j\omega L}} = \underline{Z}$
C
jωL
C=0
C = ∞
0
re
f)

Bild 6.5.9

sion der Ortskurve des Leitwertes (Gerade* durch 0) ergibt sich die Ortskurve der Kondensatorreaktanz (Gerade durch 0) in Bild 6.5.9b. Sodann wird der Wirkwiderstand R (Bild 6.5.9c) addiert. Bei Parallelschaltungen ist es zweckmäßiger, mit Admittanzen zu rechnen. Die Invertierung der Ortskurve in Bild 6.5.9c (Gerade, die nicht durch 0 geht) liefert die Ortskurve für den Leitwert der R-C-Kombination (Kreis, der durch 0 geht, in Bild 6.5.9d). Hierzu wird der Spulenleitwert $\frac{1}{j\omega L}$ addiert (Bild 6.5.9e). Der Gesamtleitwert (Kreis, der nicht durch 0 geht) muß schließlich invertiert werden, um die Ortskurve des Scheinwiderstandes der Anordnung (Kreis, der nicht durch 0 geht) zu erhalten (Bild 6.5.9f).

6.6 Frequenzbereiche technischer Wechselspannungen

Die Tabelle 6.6.1 gibt einen Überblick über die Frequenzbereiche von Wechselspannungen mit den entsprechenden wichtigen technischen Anwendungen (s.S. 170).

6.7 Wechselstrommeßbrücken

Es wird nun die in Bild 6.7.1 dargestellte Brückenschaltung betrachtet, deren Zweige aus den Wechselstromwiderständen $\underline{Z}_1$, $\underline{Z}_2$, $\underline{Z}_3$, $\underline{Z}_4$ und $\underline{Z}_5$ bestehen. Diese Schaltung wird hauptsächlich zu Meßzwecken verwendet, indem die Tatsache ausgenutzt wird, daß der Brückenzweig 1–2 mit dem komplexen Widerstand $\underline{Z}_5$ unter bestimmten Bedingungen stromlos ($\underline{I}_5 = 0$) werden kann. Stromlosigkeit des

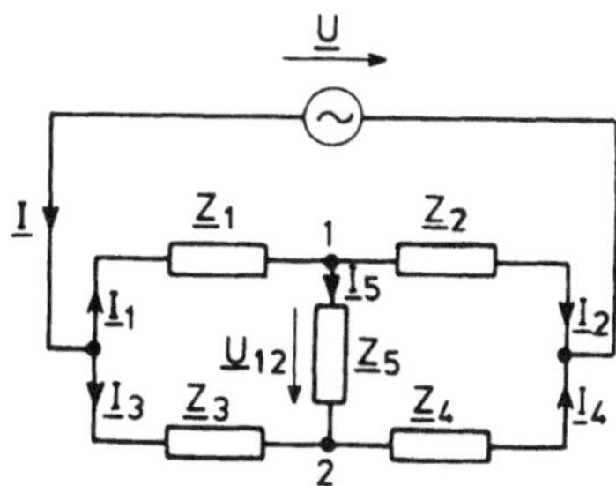

Bild 6.7.1

* Hier liegt nur eine „Teilgerade" vor, da negative C nicht definiert sind. Dementsprechend kommen bei den Inversionen auch nur wieder „Teilgeraden" und „Teilkreise" vor.

Tabelle 6.6.1: Frequenz- und Anwendungsbereiche von Wechselspannungen

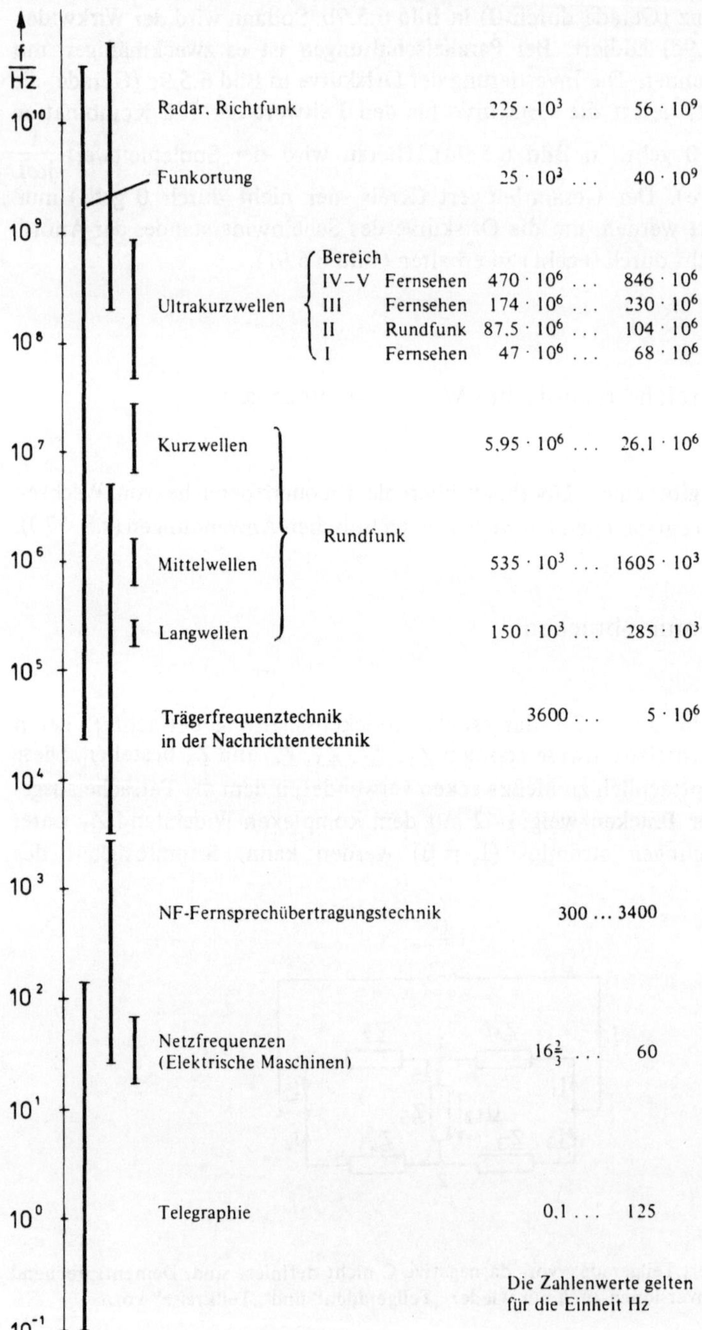

Anwendung	Bereich		von		bis
Radar, Richtfunk			$225 \cdot 10^3$	...	$56 \cdot 10^9$
Funkortung			$25 \cdot 10^3$	...	$40 \cdot 10^9$
Ultrakurzwellen	IV–V	Fernsehen	$470 \cdot 10^6$	...	$846 \cdot 10^6$
	III	Fernsehen	$174 \cdot 10^6$	...	$230 \cdot 10^6$
	II	Rundfunk	$87{,}5 \cdot 10^6$	...	$104 \cdot 10^6$
	I	Fernsehen	$47 \cdot 10^6$	...	$68 \cdot 10^6$
Kurzwellen	Rundfunk		$5{,}95 \cdot 10^6$	...	$26{,}1 \cdot 10^6$
Mittelwellen	Rundfunk		$535 \cdot 10^3$	...	$1605 \cdot 10^3$
Langwellen	Rundfunk		$150 \cdot 10^3$	...	$285 \cdot 10^3$
Trägerfrequenztechnik in der Nachrichtentechnik			3600	...	$5 \cdot 10^6$
NF-Fernsprechübertragungstechnik			300	...	3400
Netzfrequenzen (Elektrische Maschinen)			$16\frac{2}{3}$	...	60
Telegraphie			0,1	...	125

Die Zahlenwerte gelten für die Einheit Hz

Brückenzweiges 1–2 impliziert aber, daß der Spannungsabfall an $\underline{Z}_5$ Null ist. Unter dieser Voraussetzung lassen sich die folgenden Beziehungen ableiten:

$$\underline{I}_1\underline{Z}_1 - \underline{I}_3\underline{Z}_3 = 0$$

$$\underline{I}_1\underline{Z}_2 - \underline{I}_3\underline{Z}_4 = 0.$$

Dieses lineare homogene Gleichungssystem hat nur dann Lösungen $\underline{I}_1 \neq 0$ und $\underline{I}_3 \neq 0$, wenn die Nennerdeterminante Null ist, wenn also gilt

$$\begin{vmatrix} \underline{Z}_1 & -\underline{Z}_3 \\ \underline{Z}_2 & -\underline{Z}_4 \end{vmatrix} = 0 \quad \text{bzw.} \quad \underline{Z}_1\underline{Z}_4 = \underline{Z}_2\underline{Z}_3\,. \tag{6.7.1}$$

Gl. (6.7.1) ist eine notwendige Bedingung dafür, daß die Brücke abgeglichen ist, also kein Brückenstrom fließt. Es wird jetzt noch gezeigt, daß diese Bedingung auch hinreichend ist. Dazu muß bewiesen werden, daß die Spannung $\underline{U}_{12}$ zwischen den Punkten 1 und 2 bei herausgetrenntem Brückenzweig ($\underline{Z}_5 = \infty$ und damit $\underline{I}_5 = 0$) im Abgleich Null ist. Es fällt dann an $\underline{Z}_2$ eine Spannung

$$\underline{U}_2 = \underline{U}\,\frac{\underline{Z}_2}{\underline{Z}_1 + \underline{Z}_2}$$

ab und entsprechend an $\underline{Z}_4$ eine Spannung

$$\underline{U}_4 = \underline{U}\,\frac{\underline{Z}_4}{\underline{Z}_3 + \underline{Z}_4}.$$

Die Differenz $\underline{U}_2 - \underline{U}_4$ stellt die Leerlaufspannung

$$\underline{U}_{12} = \underline{U}_l = \underline{U}\left(\frac{\underline{Z}_2}{\underline{Z}_1 + \underline{Z}_2} - \frac{\underline{Z}_4}{\underline{Z}_3 + \underline{Z}_4}\right) = \underline{U}\,\frac{\underline{Z}_2\underline{Z}_3 - \underline{Z}_1\underline{Z}_4}{(\underline{Z}_1 + \underline{Z}_2)(\underline{Z}_3 + \underline{Z}_4)} \tag{6.7.2}$$

zwischen den Klemmen 1–2 dar. Vorausgesetzt, daß $\underline{U} \neq 0$ ist, verschwindet $\underline{U}_l$ nur dann noch, wenn Gl. (6.7.1) erfüllt ist.

Wird jetzt bei einer abgeglichenen Brücke die Spannungsquelle mit dem Brückenwiderstand vertauscht, so ergeben sich für die neue Brücke dieselben Abgleichbedingungen. Die Schaltung in Bild 6.7.2 stimmt elektrisch gesehen mit der Schaltung in Bild 6.7.1 überein. Wird darin die Spannungsquelle durch den Brückenwiderstand ersetzt und umgekehrt, schließlich die Zeichnung noch um 90° im mathematisch positiven Sinne gedreht, so ergibt sich die Schaltung in Bild 6.7.3. Diese Brücke ist abgeglichen, wenn $\underline{Z}_2 \cdot \underline{Z}_3 = \underline{Z}_1 \cdot \underline{Z}_4$ ist, was identisch ist mit der Abgleichbedingung (Gl. (6.7.1)) der Brücke in Bild 6.7.1. Für eine abgeglichene Brücke ist es

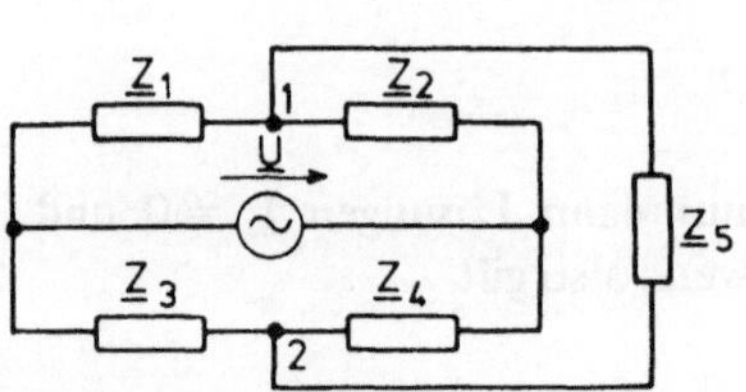

Bild 6.7.2

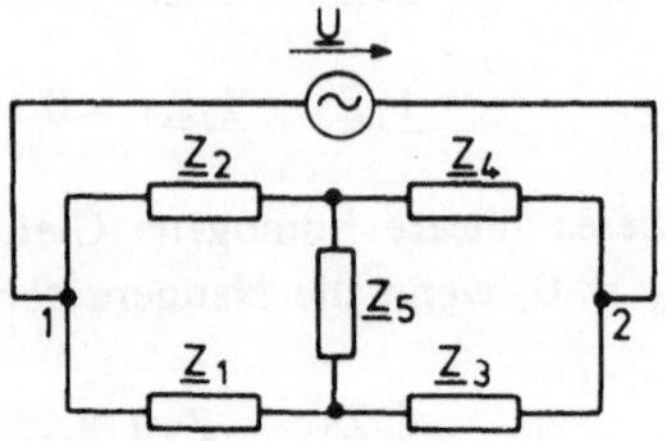

Bild 6.7.3

also vollkommen unerheblich, wenn Spannungsquelle und Brückenwiderstand $\underline{Z}_5$ (meistens ein Meßinstrument) vertauscht werden. In der Praxis kommt es allerdings auf die Empfindlichkeit der Brücke an, und da kann es sein, daß die Schärfe des Abgleichs bei der einen Schaltung größer ist als bei der anderen.
Die Gl. (6.7.1) mit den komplexen Größen $\underline{Z}_1$, $\underline{Z}_2$, $\underline{Z}_3$ und $\underline{Z}_4$ ist dann erfüllt, wenn entweder

Realteil = Realteil und Imaginärteil = Imaginärteil

ist – im kartesischen Koordinatensystem – oder wenn

Betrag = Betrag und Arcus = Arcus

ist – bei Verwendung von Polarkoordinaten. Beim Abgleich von Wechselstrommeßbrücken müssen im allgemeinen also zwei reelle Bedingungen erfüllt werden. Wenn $\underline{Z}_1$ eine unbekannte Impedanz ist, könnten $\underline{Z}_3$ und $\underline{Z}_4$ beliebige konstante Impedanzen sein. $\underline{Z}_2$ muß dann veränderlich sein, und zwar hinsichtlich seines Betrages und seiner Phase, um den Abgleich zu ermöglichen. Ausgehend von

$$|\underline{Z}_1| = |\underline{Z}_2| \frac{|\underline{Z}_3|}{|\underline{Z}_4|} \quad \text{und} \quad \varphi_1 = \varphi_2 + \varphi_3 - \varphi_4 .$$

werden $\underline{Z}_3$ und $\underline{Z}_4$ so gewählt, daß ihre Phasenwinkel gleich sind. Die Phasenbeziehung reduziert sich dann zu $\varphi_1 = \varphi_2$.
Im folgenden werden zwei Meßbrücken behandelt, die Frequenzmeßbrücke nach *Robinson* und die *Schering*-Brücke. Wenn es irgendwie durchführbar ist, wird die Frequenz f mit nur einer Abgleichbedingung gemessen; die zweite Abgleichbedingung muß dann bereits erfüllt sein. Es versteht sich von selbst, daß die Frequenz-

meßbrücke in einigen Zweigen frequenzabhängige Wechselstromwiderstände enthalten muß. Es sollen nach Möglichkeit Kondensatoren verwendet werden; diese können nämlich praktisch verlustfrei hergestellt werden. Zwei der Brückenwiderstände, $\underline{Z}_3$ und $\underline{Z}_4$, sollen aus ohmschen Widerständen bestehen, damit sind ihre Phasenwinkel gleich. $\underline{Z}_1$ und $\underline{Z}_2$ dürfen nicht aus zwei Impedanzen mit gleichem Frequenzverhalten, das heißt entweder nur aus Kondensatoren oder nur aus Reihenschaltungen oder nur aus Parallelschaltungen von Kondensatoren und ohmschen Widerständen, aufgebaut werden, wenn sich frequenzabhängige Abgleichbedingungen ergeben sollen. Deshalb wird $\underline{Z}_1$ als Parallelschaltung eines Kondensators mit einem ohmschen Widerstand und $\underline{Z}_2$ als Reihenschaltung eines Kondensators und eines ohmschen Widerstandes ausgeführt. Im Brückenzweig 1–2 wird als Meß-

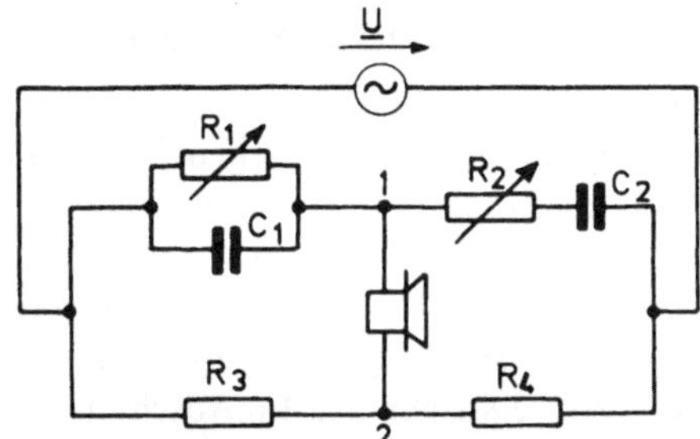

Bild 6.7.4

instrument ein Kopfhörer oder Lautsprecher verwendet. Damit ist die Brückenschaltung (Bild 6.7.4) aufgebaut, und es können jetzt für sie die Abgleichbedingungen aufgestellt werden. Aus

$$\left(R_2 + \frac{1}{j\omega C_2}\right) R_3 = \frac{R_4}{\frac{1}{R_1} + j\omega C_1}$$

folgt einmal

$$\frac{R_4}{R_3} = \frac{R_2}{R_1} + \frac{C_1}{C_2}$$

und zum anderen

$$1 = R_1 R_2 \omega^2 C_1 C_2 .$$

Wenn in diesen Ausdrücken $R_1 = R_2 = \frac{1}{G}$ (G veränderlich) und $C_1 = C_2 = C$

(C fest) gesetzt wird, ergibt sich für die erste Beziehung

$$\frac{R_4}{R_3} = 2 \tag{6.7.3}$$

und nach Wurzelziehen und Umformung der zweiten Beziehung

$$G = \omega C. \tag{6.7.4}$$

Das Widerstandsverhältnis in Gl. (6.7.3) ist fest und somit eine der beiden Abgleichbedingungen stets erfüllt. Da C als konstant vorausgesetzt war, folgt aus Gl. (6.7.4), daß der Leitwert G im Abgleich stets proportional der zu messenden Frequenz $f = \frac{\omega}{2\pi}$ ist. Es ist also in der Tat nur eine Abgleichbedingung, nämlich Gl. (6.7.4), zu erfüllen, um die Frequenz messen zu können.

Bei der technischen Ausführung der Robinsonschen Frequenzmeßbrücke werden Leitwertdekaden verwendet, die bereits in Dezimalen der Frequenz beziffert sind, so daß die Frequenz direkt abgelesen werden kann.

Die Scheringbrücke wird zur Messung von *Verlustwinkeln* von Kondensatoren bei Hochspannung verwendet. Zunächst soll geklärt werden, was unter einem Verlustwinkel eines Kondensators zu verstehen ist. In Abschnitt 5.5 ist bereits darauf hingewiesen worden, daß es keine idealen konzentrierten Schaltelemente gibt; so können z.B. Kondensatoren nur ohmisch widerstandsarm, aber niemals widerstandslos hergestellt werden. Bei den sogenannten Kapazitätsnormalen wird mit viel Aufwand praktisch Verlustlosigkeit erreicht, ansonsten sind die handelsüblichen Kondensatoren mehr oder weniger verlustbehaftet. Ein Kondensator mit Verlusten bedeutet aber, daß der durch den Kondensator fließende Strom $\underline{I}$ nicht mehr ganz um 90° der am Kondensator abfallenden Spannung voreilt (siehe Bild 6.7.5). Das Voreilen um den Winkel δ ist auf Grund der Verluste – daher die Bezeichnung Verlustwinkel – kleiner als $\frac{\pi}{2}$.

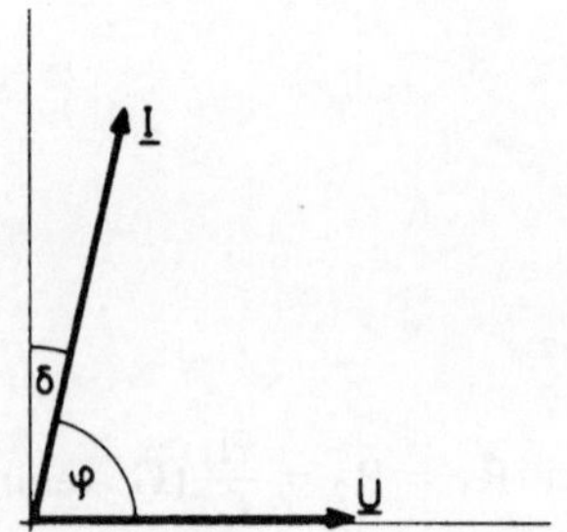

Bild 6.7.5

Damit ist

$$\underline{Z} = \frac{\underline{U}}{\underline{I}} = \frac{|\underline{U}|\, e^{j0}}{|\underline{I}|\, e^{j(\frac{\pi}{2} - \delta)}} = |\underline{Z}|\, e^{-j(\frac{\pi}{2} - \delta)} \,.$$

Da δ im allgemeinen sehr klein ist, darf $\cos\delta \approx 1$ und $\sin\delta \approx \delta$ gesetzt werden, so daß die Kondensatorimpedanz

(6.7.5) $$\underline{Z} \approx |\underline{Z}|\,(\delta - j) = Z\,(\delta - j)$$

beträgt. Entsprechend berechnet sich die Kondensatoradmittanz zu

(6.7.6) $$\underline{Y} \approx \frac{1}{Z}\,(\delta + j).$$

Bei der Reihenersatzschaltung für einen technischen Kondensator, bestehend aus einem ohmschen Widerstand R_r und einer Kapazität C_r, ergeben sich damit die folgenden Näherungen

$$Z \approx \frac{1}{\omega C_r} \quad \text{und} \quad \delta \approx \frac{R_r}{\frac{1}{\omega C_r}} \approx \frac{R_r}{Z} \,.$$

Wird dagegen für den Kondensator eine Parallelersatzschaltung zugrunde gelegt, bestehend aus einem Widerstand R_p und einer Kapazität C_p, so lauten die Näherungen jetzt

$$Z \approx \frac{1}{\omega C_p} \quad \text{und} \quad \delta \approx \frac{\frac{1}{R_p}}{\omega C_p} \approx \frac{Z}{R_p} \,.$$

Da $C_p \approx C_r$ ist, wird für beide Größen die Bezeichnung C eingeführt, so daß sich die Kapazität zu

(6.7.7) $$C \approx \frac{1}{\omega Z}$$

ergibt, während die Verluste durch

(6.7.8) $$R_r \approx \frac{\delta}{\omega C} \quad \text{bzw.} \quad R_p \approx \frac{1}{\delta\,\omega C}$$

repräsentiert werden.

Die Messung des Verlustwinkels muß unter Betriebsbedingungen geschehen, denn der Verlustwinkel ist spannungsabhängig, bedingt durch die Sprüherscheinungen, die sich bei hohen Spannungen einstellen. Die von Schering angegebene Brückenschaltung (Bild 6.7.6) wird mit Hochspannung gespeist. Aus Sicherheitsgründen wird die Brücke geerdet. C_n stellt ein hochwertiges Kapazitätsnormal dar, dessen

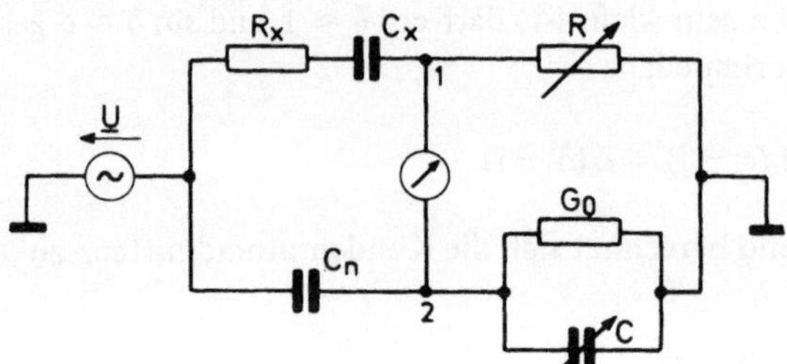

Bild 6.7.6

Kapazität konstant ist. Für den Kondensator, dessen Verlustwinkel bestimmt werden soll, wurde eine Reihenersatzschaltung (R_x und C_x) zugrunde gelegt. Im Brückenzweig 1–2 dient zur Anzeige ein Vibrationsgalvanometer. Im Abgleich muß

$$\left(R_x + \frac{1}{j\omega C_x}\right) \frac{1}{G_0 + j\omega C} = \frac{R}{j\omega C_n}$$

sein, das heißt, die beiden Abgleichbedingungen

(6.7.9) $$\frac{C_n}{C_x} = R\,G_0$$

und

(6.7.10) $$R_x\,C_n = R\,C$$

müssen erfüllt sein. Hierin kann über die Größen R, G_0 und C noch frei verfügt werden. Eine von ihnen darf dabei fest vorgegeben werden, die beiden übrigen müssen veränderlich sein, um die beiden Abgleichbedingungen erfüllen zu können. Nun kommt es bei der Scheringbrücke nicht so sehr auf die Bestimmung von C_x und R_x an, sondern vielmehr auf die Bestimmung von C_x und δ. Es ist (vergleiche hierzu Gl. (6.7.8))

(6.7.11) $$\delta = R_x\,\omega C_x = \frac{R\,C}{C_n}\,\omega\,\frac{C_n}{R\,G_0} = \omega\,\frac{C}{G_0},$$

wenn von den Gln. (6.7.9) und (6.7.10) Gebrauch gemacht wird. Erhält G_0 jetzt einen festen Wert, dann kann der veränderliche Widerstand R bereits in C_x-Werten geeicht werden, wie aus Gl. (6.7.9) folgt. Ebenso läßt sich die veränderliche Kapazität C auf Grund von Gl. (6.7.11) unmittelbar in Werten des Verlustwinkels eichen, da bei einer festen Frequenz gemessen werden soll.

Bisher ist nur die abgeglichene Brückenschaltung betrachtet worden. Nun soll der Brückenstrom $\underline{I}_5$ für die in Bild 6.7.1 gezeigte Schaltung berechnet werden. Es werden dazu nur drei Gleichungen benötigt, wobei zum Beispiel $\underline{I}$, $\underline{I}_1$ und $\underline{I}_5$ unbekannt sind. Denn sind die Ströme $\underline{I}$ und $\underline{I}_1$ bekannt, so ergibt sich $\underline{I}_3$ als Differenz von $\underline{I}$ und $\underline{I}_1$. Entsprechend ist der Strom $\underline{I}_2$, der durch den Widerstand $\underline{Z}_2$ fließt, gleich $\underline{I}_1 - \underline{I}_5$, und schließlich berechnet sich $\underline{I}_4$ zu $\underline{I} - \underline{I}_1 + \underline{I}_5$. Folgende Maschengleichungen beschreiben damit die Brückenschaltung

$$\begin{aligned}
\underline{Z}_3(\underline{I}-\underline{I}_1) + \underline{Z}_4(\underline{I}-\underline{I}_1+\underline{I}_5) &= \underline{U}\\
\underline{Z}_1\underline{I}_1 + \underline{Z}_2(\underline{I}_1-\underline{I}_5) - \underline{Z}_3(\underline{I}-\underline{I}_1) - \underline{Z}_4(\underline{I}-\underline{I}_1+\underline{I}_5) &= 0\\
-\underline{Z}_2(\underline{I}_1-\underline{I}_5) + \underline{Z}_4(\underline{I}-\underline{I}_1+\underline{I}_5) + \underline{Z}_5\underline{I}_5 &= 0.
\end{aligned}$$

Durch Ordnen nach $\underline{I}$, $\underline{I}_1$ und $\underline{I}_5$ ergibt sich das Gleichungssystem

$$\begin{aligned}
\underline{I}(\underline{Z}_3+\underline{Z}_4) - \underline{I}_1(\underline{Z}_3+\underline{Z}_4) + \underline{I}_5\underline{Z}_4 &= \underline{U}\\
-\underline{I}(\underline{Z}_3+\underline{Z}_4) + \underline{I}_1(\underline{Z}_1+\underline{Z}_2+\underline{Z}_3+\underline{Z}_4) - \underline{I}_5(\underline{Z}_2+\underline{Z}_4) &= 0\\
\underline{I}\,\underline{Z}_4 - \underline{I}_1(\underline{Z}_2+\underline{Z}_4) + \underline{I}_5(\underline{Z}_2+\underline{Z}_4+\underline{Z}_5) &= 0.
\end{aligned}$$

Hier interessiert nur der Brückenstrom $\underline{I}_5$, der sich hieraus zu

$$\underline{I}_5 = \left(\underline{U}\,\frac{\underline{Z}_2\underline{Z}_3 - \underline{Z}_1\underline{Z}_4}{(\underline{Z}_1+\underline{Z}_2)(\underline{Z}_3+\underline{Z}_4)}\right)\frac{1}{\dfrac{\underline{Z}_1\underline{Z}_2}{\underline{Z}_1+\underline{Z}_2} + \dfrac{\underline{Z}_3\underline{Z}_4}{\underline{Z}_3+\underline{Z}_4} + \underline{Z}_5} \tag{6.7.12}$$

berechnet. Nun stimmt der Klammerausdruck mit der Leerlaufspannung zwischen den Klemmen 1–2 gemäß Gl. (6.7.2) überein, während der zweite Faktor im Nenner die Summe von $\underline{Z}_5$ und dem Kurzschlußwiderstand zwischen den Punkten 1 und 2 enthält. Das läßt die Vermutung zu, daß bei Wechselstromschaltungen in gewohnter Weise wie bei den Gleichstromschaltungen Ströme und Spannungen mit Hilfe des Verfahrens der Ersatzstromquelle berechnet werden können (Abschnitt 2.5.4).

Wird dem von Helmholtz angegebenen Weg gefolgt, so müssen lineare Schaltelemente vorausgesetzt werden; denn nur unter dieser Bedingung läßt sich das Superpositionsprinzip anwenden. In einem beliebigen linearen Netz, das sowohl komplexe Widerstände als auch Stromquellen enthält, soll der Zweigstrom $\underline{I}_S$ berechnet werden, der durch den Widerstand $\underline{Z}_S$ fließt. Das restliche Netz soll weiterhin nicht interessieren, wie in Bild 6.7.7a angedeutet ist.

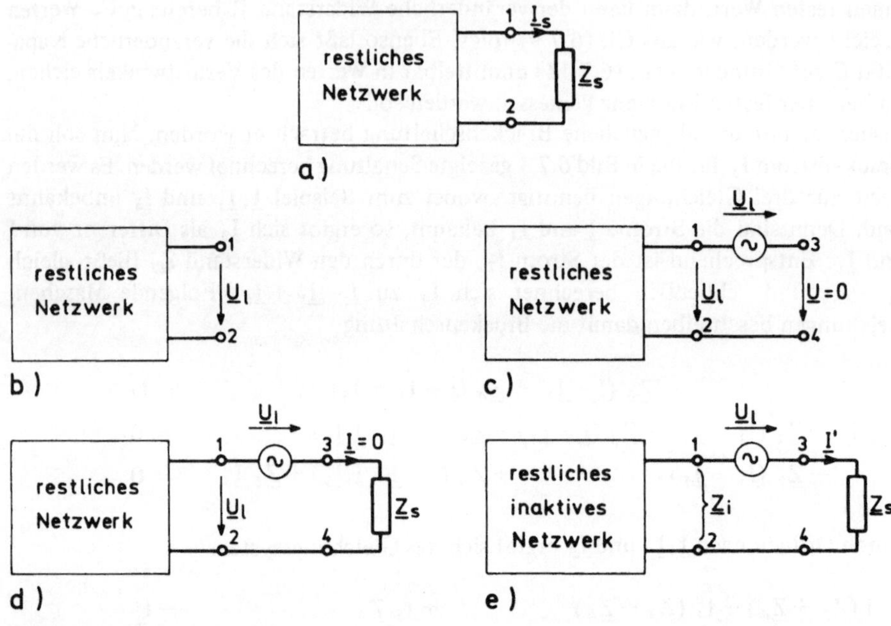

Bild 6.7.7

Wird der Scheinwiderstand $\underline{Z}_s$ herausgetrennt, so stellt sich zwischen den Klemmen 1 und 2 eine Leerlaufspannung ein, die $\underline{U}_l$ genannt wird (Bild 6.7.7b). Durch Hinzuschalten einer Spannungsquelle mit einer Quellenspannung $\underline{U}_l$ läßt sich erreichen, daß jetzt zwischen den Klemmen 3 und 4 keine Spannung auftritt (Bild 6.7.7c). Wird also der Belastungswiderstand $\underline{Z}_s$ zwischen den Punkten 3 und 4 angeschlossen, dann bleibt der so entstandene Stromzweig 3–4 stromlos (Bild 6.7.7d). Dem Superpositionsprinzip zufolge ist der Strom $\underline{I}$ gleich der Summe der Einzelströme $\underline{I}_s$ (hervorgerufen durch die Stromquellen des Netzwerkes) und $\underline{I}'$ (verursacht durch die hinzugeschaltete Stromquelle). Der von der zwischen 1 und 3 liegenden Spannungsquelle erzeugte Strom $\underline{I}'$ ist also dem Strom $\underline{I}_s$ entgegengesetzt gleich. Werden jetzt sämtliche Quellen des restlichen Netzes unwirksam gemacht, so stellt dieses einen passiven Zweipol dar, der als innerer Scheinwiderstand $\underline{Z}_i$ bezeichnet wird. Wie Bild 6.7.7e zeigt, ist

$$\underline{I}'(\underline{Z}_i + \underline{Z}_s) + \underline{U}_l = 0 \quad \text{bzw.} \quad \underline{I}' = \frac{-\underline{U}_l}{\underline{Z}_i + \underline{Z}_s} .$$

Weil aber $\underline{I}_s = -\underline{I}'$ ist, ergibt sich der Zweigstrom zu

$$\text{(6.7.13)} \qquad \underline{I}_s = \frac{\underline{U}_l}{\underline{Z}_i + \underline{Z}_s} .$$

Im Kurzschluß fließt über die widerstandslose Verbindung zwischen 1 und 2 ($\underline{Z}_s = 0$) der Kurzschlußstrom $\underline{I}_k = \dfrac{\underline{U}_l}{\underline{Z}_i}$, das heißt, es ist

$$(6.7.14) \qquad \underline{Z}_i = \frac{\underline{U}_l}{\underline{I}_k}\,.$$

Bei der Berechnung von Strömen und Spannungen in linearen Wechselstromschaltungen darf also das Prinzip der Ersatzstromquelle angewendet werden.

6.8. Resonanzkreise

Zwei Arten von Blindwiderständen sind behandelt worden, der induktive und der kapazitive Blindwiderstand; beide sind frequenzabhängig. Der Scheinwiderstand von Wechselstromkreisen wird weitgehend von dem Verhalten der Blindwiderstände bestimmt. Unter gewissen Umständen kann sogar der Sonderfall eintreffen, daß sich die positiven und die negativen Blindanteile zusammen gerade aufheben. Strom und Spannung sind dann in Phase und ihr Verhältnis ist durch den Wirkwiderstand des Wechselstromkreises festgelegt.
Unter *Resonanz* wird gerade dieser Fall verstanden, bei dem sich in einer Schaltung die Blindwiderstände bzw. Blindleitwerte gerade kompensieren, also zu Null ergänzen. Die Frequenzen, bei denen Kompensation eintritt, heißen Kompensationsfrequenzen.

6.8.1 Spannungs- oder Reihenresonanz

Es werde die in Bild 6.8.1.1 dargestellte Reihenschaltung aus einem ohmschen Widerstand, einer Induktivität und einer Kapazität betrachtet (vielfach auch Serienschwingkreis genannt). Die an der gesamten Anordnung abfallende Spannung $\underline{U}$ setzt sich aus $\underline{U}_R$, $\underline{U}_L$ und $\underline{U}_C$ zusammen:

$$\underline{U} = \underline{U}_R + \underline{U}_L + \underline{U}_C\,.$$

Bild 6.8.1.2 zeigt die geometrische Konstruktion von $\underline{U}$, wenn der Effektivwertzeiger des Stromes $\underline{I}$ in der reellen Achse liegt und die kapazitive Spannung $\underline{U}_C$ betragsmäßig kleiner als die induktive Spannung $\underline{U}_L$ ist. Um den Winkel φ, den der Spannungszeiger $\underline{U}$ und der Stromzeiger $\underline{I}$ miteinander einschließen, eilt die Span-

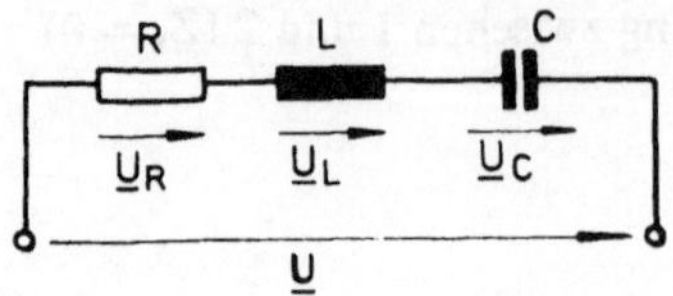

Bild 6.8.1.1

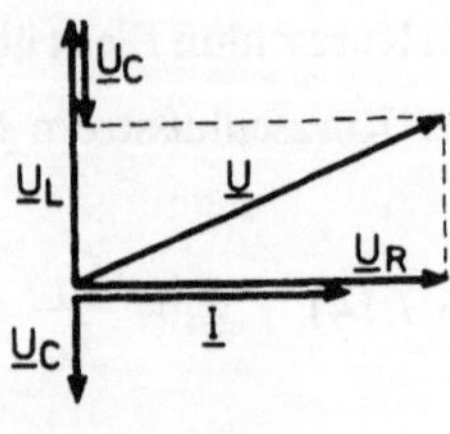

Bild 6.8.1.2

nung $\underline{U}$ dem Strom $\underline{I}$ voraus. Der Scheinwiderstand der Reihenschaltung ergibt sich zu

$$\frac{\underline{U}}{\underline{I}} = \frac{\underline{U}_R}{\underline{I}} + \frac{\underline{U}_L}{\underline{I}} + \frac{\underline{U}_C}{\underline{I}}$$

bzw.

$$(6.8.1.1) \quad \underline{Z} = R + j\omega L + \frac{1}{j\omega C}.$$

Resonanz liegt definitionsgemäß dann vor, wenn Strom und Spannung in Phase sind ($\varphi = 0$), d.h., wenn in Gl. (6.8.1.1)

$$(6.8.1.2) \quad \omega L = \frac{1}{\omega C}$$

ist. Diese Gleichung wird nach ω aufgelöst und ergibt als positive Wurzel die *Kompensationskreisfrequenz*

$$(6.8.1.3) \quad \omega_k = \frac{1}{\sqrt{L\,C}} \quad .$$

Da der Schwingkreis durch L und C gekennzeichnet ist, wird die Kreisfrequenz $\frac{1}{\sqrt{L \cdot C}}$ als *Kennkreisfrequenz* ω_0 bezeichnet. In diesem besonderen Falle sind Kennkreis- und Kompensationskreisfrequenz einander gleich. Wenn in der Reihenschaltung, die bei der Kennfrequenz betrieben werden soll, der ohmsche Widerstand gering ist, kann bei fester Spannung $\underline{U}$ der Strom trotz Anwesenheit der Blindzweipole von erheblicher Stärke sein. Dieser hohe Strom ruft an den einzelnen Blindwiderständen je nach ihrer Größe hohe Spannungen hervor, die selbst ein Mehrfaches der angelegten Spannung betragen können. Im Resonanzfall beträgt der induktive Widerstand $\omega_0 L$, der kapazitive $\frac{1}{\omega_0 C}$. Auf Grund von Gl. (6.8.1.2) und unter Mitverwendung von Gl. (6.8.1.3) ergibt sich

$$(6.8.1.4) \quad \omega_0 L = \frac{1}{\omega_0 C} = \frac{L}{\sqrt{LC}} = \frac{\sqrt{LC}}{C} = \sqrt{\frac{L}{C}} = Z_0$$

Z_0 wird dabei als *Kennwiderstand* bezeichnet.
Bei Resonanz ist die Spannung am Wirkwiderstand gleich der an der Serienschaltung angelegten Spannung, also gilt betragsmäßig

$$(6.8.1.5) \quad U = U_R = R\,I\,.$$

An den Blindwiderständen fallen dann die Spannungen vom Betrage

$$(6.8.1.6) \quad U_L = U_C = \omega_0\, L\, I = \frac{I}{\omega_0 C} = Z_0\, I$$

ab. Das Verhältnis eines dieser Spannungsbeträge zum Betrag der Gesamtspannung beträgt

$$(6.8.1.7) \quad \frac{U_L}{U} = \frac{U_C}{U} = \frac{\omega_0 L}{R} = \frac{1}{\omega_0 C R} = \frac{Z_0}{R} = Q_0\,,$$

wobei Q_0 die *Güte* des Kreises heißt. Ihr Kehrwert

$$(6.8.1.8) \quad \frac{R}{Z_0} = \frac{1}{Q_0} = d_0$$

stellt die *Kennverlustzahl* dar.
Es soll jetzt gezeigt werden, daß die Summe der Augenblickswerte der elektrischen Energie, die im Kondensator gespeichert ist, und der magnetischen Energie, die ihren Sitz im magnetischen Feld der Spule hat, im Resonanzfall einen konstanten Wert hat. Dabei schwankt

$$W_e = \frac{1}{2}\, C\, u_C^2$$

mit der doppelten Frequenz der Kondensatorspannung und

$$W_m = \frac{1}{2}\, L\, i^2$$

mit der doppelten Frequenz des Stromes. Nun sind zu bestimmten Zeiten der Strom und damit sein Quadrat bzw. die Spannung und ihr Quadrat Null. Wenn aber der Strom gerade Null ist und damit auch die magnetische Energie, muß sich der soeben aufgestellten Behauptung zufolge die gesamte Energie im elektrischen Feld des

Kondensators wiederfinden. Umgekehrt gibt es Augenblicke, wo die gesamte Energie im magnetischen Feld der Spule gespeichert ist. Es tritt also ein fortwährendes Schwingen der Energie zwischen Spule und Kondensator auf. Ähnlich liegt der Fall bei einem mathematischen Pendel, wo die Summe der kinetischen und potentiellen Energie stets konstant ist und eine andauernde Umwandlung von der einen Energieart in die andere stattfindet. Es soll jetzt der Nachweis geliefert werden, daß

$$W = W_e + W_m = \frac{1}{2} C u_C{}^2 + \frac{1}{2} L i^2 = \text{konst.}$$

ist. Mit der bereits oben getroffenen Vereinbarung, daß $\underline{I}$ in der reellen Achse liegt, berechnet sich der zeitliche Verlauf des Stromes zu

$$i = \hat{i} \cos \omega_0 t .$$

Dann ist die Spannung am Kondensator naturgemäß

$$u_C = \hat{u}_C \cos (\omega_0 t - \frac{\pi}{2}) = \hat{u}_C \sin \omega_0 t .$$

Es wird jetzt nacheinander von Gl. (6.8.1.7), Gl. (6.8.1.5) und Gl. (6.8.1.4) Gebrauch gemacht, so daß schließlich

$$u_C = \hat{i} \sqrt{\frac{L}{C}} \sin \omega_0 t = \hat{i} Z_0 \sin \omega_0 t$$

ist. Die Werte für i und u_C werden in die Gleichung für die Gesamtenergie eingeführt. Folglich ist

$$W = \frac{L \hat{i}^2}{2} \sin^2 \omega_0 t + \frac{L \hat{i}^2}{2} \cos^2 \omega_0 t = \frac{L \hat{i}^2}{2}, \tag{6.8.1.9}$$

also konstant. Ebensogut hätte die Gesamtenergie in Form von elektrischer Energie berechnet werden können. Es ist nämlich

$$\frac{1}{2} L \hat{i}^2 = \frac{1}{2} L \frac{\hat{u}_C{}^2}{Z_0{}^2} = \frac{1}{2} C \hat{u}_C{}^2 .$$

Es wird jetzt das Verhalten des Schwingkreises vor allem in der Umgebung der Resonanz näher betrachtet. Im Falle der Resonanz nimmt der Serienschwingkreis den Strom

$$\underline{I}_0 = \frac{\underline{U}}{R} \tag{6.8.1.10}$$

auf, während für eine Kreisfrequenz $\omega \neq \omega_0$ die Größe des Stromes

$$(6.8.1.11) \quad \underline{I} = \frac{\underline{U}}{R + j\omega L + \frac{1}{j\omega C}}$$

beträgt, so daß dieser in normierter Darstellung – als Bezugsgröße dient der Strom in Gl. (6.8.1.10) – lautet

$$(6.8.1.12) \quad \frac{\underline{I}}{\underline{I}_0} = \frac{R}{R + j\omega L + \frac{1}{j\omega C}} .$$

In Gl. (6.8.1.12) werden Zähler und Nenner der rechten Seite durch R dividiert, im Imaginärteil des Nenners $j\omega L$ ausgeklammert und für den Reziprokwert von $L \cdot C$ das Quadrat der Kennkreisfrequenz, ${\omega_0}^2$, eingeführt; demnach ist

$$\frac{\underline{I}}{\underline{I}_0} = \frac{1}{1 + \frac{j\omega L}{R}\left(1 - \frac{{\omega_0}^2}{\omega^2}\right)} = \frac{1}{1 + \frac{j\omega_0 L}{R}\left(\frac{\omega}{\omega_0} - \frac{\omega_0}{\omega}\right)} .$$

Der Ausdruck $\frac{\omega}{\omega_0} - \frac{\omega_0}{\omega}$ heißt die *Verstimmung* ν des Kreises:

$$(6.8.1.13) \quad \nu = \frac{\omega}{\omega_0} - \frac{\omega_0}{\omega} .$$

Wird außerdem noch Gebrauch von Gl. (6.8.1.7) gemacht, so ergibt sich für das Stromverhältnis

$$(6.8.1.14) \quad \frac{\underline{I}}{\underline{I}_0} = \frac{1}{1 + j\, Q_0\, \nu} = \frac{1}{1 + j\Omega} .$$

Hierin ist $\Omega = Q_0 \cdot \nu$. Bei einem Frequenzbereich $0 \leq \omega < \infty$ nimmt Ω alle Werte zwischen $-\infty$ und ∞ an. Im besonderen ist $\Omega = 0$ für $\omega = \omega_0$. Die entsprechende Ortskurve der Gl. (6.8.1.14) zeigt Bild 6.8.1.3; diese kann gleichzeitig als Ortskurve des Scheinleitwertes des Reihenschwingkreises interpretiert werden. In Bild 6.8.1.4 ist der Betrag des Stromverhältnisses über der Kreisfrequenz aufgetragen.

In der Ortskurve sind zwei charakteristische Zeiger eingezeichnet; der Realteil ist hierbei gerade gleich dem Imaginärteil. Die Zeiger schließen mit der reellen Achse einen Winkel von $\pm 45°$ ein. Die zu diesen Zeigern gehörenden Frequenzen werden die 45°-Frequenzen genannt und entsprechend ω_{+45} bzw. ω_{-45} geschrieben. Bei diesen Frequenzen ist der Betrag des Stromverhältnisses auf das $\frac{1}{\sqrt{2}}$-fache gegenüber dem Betrag bei Resonanz abgefallen. Dabei wird der Frequenzbereich

(6.8.1.15) $\Delta\omega = \omega_{+45} - \omega_{-45}$

als *Bandbreite* des Kreises bezeichnet. Es zeigt sich nun, daß die Bandbreite mit der

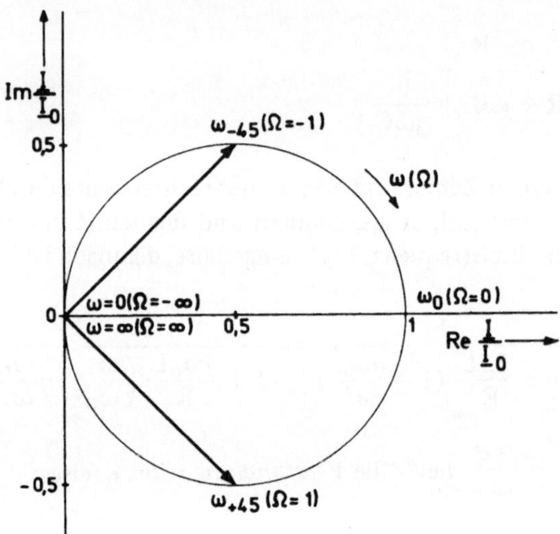

Bild 6.8.1.3

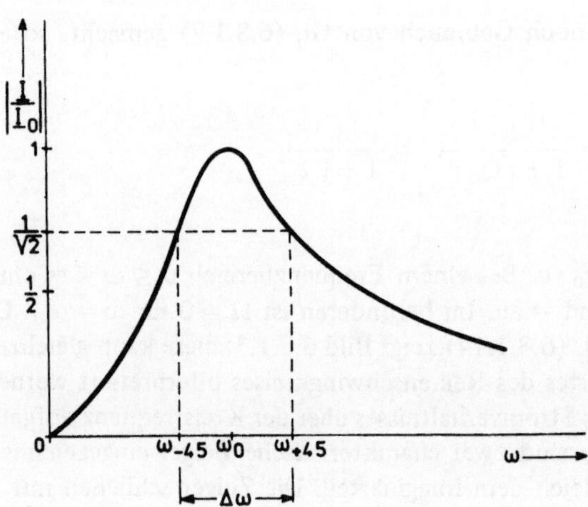

Bild 6.8.1.4

Kennkreisfrequenz und der Güte des Schwingkreises in einfacher Weise zusammenhängt. Bei $\omega = \omega_{-45}$ ist $\Omega = -1$, also

$$Q_0\left(\frac{\omega_{-45}}{\omega_0} - \frac{\omega_0}{\omega_{-45}}\right) = -1.$$

Hieraus folgt, nach $\omega_{-45} > 0$ aufgelöst,

$$\omega_{-45} = -\frac{\omega_0}{2\,Q_0} + \sqrt{\omega_0^{\,2} + \frac{\omega_0^{\,2}}{4\,Q_0^{\,2}}}\,.$$

Entsprechend beträgt $\Omega = 1$ für $\omega = \omega_{+45}$. Wenn $\omega_{+45} > 0$ aus

$$Q_0\left(\frac{\omega_{+45}}{\omega_0} - \frac{\omega_0}{\omega_{+45}}\right) = 1$$

berechnet wird, ergibt sich

$$\omega_{+45} = \frac{\omega_0}{2\,Q_0} + \sqrt{\omega_0^{\,2} + \frac{\omega_0^{\,2}}{4\,Q_0^{\,2}}}\,.$$

Definitionsgemäß beträgt die Bandbreite damit

(6.8.1.16) $$\Delta\omega = \omega_{+45} - \omega_{-45} = \frac{\omega_0}{Q_0}\,.$$

Bei gegebener Kennkreisfrequenz ist die Bandbreite also um so kleiner, je größer die Güte des Schwingkreises ist. Die Beziehung (6.8.1.16) erlaubt es, aus der Resonanzkurve (Bild 6.8.1.4) die Güte zu bestimmen. Da aber

(6.8.1.17) $$\omega_{+45}\,\omega_{-45} = \omega_0^{\,2}$$

ist, kann die Güte allein schon aus den Messungen der 45°-Frequenzen bestimmt werden.
Der Phasenwinkel zwischen Spannung und Strom ergibt sich beim Serienschwingkreis zu

(6.8.1.18) $$\varphi = \arctan\frac{\omega L - \dfrac{1}{\omega C}}{R} = \arctan Q_0\left(\frac{\omega}{\omega_0} - \frac{\omega_0}{\omega}\right) = \arctan \Omega\,.$$

Wie oben bereits festgestellt, durchläuft Ω alle Werte von $-\infty$ bis ∞, so daß φ alle

Werte von $-\frac{\pi}{2}$ bis $\frac{\pi}{2}$ annimmt; im Bild 6.8.1.5 ist der Phasenwinkel über der Kreisfrequenz aufgetragen. Je größer die Güte des Schwingkreises ist, desto steiler ist der Verlauf des Phasenwinkels in der Umgebung der Resonanz; denn mit zunehmender Güte wird die Bandbreite kleiner, d.h., die 45°-Frequenzen rücken auf die Kennkreisfrequenz zu.

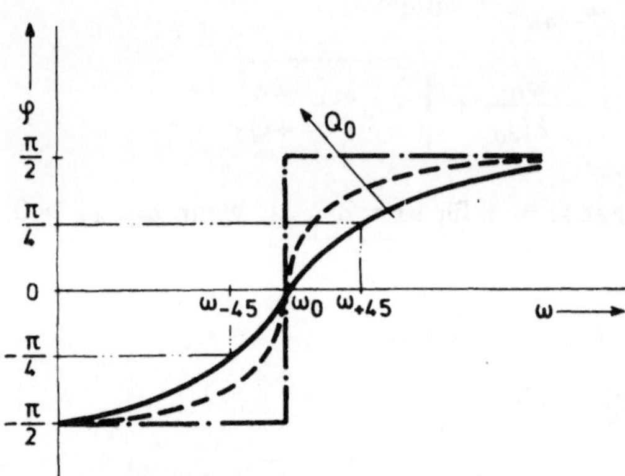

Bild 6.8.1.5

Mit dem Stromverhältnis (Gl. (6.8.1.14)) ist auch der Spannungsverlauf am ohmschen Widerstand für sämtliche Frequenzen bekannt. Es bleibt noch zu untersuchen, wie sich die Spannungen an der Induktivität und Kapazität verhalten, da die entsprechenden Blindwiderstände frequenzabhängig sind. Der Betrag der Spannung an der Induktivität hat die Größe

$$(6.8.1.19)\quad U_L = \frac{\frac{\omega}{\omega_0} U}{\sqrt{\frac{1}{Q_0{}^2} + \left(\frac{\omega}{\omega_0} - \frac{\omega_0}{\omega}\right)^2}},$$

während die Spannung am Kondensator dem Betrage nach

$$(6.8.1.20)\quad U_C = \frac{\frac{\omega_0}{\omega} U}{\sqrt{\frac{1}{Q_0{}^2} + \left(\frac{\omega}{\omega_0} - \frac{\omega_0}{\omega}\right)^2}}$$

ist. In Abhängigkeit der Frequenz haben beide Spannungen ein Maximum, und zwar ergibt sich aus

$$\frac{dU_L}{d\omega} = 0$$

das Spannungsmaximum an der Induktivität bei

$$(6.8.1.21) \quad \omega_L = \omega_0 \sqrt{\frac{2\,Q_0^2}{2\,Q_0^2 - 1}} = \frac{\omega_0}{\sqrt{1 - \frac{d_0^2}{2}}}$$

und gemäß

$$\frac{dU_C}{d\omega} = 0$$

das Spannungsmaximum am Kondensator bei

$$(6.8.1.22) \quad \omega_C = \omega_0 \sqrt{\frac{2\,Q_0^2 - 1}{2\,Q_0^2}} = \omega_0 \sqrt{1 - \frac{d_0^2}{2}}\,.$$

Wird Gl. (6.8.1.21) betrachtet, so ist ersichtlich, daß $\omega_L > \omega_0$ ist und erst bei unendlicher Güte des Schwingkreises $\omega_L = \omega_0$ wird. Dagegen läßt Gl. (6.8.1.22) erkennen, daß $\omega_C < \omega_0$ ist und mit zunehmender Güte sich der Kennkreisfrequenz mehr und mehr nähert. Im besonderen aber ist das Produkt der beiden *Gipfelkreisfrequenzen* ω_L und ω_C gleich dem Quadrat der Kennkreisfrequenz, also

$$(6.8.1.23) \quad \omega_L\,\omega_C = \omega_0^2.$$

6.8.2 Strom- oder Parallelresonanz

Bild 6.8.2.1 zeigt die Ersatzschaltung eines praktisch realisierbaren Parallelschwingkreises. Sowohl Spule als auch Kondensator sind verlustbehaftet. Definitionsgemäß liegt Resonanz vor, wenn Spannung und Strom in Phase sind. Als Strom ist hier der

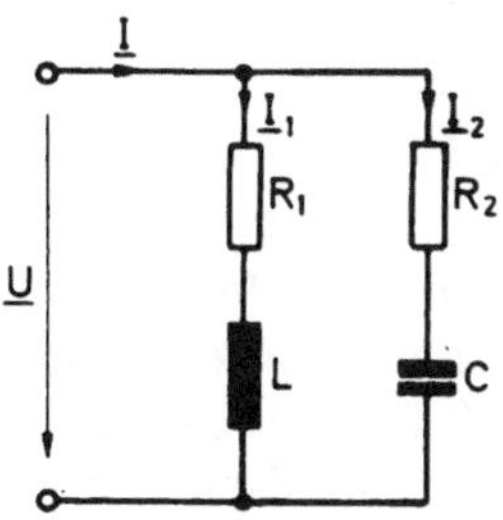

Bild 6.8.2.1

aus den Zweigströmen $\underline{I}_1$ und $\underline{I}_2$ zusammengesetzte Gesamtstrom

$$\underline{I} = \underline{I}_1 + \underline{I}_2$$

gemeint. Der Scheinleitwert der Parallelschaltung ist

$$\frac{\underline{I}}{\underline{U}} = \frac{\underline{I}_1}{\underline{U}} + \frac{\underline{I}_2}{\underline{U}}$$

bzw.

$$\underline{Y} = \frac{1}{R_1 + j\omega L} + \frac{1}{R_2 + \frac{1}{j\omega C}} \tag{6.8.2.1}$$

Die Bedingung für die Resonanz ist erfüllt, wenn der Blindanteil in Gl. (6.8.2.1) Null ist, d.h., wenn

$$\frac{\omega L}{R_1{}^2 + \omega^2 L^2} = \frac{\frac{1}{\omega C}}{R_2{}^2 + \frac{1}{\omega^2 C^2}} \tag{6.8.2.2}$$

ist. Diese Gleichung nach ω aufgelöst liefert mit der positiven Wurzel

$$\omega_k = \frac{1}{\sqrt{LC}} \sqrt{\frac{R_1{}^2 - \frac{L}{C}}{R_2{}^2 - \frac{L}{C}}} = \omega_0 \sqrt{\frac{R_1{}^2 - Z_0{}^2}{R_2{}^2 - Z_0{}^2}} \tag{6.8.2.3}$$

die Kompensationskreisfrequenz des Parallelschwingkreises. Es ist zu beachten, daß eine Resonanz überhaupt nur auftreten kann, wenn entweder

$$R_1{}^2, R_2{}^2 < \frac{L}{C} = Z_0{}^2$$

oder

$$R_1{}^2, R_2{}^2 > \frac{L}{C} = Z_0{}^2$$

ist. Zwei Sonderfälle sind noch von Interesse, nämlich $R_1 = R_2 \neq Z_0$ und $R_1 = R_2 = Z_0$. Im ersten Fall folgt als Kennkreisfrequenz der gleiche Ausdruck wie beim Reihenschwingkreis (Gl. (6.8.1.3)). Im zweiten Fall ergibt sich in Gl. (6.8.2.3) ein unbestimmter Ausdruck; sowohl der Zähler als auch der Nenner der Wurzel ist Null. Werden dagegen diese Werte in Gl. (6.8.2.2) eingeführt, so stellt diese Beziehung eine Identität dar. Für alle Frequenzen ist dann

$$\frac{\omega L}{\frac{L}{C} + \omega^2 L^2} \equiv \frac{\frac{1}{\omega C}}{\frac{L}{C} + \frac{1}{\omega^2 C^2}},$$

so daß Strom und Spannung dauernd in Phase sind.

Im allgemeinen sind die Verluste im Kondensator sehr gering, zumindest im Vergleich mit den Spulenverlusten; daher kann der Widerstand R_2 praktisch vernachlässigt werden. Unter dieser Voraussetzung beträgt die Kompensationskreisfrequenz

$$(6.8.2.4) \qquad \omega_k = \omega_0 \sqrt{1 - \frac{R_1{}^2}{Z_0{}^2}}.$$

Der Parallelschwingkreis sei verlustlos, also $R_1 = R_2 = 0$. Bei Resonanz $(\omega_k = \omega_0 = \frac{1}{\sqrt{L \cdot C}})$ ist $\underline{Y}$ (Gl. (6.8.2.1)) dann Null; das impliziert $\underline{Z} = \infty$ und $\underline{I} = 0$. Die an der Parallelschaltung liegende Stromquelle gibt keine Energie an den Schwingkreis ab. Die während des Schaltvorganges beim Anlegen der Quelle einmal vom Kreis aufgenommene Energie bleibt konstant, da keine energiedissipierenden Widerstände vorhanden sind. Es findet allein eine dauernde Energieumwandlung zwischen dem elektrischen Feld des Kondensators und dem magnetischen Feld der Spule statt.

Wenn aber einer der Zweige oder sogar beide Zweige des Schwingkreises einen Widerstand enthalten, gibt die Stromquelle dauernd Energie ab, weil jetzt $\underline{I}$ nicht mehr Null ist. Diese Energie wird zum Aufbau des elektrischen und magnetischen Feldes verwendet. Diese geben ihrerseits wieder Energie an die Widerstände ab, wo sie in Wärme umgewandelt wird. Anders als bei der Reihenresonanz ist die Summe der elektrischen und magnetischen Energie nicht konstant.

Ehe das Resonanzverhalten des Parallelschwingkreises (Bild 6.8.2.2) untersucht wird, wird die Serienschaltung aus R und L in eine äquivalente Parallelschaltung aus R_p und L_p umgewandelt. Aus

$$\frac{1}{R + j\omega L} = \frac{1}{R_p} + \frac{1}{j\omega L_p}$$

ergeben sich

$$R_p = \frac{R^2 + \omega^2 L^2}{R} \quad \text{und} \quad L_p = \frac{R^2 + \omega^2 L^2}{\omega^2 L}.$$

Diese Ausdrücke vereinfachen sich, wenn $R \ll \omega L$ ist. Außerdem soll die Umwandlung für die Kennkreisfrequenz durchgeführt werden, da nur das Resonanzverhalten betrachtet werden soll.

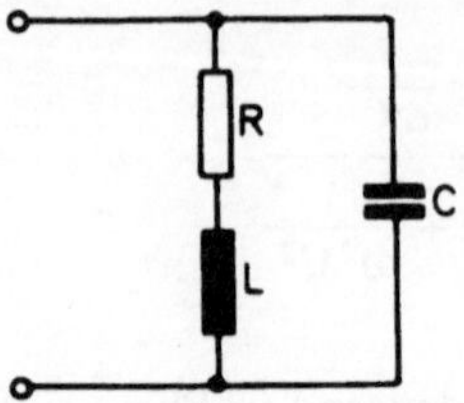

Bild 6.8.2.2

Demnach ist

$$R_p \approx \frac{\omega_0{}^2 L^2}{R} = \frac{Z_0{}^2}{R} \quad \text{und} \quad L_p \approx L \,.$$

Bild 6.8.2.3 zeigt die entsprechende Ersatzschaltung unter den oben getroffenen Voraussetzungen. Der Strom $\underline{I}$ habe eine konstante Amplitude, so daß bei Resonanz am Parallelschwingkreis (Bild 6.8.2.3) die Spannung

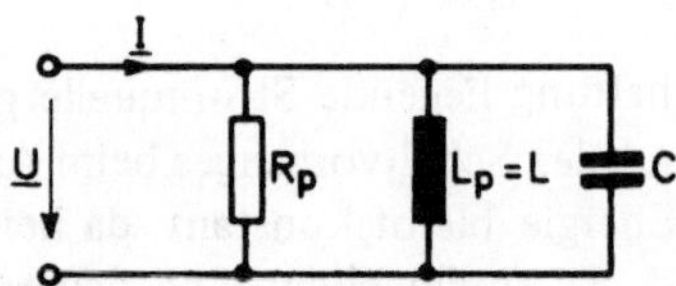

Bild 6.8.2.3

$$\text{(6.8.2.5)} \quad \underline{U}_0 = \underline{I}\, R_p = \frac{\underline{I}}{G_p}$$

abfällt. Für $\omega \neq \omega_0$ ergibt sich dagegen die Spannung

$$\text{(6.8.2.6)} \quad \underline{U} = \frac{\underline{I}}{G_p + j\omega C + \dfrac{1}{j\omega L}} \,.$$

Die Spannung in Gl. (6.8.2.6) wird dadurch normiert, daß durch Gl. (6.8.2.5) dividiert wird:

$$\text{(6.8.2.7)} \quad \frac{\underline{U}}{\underline{U}_0} = \frac{G_p}{G_p + j\omega C + \dfrac{1}{j\omega L}}$$

Dieses Spannungsverhältnis läßt sich auf die gleiche Form bringen wie das Stromverhältnis in Gl. (6.8.1.14), nämlich

$$(6.8.2.8)\quad \frac{\underline{U}}{\underline{U}_0} = \frac{1}{1 + jQ_0\nu} = \frac{1}{1 + j\Omega}\ .$$

Hierin ist $\Omega = Q_0 \cdot \nu$, wobei die Verstimmung ν wie in Gl. (6.8.1.13) definiert ist, während

$$(6.8.2.9)\quad Q_0 = \frac{\omega_0 C}{G_p} = \frac{1}{G_p\, \omega_0 L} = \frac{R_p}{\omega_0 L} = \frac{R_p}{Z_0} = \frac{1}{d_0}$$

die Güte des Parallelschwingkreises darstellt.

Bild 6.8.1.3 zeigt somit auch die Ortskurve des Spannungsverhältnisses und damit gleichzeitig die Ortskurve der Impedanz des Parallelschwingkreises. In Wirklichkeit wird als Ortskurve nur dann ein Kreis durchlaufen, wenn der ohmsche Widerstand und die Induktivität frequenzunabhängig sind. Die Transformation wurde bei $\omega = \omega_0$ durchgeführt, so daß die Größen nur für diese Kreisfrequenz die konstanten Werte $R_p = \dfrac{1}{G_p} = \dfrac{Z_0^2}{R}$ und $L_p = L$ haben. Trotzdem approximiert der Kreis die wahre Ortskurve des Spannungsverhältnisses für den Bandbreitebereich und selbst darüber hinaus, wenn nur die Güte des Parallelschwingkreises groß genug ist. Die 45°-Frequenzen unterscheiden sich dann nämlich nicht mehr wesentlich von ω_0, so daß innerhalb dieses schmalen Frequenzgebietes R_p und L_p als konstant angesehen werden dürfen.

Analog zu den Spannungsmaxima beim Serienschwingkreis durchlaufen die Beträge des Kondensator- und des Spulenstromes beim Parallelschwingkreis in Abhängigkeit von der Kreisfrequenz ein Maximum. Und zwar erreicht der Betrag des Kondensatorstroms

$$(6.8.2.10)\quad I_C = \frac{\dfrac{\omega}{\omega_0} I}{\sqrt{\dfrac{1}{Q_0^2} + \left(\dfrac{\omega}{\omega_0} - \dfrac{\omega_0}{\omega}\right)^2}}$$

bei

$$(6.8.2.11)\quad \omega_C = \omega_0 \sqrt{\frac{2Q_0^2}{2Q_0^2 - 1}} = \frac{\omega_0}{\sqrt{1 - \dfrac{d_0^2}{2}}}$$

ein Maximum, während der Betrag des Spulenstroms

$$(6.8.2.12)\quad I_L = \frac{\dfrac{\omega_0}{\omega} I}{\sqrt{\dfrac{1}{Q_0^2} + \left(\dfrac{\omega}{\omega_0} - \dfrac{\omega_0}{\omega}\right)^2}}$$

bei

$$(6.8.2.13)\quad \omega_L = \omega_0 \sqrt{\frac{2\,Q_0^2 - 1}{2\,Q_0^2}} = \omega_0 \sqrt{1 - \frac{d_0^2}{2}}$$

maximal wird. Auch hier ist das Produkt der beiden Gipfelkreisfrequenzen, $\omega_L \cdot \omega_C$, dem Quadrat der Kennkreisfrequenz ω_0 gleich.

6.9 Hummel- und Boucherot-Schaltung

Die in Bild 6.9.1 dargestellte Schaltung aus drei komplexen Widerständen ist im Prinzip eine Spannungsteilerschaltung. Je nach Art der Wechselstromwiderstände zeigt diese Schaltung besondere Eigenschaften.

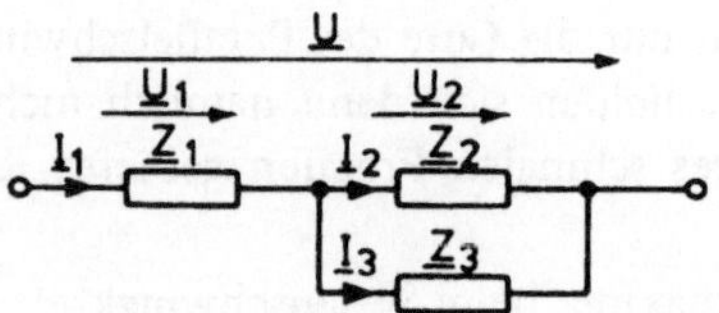

Bild 6.9.1

Die Zusammensetzung der drei komplexen Widerstände soll so bestimmt werden, daß der Strom $\underline{I}_3$ gegen die äußere Spannung $\underline{U}$ um 90° phasenverschoben sein soll (*Hummel*schaltung). Der Belastungsstrom $\underline{I}_3$ des Spannungsteilers beträgt

$$(6.9.1)\quad \underline{I}_3 = \frac{\underline{Z}_2\,\underline{U}}{\underline{Z}_1\,\underline{Z}_2 + (\underline{Z}_1 + \underline{Z}_2)\,\underline{Z}_3}$$

Die geforderte Phasenverschiebung von 90° ist dann erreicht, wenn

$$\underline{Z} = \frac{\underline{Z}_1\,\underline{Z}_2 + (\underline{Z}_1 + \underline{Z}_2)\,\underline{Z}_3}{\underline{Z}_2}$$

imaginär ist. Um erheblichen Rechenaufwand zu ersparen, wird $\underline{Z}_2 = R_2$ gesetzt. Damit ergibt sich

$$\underline{Z} = R_1 + jX_1 + R_3 + jX_3 + \frac{R_1 R_3 - X_1 X_3 + jR_1 X_3 + jR_3 X_1}{R_2}\,.$$

Der Wirkanteil verschwindet, wenn die Bedingung

(6.9.2) $$R_2 = \frac{X_1 X_3 - R_1 R_3}{R_1 + R_3}$$

erfüllt ist.

Die *Boucherot*schaltung ermöglicht es, bei einer anderen Zusammensetzung der Scheinwiderstände den Belastungsstrom $\underline{I}_3$ unabhängig von der Größe des Scheinwiderstandes $\underline{Z}_3$ zu machen, vorausgesetzt, daß die äußere Spannung $\underline{U}$ konstant ist. Ausgehend von Gl. (6.9.1) wird unter der Bedingung, daß

(6.9.3) $$\underline{Z}_1 = -\underline{Z}_2$$

ist, der Koeffizient von $\underline{Z}_3$ im Nenner Null, so daß $\underline{I}_3$ unabhängig von $\underline{Z}_3$ geworden ist. Gl. (6.9.3) ist allerdings nur mit idealen Spulen und Kondensatoren zu erfüllen. Mit technisch realisierbaren Elementen, deren Verluste sehr gering sein müßten, läßt sich die Konstanz des Belastungsstromes nur annähernd erreichen.

6.10 Das Kreisdiagramm

Bei der Berechnung von Wechselstromschaltungen ist es im Sinne eines einfachen Lösungsweges oft zweckmäßig, eine Reihenschaltung aus Wirk- und Blindwiderstand in eine äquivalente Parallelschaltung aus Wirk- und Blindleitwert zu überführen und umgekehrt. Eine solche Umwandlung erfordert aber erheblichen Rechenaufwand, so daß die Vorteile, die die abwechselnde Darstellung als Reihen- und Parallelschaltung mit sich bringt, bald wieder aufgewogen sind. Mit Hilfe des *Kreisdiagrammes* lassen sich diese Aufgaben aber auf graphischem Wege einfach und mit genügender Genauigkeit lösen.

Gegeben sei die linke Schaltung in Bild 6.10.1, gesucht ist die äquivalente rechte Schaltung in Bild 6.10.1.

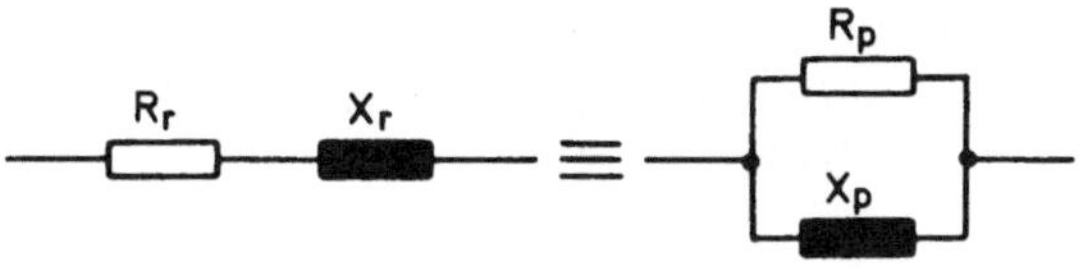

Bild 6.10.1

Die Gleichwertigkeit der beiden Schaltungen hat zur Folge, daß die Scheinleitwerte gleich sein müssen.

(6.10.1) $$\frac{1}{R_r + jX_r} = \frac{1}{R_p} + \frac{1}{jX_p}\ .$$

Hieraus ergibt sich

(6.10.2) $$R_p = \frac{R_r^2 + X_r^2}{R_r} = R_r + \frac{X_r^2}{R_r}$$

(6.10.3) $$X_p = \frac{R_r^2 + X_r^2}{X_r} = X_r + \frac{R_r^2}{X_r}\ .$$

Um das Kreisdiagramm ableiten zu können, werden die Gl. (6.10.2) und Gl. (6.10.3) zuvor noch durch $\sqrt{R_r^2 + X_r^2}$ dividiert, den Betrag des Schweinwiderstandes.

(6.10.4) $$\frac{R_p}{\sqrt{R_r^2 + X_r^2}} = \frac{\sqrt{R_r^2 + X_r^2}}{R_r}$$

(6.10.5) $$\frac{X_p}{\sqrt{R_r^2 + X_r^2}} = \frac{\sqrt{R_r^2 + X_r^2}}{X_r}\ .$$

Der Scheinwiderstand $(R_r + jX_r)$ wird als komplexer Zeiger in die Widerstandsebene eingezeichnet (Bild 6.10.2). In P, dem Endpunkt des Zeigers, wird die Senkrechte auf $\overline{0P}$ errichtet. Diese schneidet die reelle Achse in M und die imaginäre Achse in N. Es soll gezeigt werden, daß

$$\overline{0M} = R_p \quad \text{und} \quad \overline{0N} = X_p$$

ist. Auf Grund der Ähnlichkeit der Dreiecke 0AP und 0PM läßt sich das Verhältnis

(6.10.6) $$\frac{\overline{0M}}{\overline{0P}} = \frac{\overline{0P}}{\overline{0A}}$$

aufstellen. Die Strecke $\overline{0P}$ stimmt mit dem Betrag des Scheinwiderstandes $(R_r + jX_r)$ überein, während $\overline{0A}$ gleich dem Wirkwiderstand R_r ist. Beim Vergleich von Gl. (6.10.6) mit Gl. (6.10.4) folgt sofort

(6.10.7) $$\overline{0M} = R_p\ .$$

In analoger Weise gilt wegen der Ähnlichkeit der Dreiecke 0BP und 0PN

(6.10.8) $$\frac{\overline{0N}}{\overline{0P}} = \frac{\overline{0P}}{\overline{0B}}.$$

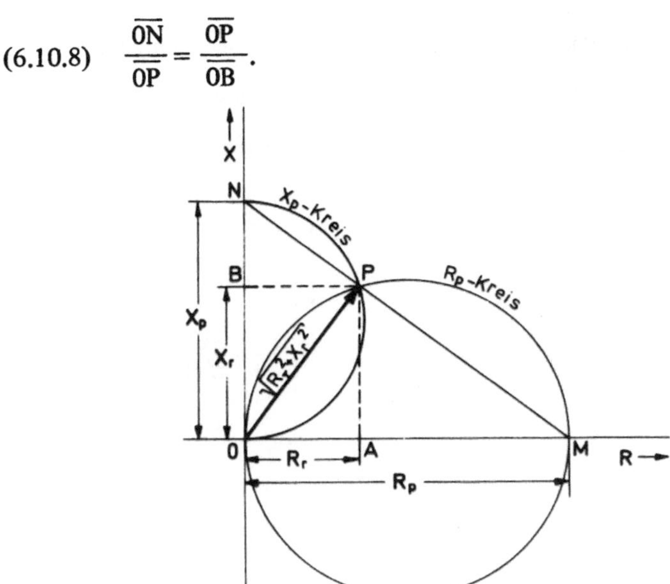

Bild 6.10.2

Die Strecke $\overline{0B}$ ist dem Blindwiderstand X_r gleich. Aus Gl. (6.10.8) und Gl. (6.10.5) folgt

(6.10.9) $$\overline{0N} = X_p \, .$$

Durch die Punkte 0, P und M wird ein (1 nales-)Kreis gelegt, dessen Mittelpunkt auf der reellen Achse liegt und dessen Durchmesser $\overline{0M}$ beträgt. Demnach besitzen alle Widerstandszeiger, deren Endpunkte auf diesem Kreis liegen, bei der Umwandlung das gleiche $R_p = \frac{1}{G_p}$. Ein solcher Kreis wird daher als R_p-Kreis oder als Kreis konstanten Wirkleitwertes bezeichnet. Um zu jedem beliebigen Widerstandszeiger den zugehörigen Wirkleitwert unmittelbar aufsuchen zu können, wird in die rechte Hälfte der Widerstandsebene eine ganze Schar von R_p-Kreisen eingezeichnet und entsprechend parametriert, wie es Bild 6.10.3 zeigt.

In Bild 6.10.2 wird durch die Eckpunkte des rechtwinkligen Dreiecks 0PN ein Halbkreis gezeichnet. Der Mittelpunkt liegt auf der positiven imaginären Achse, und sein Durchmesser beträgt $\overline{0N}$. Sämtliche Widerstandszeiger, deren Pfeilspitzen auf diesem Halbkreis liegen, besitzen den gleichen Wert $X_p = -\frac{1}{B_p}$. Hier liegt also ein X_p-Kreis oder ein Kreis konstanten Blindleitwertes vor. Um für Widerstandszeiger, die in der $\left\{\begin{matrix}\text{oberen } (X_p > 0)\\ \text{unteren } (X_p < 0)\end{matrix}\right\}$ Hälfte der Widerstandsebene liegen, den zugehörigen Blindleitwert sofort ablesen zu können, wird die $\left\{\begin{matrix}\text{obere}\\ \text{untere}\end{matrix}\right\}$ Hälfte der Ebene mit einer Schar von Halbkreisen bedeckt, die sämtlich $\left\{\begin{matrix}\text{negative}\\ \text{positive}\end{matrix}\right\}$ Leitwertparameter besitzen, wie in Bild 6.10.4 zu sehen ist.

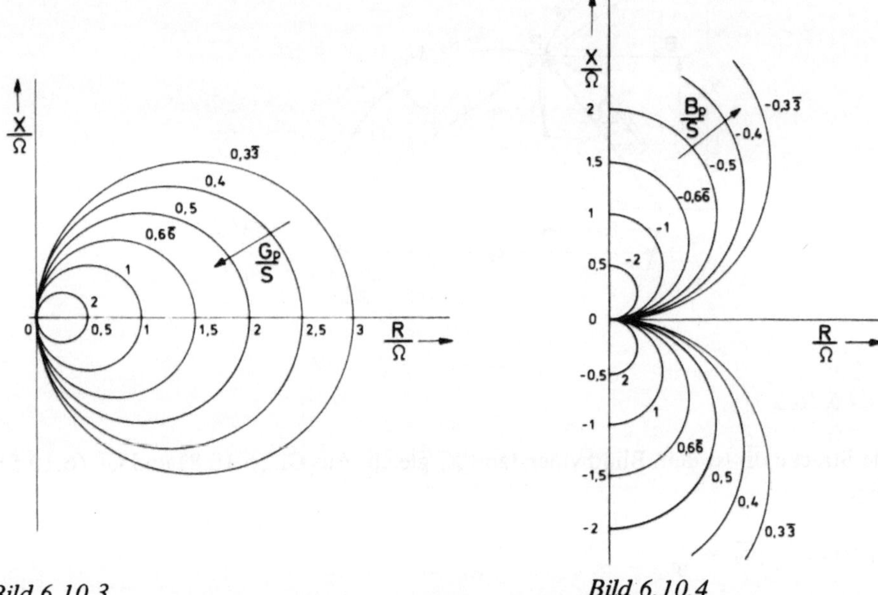

Bild 6.10.3

Bild 6.10.4

Das Einzeichnen der R_p-Kreise und X_p-Kreise in ein und dieselbe Ebene führt auf das Kreisdiagramm. Ist ein bestimmter Widerstand $(R_r + jX_r)$ gegeben, so wird im Kreisdiagramm der entsprechende $\left\{\begin{matrix}\text{Wirkleitwert}\\ \text{Blindleitwert}\end{matrix}\right\}$ der äquivalenten Parallelschaltung dadurch gefunden, daß der durch die Pfeilspitze des Widerstandszeigers verlaufende $\left\{\begin{matrix}R_p\text{-Kreis}\\ X_p\text{-Kreis}\end{matrix}\right\}$ aufgesucht wird und seine Parameter abgelesen werden.

Die umgekehrte Aufgabe, zu einer Parallelschaltung $(G_p + jB_p)$ die äquivalente Serienschaltung zu finden, läßt sich ebenfalls mit Hilfe des Kreisdiagramms lösen. Die R_p- und X_p-Kreise mit den entsprechenden Leitwertparametern werden aufgesucht. Die kartesischen Koordinaten des Schnittpunktes dieser beiden Kreise liefern den Wirk- und Blindwiderstand der gleichwertigen Reihenschaltung.

Die Größenordnung der in der Praxis am häufigsten vorkommenden Widerstandswerte bewegt sich vom Milliohmbereich bis hinauf zum Megohmbereich. Ein Kreisdiagramm, welches diesem Bereich Rechnung tragen würde, hätte erhebliche Aus-

x
2,5
2
1,5
1
0,5
0
-0,5
-1
-1,5
-2
-2,5
0,5
1
1,5
2
2,5
3
r
0,1
0,15
0,2
0,25
-0,2
-0,25
-0,3
-0,35
-0,4
-0,5
-0,6
-0,7
-0,8
-0,9
-1,0
-1,2
-2
-0,15
-0,1
0,3
0,35
0,4
0,5
0,6
0,7
0,8
0,9
1,0
1,2
2
b
g
0,5
0,4
0,35
0,3
0,25
0,2
0,15
0,1
0,25
0,2

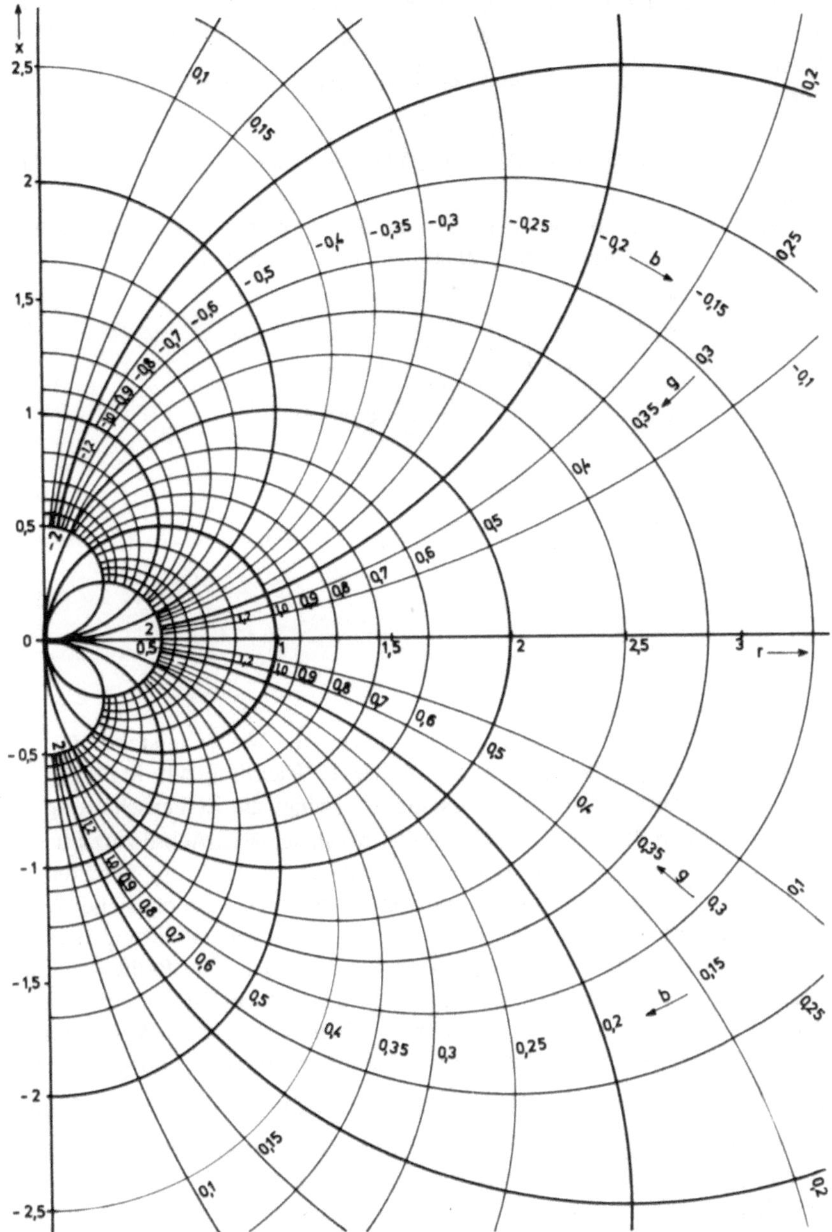

Bild 6.10.5

maße. Deshalb wird zu einem Kreisdiagramm mit normierten Bezeichnungen übergegangen (Bild 6.10.5). Durch geeignete Wahl der Bezugsgröße lassen sich die $\left\{\begin{array}{l}\text{Scheinwiderstände}\\ \text{Scheinleitwerte}\end{array}\right\}$ in den Bereich dieses Kreisdiagramms transformieren.

Nicht nur die einfachen Umwandlungsaufgaben können mit dem Kreisdiagramm durchgeführt werden, sondern auch kompliziertere Probleme lassen sich mit seiner Hilfe lösen.

Anhand von Bild 6.10.6 soll die Veränderung eines Scheinwiderstandes diskutiert werden, wie sie durch einfache Schaltmaßnahmen hervorgerufen wird. Wird bei-

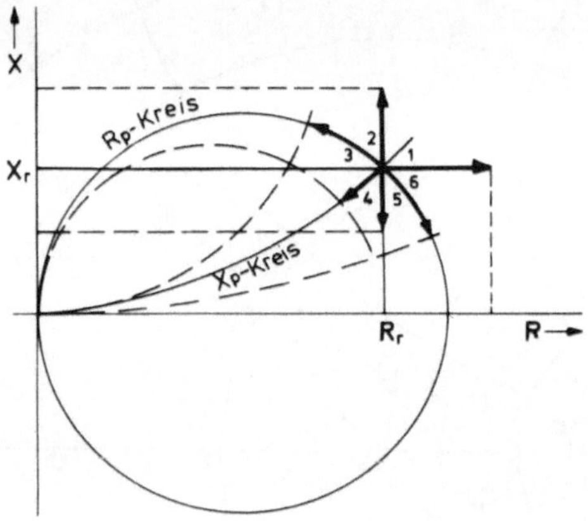

Bild 6.10.6

spielsweise zum Scheinwiderstand $(R_r + jX_r)$ ein Wirkwiderstand in Reihe geschaltet, so ist parallel zur reellen Achse in Richtung des Pfeiles 1 von $(R_r + jX_r)$ aus fortzuschreiten. Selbstverständlich zwingt die Reihenschaltung von $(R_r + jX_r)$ und einem Blindwiderstand, parallel zur imaginären Achse vorzurücken, in Richtung des Pfeiles 2, wenn dieser induktiv ist, und in Richtung des Pfeiles 5, wenn dieser kapazitiv ist. Wird dagegen parallel zu $(R_r + jX_r)$ ein ohmscher Widerstand gelegt, so ist auf dem durch den Endpunkt des Scheinwiderstandzeigers verlaufenden X_p-Kreis in Richtung des Pfeiles 4 zu wandern; denn die Reihenschaltung aus R_r und jX_r wird in Gedanken ersetzt durch die äquivalente Parallelschaltung aus R_p und jX_p, so daß sich durch Parallelschalten eines ohmschen Widerstandes nur der Wirkanteil der gesamten Parallelschaltung ändert, während X_p konstant bleibt. Außerdem ist der gesamte Wirkleitwert größer als $\frac{1}{R_p}$, so daß auf dem X_p-Kreis in Richtung zunehmenden Wirkleitwertes zu wandern ist. Schließlich soll dem Scheinwiderstand $(R_r + jX_r)$ noch ein Blindwiderstand parallelgeschaltet werden. Da der Wirkanteil der entsprechenden Parallelschaltung konstant bleibt, wird entlang des durch $(R_r + jX_r)$ verlaufenden R_p-Kreises der Scheinwiderstand der Gesamtschaltung erreicht, und zwar in Richtung des Pfeiles 3, wenn der parallelgeschaltete Blindwiderstand induktiv ist, und in Richtung des Pfeiles 6, wenn dieser kapazitiv ist.

Mit Hilfe des Kreisdiagramms wird jetzt das Problem der Widerstandstransformation gelöst. Mitunter wird die Forderung gestellt, einen Wirkwiderstand bestimmter Größe in einen Wirkwiderstand zu transformieren, der sich von dem ersteren unterscheidet. Zu diesem Zweck sollen ausschließlich Blindwiderstände verwendet werden, da diese im Idealfall verlustfrei sind und somit keine Leistung aufnehmen. Für Schaltungen, die diese Forderung erfüllen, muß der Fall der Resonanz vorliegen. Dann wird von einer *Resonanztransformation* gesprochen. Die Aufgabenstellung sei wie folgt präzisiert: Gegeben sei ein ohmscher Widerstand R_1, gesucht ist eine Schaltung mit einem Eingangswiderstand $R_2 > R_1$. Ausgehend von R_1 ist im Kreisdiagramm (Bild 6.10.7) dem durch Pfeile gekennzeichneten Weg bis R_2 zu folgen.

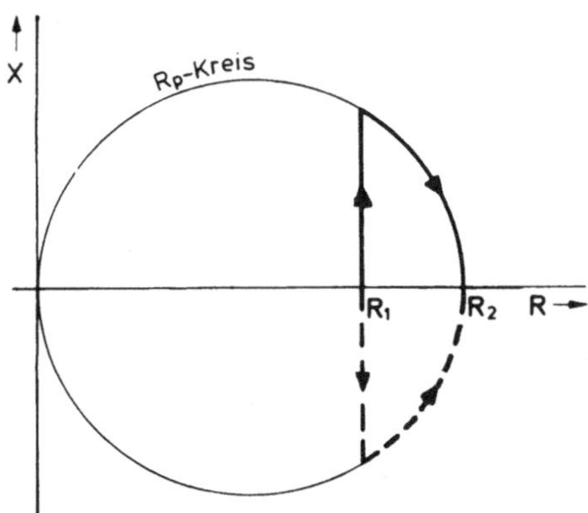

Bild 6.10.7

Elektrisch betrachtet bedeutet das, daß zu R_1 ein induktiver Blindwiderstand in Reihe geschaltet wird, und zwar von solcher Größe, daß der durch R_2 gehende R_p-Kreis erreicht wird. Parallel zu diesen Serienschaltungen wird ein kapazitiver Blindwiderstand derart gelegt, daß der gesamte Blindanteil Null wird. Damit ergibt sich die in Bild 6.10.8 gezeigte Transformationsschaltung. Die Transformationsaufgabe hätte ebensogut gelöst werden können, wenn in Bild 6.10.7 der an der reellen Achse gespiegelte Weg gewählt worden wäre (in Bild 6.10.7 gestrichelt). Die entsprechende Schaltung zeigt Bild 6.10.9.

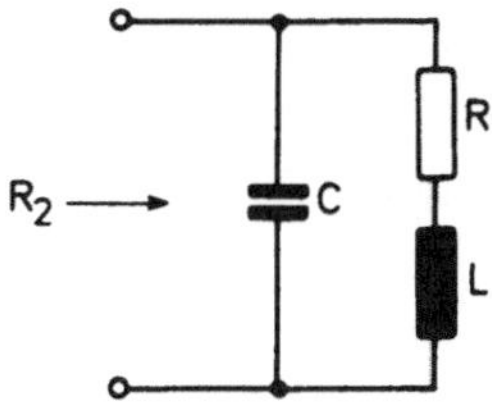

Bild 6.10.8

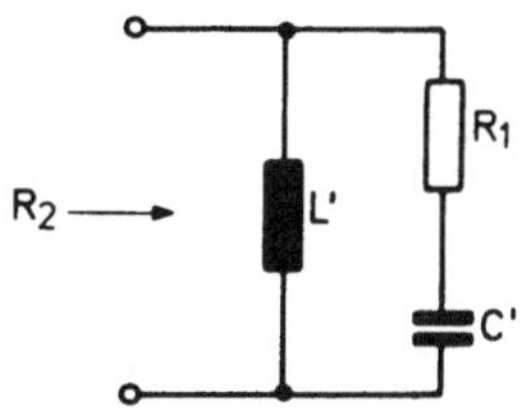

Bild 6.10.9

Der Vollständigkeit halber sei auch noch die umgekehrte Problemstellung erwähnt, nämlich einen gegebenen Wirkwiderstand R_2 in einen Wirkwiderstand $R_1 < R_2$ zu transformieren. Die Lösung ist praktisch schon in Bild 6.10.7 angegeben. Der eingezeichnete Weg ist nur entgegengesetzt zur Pfeilrichtung zu durchlaufen, so daß die Schaltung in Bild 6.10.10 die geforderte Bedingung erfüllt. Wird der Weg in Bild 6.10.7 wieder gespiegelt und entgegengesetzt zur Pfeilrichtung durchlaufen, so ergibt sich die Schaltung in Bild 6.10.11, die ebenfalls R_2 in ein $R_1 < R_2$ transformiert.

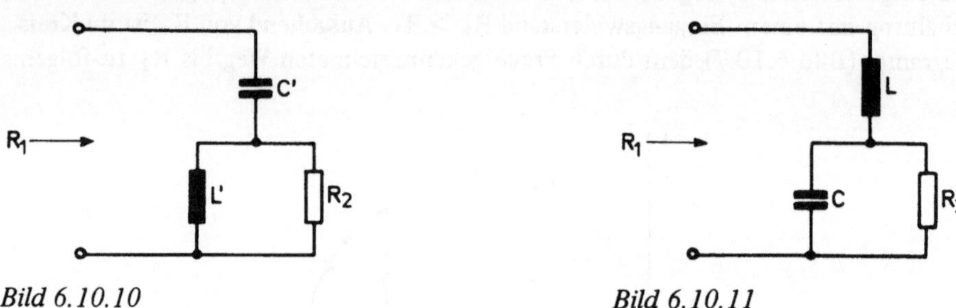

Bild 6.10.10 *Bild 6.10.11*

6.11 Leistung

6.11.1 Wirk-, Blind- und Scheinleistung

Ausgehend von der Definition der Leistung im Gleichstromkreis

(6.11.1.1) $P = U I$

wird die Leistung im Wechselstromkreis als

(6.11.1.2) $s = u i$

definiert.

Mit $u = \hat{u} \cdot \cos(\omega t + \varphi_u)$ und $i = \hat{i} \cdot \cos(\omega t + \varphi_i)$ folgt dann als Augenblickswert der Leistung

$$s = \hat{u}\,\hat{i} \cos(\omega t + \varphi_u) \cos(\omega t + \varphi_i)\,.$$

Gebrauch der Identität

$$\cos\alpha \cos\beta = \frac{1}{2}[\cos(\alpha - \beta) + \cos(\alpha + \beta)]$$

liefert die Augenblicksleistung

(6.11.1.3) $s = \frac{\hat{u}\,\hat{i}}{2}[\cos(\varphi_u - \varphi_i) + \cos(2\omega t + \varphi_u + \varphi_i)]\,,$

die aus einem Gleichanteil $\frac{\hat{u} \cdot \hat{i}}{2} \cdot \cos(\varphi_u - \varphi_i) = \frac{\hat{u} \cdot \hat{i}}{2} \cdot \cos\varphi$ mit $\varphi_u - \varphi_i = \varphi$ besteht, dem ein Wechselanteil überlagert ist. Der Wechselanteil schwingt dabei mit der doppelten Frequenz. In den Bildern 6.11.1.1, 6.11.1.2 und 6.11.1.3 sind die Augenblickswerte der Leistung für $\varphi = 0$ (Leistungsaufnahme eines ohmschen Widerstandes), $\varphi = \varphi_0$ (Leistungsaufnahme eines komplexen Widerstandes) und $\varphi = \frac{\pi}{2}$ (Leistungsaufnahme eines induktiven Blindwiderstandes) über eine volle Periode aufgezeichnet.

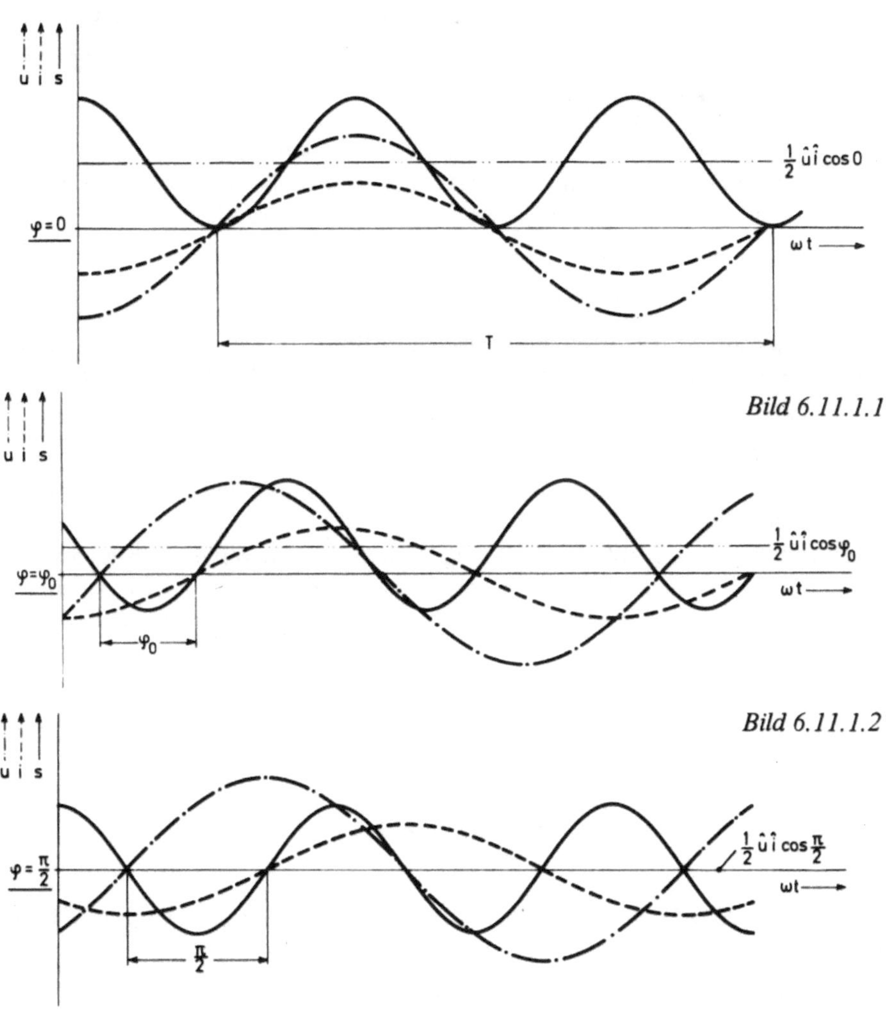

Bild 6.11.1.1

Bild 6.11.1.2

Bild 6.11.1.3

Von größerem Interesse ist der Mittelwert der Leistung, das heißt die Leistung, die im Durchschnitt aufgenommen wird. Dieser wird durch Integration der Augenblicksleistung über eine volle Periode und Division durch die Periodendauer ermittelt.

$$(6.11.1.4)\quad P=\bar{s}=\frac{1}{T}\int_{t}^{t+T} s(\tau)\,d\tau$$

$$=\frac{1}{T}\int_{t}^{t+T}\frac{\hat{u}\,\hat{i}}{2}\cos\varphi\,d\tau+\frac{1}{T}\int_{t}^{t+T}\frac{\hat{u}\,\hat{i}}{2}\cos(2\omega\tau+\varphi_u+\varphi_i)\,d\tau$$

$$=\frac{\hat{u}\,\hat{i}}{2}\cos\varphi=U\,I\cos\varphi\,.$$

P wird als *Wirkleistung* bezeichnet. Zu erkennen ist, daß die aufgenommene Wirkleistung im Falle eines ohmschen Widerstandes maximal, nämlich $P = U \cdot I$ ist. Ein rein induktiver Widerstand ($\varphi = \frac{\pi}{2}$) und ein rein kapazitiver Widerstand ($\varphi = -\frac{\pi}{2}$) nehmen dagegen keine Wirkleistung auf, weil $\cos\frac{\pi}{2} = \cos(-\frac{\pi}{2}) = 0$ ist. Betrachtet werde beispielsweise die Augenblicksleistung in Bild 6.11.1.3. Daraus folgt, daß die Augenblicksleistung von Viertelperiode zu Viertelperiode ihr Vorzeichen wechselt. Physikalisch anschaulich bedeutet dies, daß die während einer Viertelperiode ($\frac{T}{4}$) aufgenommene Leistung während der nächsten Viertelperiode wieder abgegeben wird. Wegen des periodischen Wechsels von Aufnahme und Abgabe wird diese Leistung als *Pendelleistung* bezeichnet.

Ausgehend von dem in Bild 6.11.1.4 dargestellten Effektivwertzeigerdiagramm (die Spannung $\underline{U}$ eilt dem Strom $\underline{I}$ um die Phase φ voraus) ergibt sich die in Gl. (6.11.1.4) berechnete Wirkleistung als Produkt aus U und dem Betrag der in die

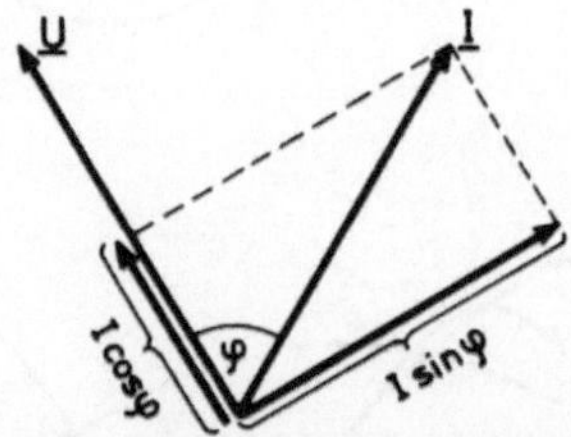

Bild 6.11.1.4

Richtung von $\underline{U}$ fallenden Komponente von $\underline{I}$. Das Produkt aus U und dem Betrag der zu $\underline{U}$ senkrechten Komponente von $\underline{I}$ wird als *Blindleistung*

$$(6.11.1.5)\quad Q = U\,I\sin\varphi$$

bezeichnet.

Der Blindleistung kommt nur eine rein formale Bedeutung zu; $\underline{U}$ und die Blindkomponente des Stromes $\underline{I}$ haben eine Phasenverschiebung von 90°, so daß die im Mittel aufgenommene Leistung tatsächlich Null ist. Neben der Blindleistung wird noch die *Scheinleistung* S definiert. Diese ist gleich dem Produkt aus U und I, also

$$(6.11.1.6) \quad S = U\,I = \sqrt{P^2 + Q^2}.$$

Auch S ist eine rein formale Rechengröße, der physikalisch gesehen keine Bedeutung zukommt. Sie dient allerdings in der Starkstromtechnik als Anhaltsgröße beim Entwurf elektrischer Maschinen. Für die Dimensionierung der Wicklungen muß der Strom I bekannt sein, während für die Dimensionierung der Magnetbleche die Spannung maßgebend ist. Das Verhältnis von Wirkleistung zu Scheinleistung

$$(6.11.1.7) \quad \frac{P}{S} = \cos\varphi$$

wird als *Leistungsfaktor* oder *Wirkfaktor* bezeichnet. Entsprechend heißt

$$(6.11.1.8) \quad \frac{Q}{S} = \sin\varphi$$

der *Blindfaktor*.

Bei der Berechnung von Wirk-, Blind- und Scheinleistung wurde ausschließlich von Wechselgrößen und deren Effektivwerten Gebrauch gemacht. Diese Größen sollen durch komplexe Größen dargestellt werden. Ausgehend von den Wechselgrößen

$$u = \hat{u}\cos(\omega t + \varphi_u) = \hat{u}\,\frac{e^{j(\omega t + \varphi_u)} + e^{-j(\omega t + \varphi_u)}}{2} = \frac{\underline{U}\,e^{j\omega t} + \underline{U}^*\,e^{-j\omega t}}{\sqrt{2}},$$

wobei $\underline{U} = \frac{\hat{u}}{\sqrt{2}} \cdot e^{j\varphi_u} = U \cdot e^{j\varphi_u}$ und $\underline{U}^* = U \cdot e^{-j\varphi_u}$ ist, und

$$i = \hat{i}\cos(\omega t + \varphi_i) = \hat{i}\,\frac{e^{j(\omega t + \varphi_i)} + e^{-j(\omega t + \varphi_i)}}{2} = \frac{\underline{I}\,e^{j\omega t} + \underline{I}^*\,e^{-j\omega t}}{\sqrt{2}},$$

wobei $\underline{I} = \frac{\hat{i}}{\sqrt{2}} \cdot e^{j\varphi_i} = I \cdot e^{j\varphi_i}$ und $\underline{I}^* = \underline{I} \cdot e^{-j\varphi_i}$ ist, ergibt sich als Mittelwert der Augenblicksleistung die Wirkleistung

$$(6.11.1.9)\quad P = \frac{1}{T}\int_t^{t+T} \frac{\underline{U}\,e^{j\omega\tau} + \underline{U}^*\,e^{-j\omega\tau}}{\sqrt{2}}\;\frac{\underline{I}\,e^{j\omega\tau} + \underline{I}^*\,e^{-j\omega\tau}}{\sqrt{2}}\,d\tau$$

$$= \frac{\underline{U}\,\underline{I}^* + \underline{U}^*\,\underline{I}}{2}\,.$$

Wird $\underline{S} = \underline{U} \cdot \underline{I}^*$ gesetzt, so ist wegen $\underline{S}^* = \underline{U}^* \cdot \underline{I}$ und $\mathrm{Re}\{\underline{S}\} = \frac{1}{2} \cdot (\underline{S} + \underline{S}^*)$

$$(6.11.1.10)\quad P = \mathrm{Re}\{\underline{S}\} = \mathrm{Re}\{\underline{U}\,\underline{I}^*\} = \mathrm{Re}\{U\,e^{j\varphi_u}\,I\,e^{-j\varphi_i}\}$$

$$= U\,I\cos\varphi = S\cos\varphi.$$

Die Wirkleistung läßt sich also als Realteil der komplexen Scheinleistung

$$(6.11.1.11)\quad \underline{S} = \underline{U}\,\underline{I}^*$$

darstellen. Wird dagegen der Imaginärteil von $\underline{S}$ gebildet,

$$(6.11.1.12)\quad \mathrm{Im}\{\underline{S}\} = \frac{1}{2j}\,(\underline{S} - \underline{S}^*) = \frac{\underline{U}\,\underline{I}^* - \underline{U}^*\,\underline{I}}{2j} = \mathrm{Im}\,\{\underline{U}\,\underline{I}^*\}$$

$$= \mathrm{Im}\{U\,e^{j\varphi_u}\,I\,e^{-j\varphi_i}\} = U\,I\sin\varphi = S\sin\varphi = Q,$$

so stimmt dieser mit der Blindleistung Q überein. Für die komplexe Scheinleistung ergibt sich damit die Form

$$(6.11.1.13)\quad \underline{S} = P + jQ = S\,e^{j\varphi}.$$

Dadurch, daß als Scheinleistung $\underline{S} = \underline{U} \cdot \underline{I}^*$ gewählt wurde, wird die Blindleistung im Falle eines induktiven Widerstandes ($\varphi = \varphi_u - \varphi_i > 0$) positiv. Ebensogut hätte als Scheinleistung $\underline{S} = \underline{U}^* \cdot \underline{I}$ definiert werden können. Das hätte nur Konsequenzen für die Blindleistung, weil dann nämlich

$$(6.11.1.14)\quad Q = \frac{\underline{U}^*\,\underline{I} - \underline{U}\,\underline{I}^*}{2j} = \mathrm{Im}\{U\,e^{-j\varphi_u}\,I\,e^{j\varphi_i}\} = U\,I\sin(-\varphi)$$

negativ im Falle eines induktiven und positiv im Falle eines kapazitiven Widerstandes ist.

Die Wirkleistung wird wie gewohnt in Watt (W) angegeben. Die Blind- und Scheinleistung soll zur Unterscheidung in Volt-Ampere (VA) angegeben werden, um anzudeuten, daß es sich um rein formale Rechengrößen handelt.

6.11.2 Leistungsmessung

Im Gleichstromkreis konnte die aufgenommene Leistung durch eine Spannungs- und Strommessung bestimmt werden. Diese Methode langt im Wechselstromkreis aber nur zur Scheinleistungsmessung. Um die Wirkleistung festzustellen, muß auf einen Leistungsmesser zurückgegriffen werden, der in der Lage ist, den geforderten Mittelwert anzuzeigen. Ein solcher ist das bereits bekannte elektrodynamische, *eisenlose* Meßgerät. Durch die feststehende Spule wird der zu messende Strom geschickt, an die in der ortsfesten Spule drehbar gelagerte Spule wird die Spannung angelegt. Der Augenblickswert des Drehmomentes (siehe Gl. (4.5.11)) ist

(6.11.2.1) $M = k\,u\,i \sin \alpha.$

Durch konstruktive Maßnahmen kann für einen gewissen Drehbereich erreicht werden, daß die Induktionslinien die Leiter der Drehspule senkrecht schneiden, so daß $\sin \alpha = 1$ (Bild 6.11.2.1) ist.

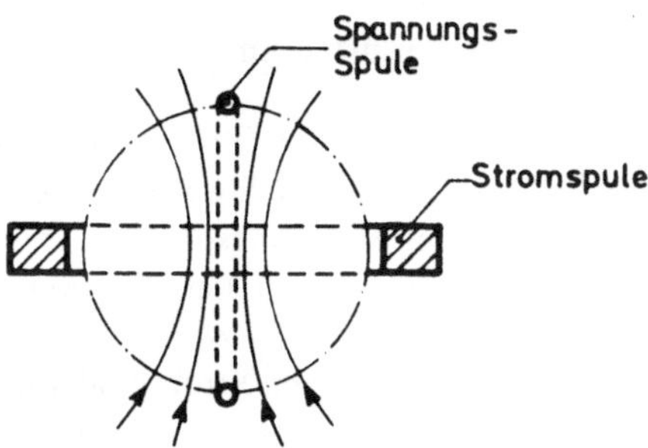

Bild 6.11.2.1

Die Stromspule wird flach ausgeführt. Die magnetischen Feldlinien bilden angenähert Kreise, die orthogonal zu dem Kreis sind, auf dem sich die Leiter der Spannungsspule bewegen.

Eine andere Ausführung ist das *eisengeschlossene* Meßgerät. Dies ist praktisch ein Drehspulinstrument; anstelle des Dauermagneten, der die Polschuhe miteinander verbindet, wird hier ein Elektromagnet verwendet. Durch die Wicklung des Elektromagneten fließt der Meßstrom. Der Augenblickswert des Drehmomentes ist auch hier

(6.11.2.2) $M = k\,u\,i\,.$

Das Meßgerät soll natürlich nur den Mittelwert des Drehmomentes anzeigen.

$$(6.11.2.3)\quad \overline{M} = \frac{1}{T}\int_{t}^{t+T} k\,u\,i\,d\tau = \frac{1}{T}\int_{t}^{t+T} k\,U\,I\,[\cos\varphi + \cos(2\omega\tau + \varphi_u + \varphi_i)]\,d\tau$$

$$= k\,U\,I\cos\varphi = k\,P.$$

Wächst das Rückstellmoment linear mit dem Drehwinkel an, so ist der Zeigerausschlag proportional zur Wirkleistung.
Die Bilder 6.11.2.2 und 6.11.2.3 zeigen die grundsätzlichen Schaltungen zur Wirkleistungsmessung.

Bild 6.11.2.2 *Bild 6.11.2.3*

Jedes Meßgerät braucht zur Anzeige eine gewisse Leistung. Beim Leistungsmesser setzt sich der Eigenverbrauch aus Verlusten im Spannungspfad und im Strompfad zusammen.
In Bild 6.11.2.2 wird die Spannung vor dem Strompfad abgegriffen. Die von der Spannungsquelle abgegebene Leistung ist gleich der vom Leistungsmesser angezeigten Leistung plus Eigenverbrauch im Spannungspfad. Die vom Verbraucher aufgenommene Leistung ist gleich der angezeigten Leistung minus Eigenverbrauch im Strompfad.
In Bild 6.11.2.3 wird die Spannung hinter dem Strompfad abgegriffen. Auch hier ist die von der Spannungsquelle abgegebene Leistung größer als die angezeigte, die angezeigte ihrerseits aber größer als die vom Verbraucher aufgenommene Leistung.

6.11.3 Leistungsanpassung

Eine Spannungsquelle mit der Quellenspannung $\underline{U}_0$ und dem komplexen Innenwiderstand $\underline{Z}_i$ soll durch einen Scheinwiderstand $\underline{Z}$ belastet werden (Bild 6.11.3.1). Es soll jetzt untersucht werden, wie $\underline{Z}$ beschaffen sein muß, damit die der Stromquelle entzogene Wirkleistung maximal ist.

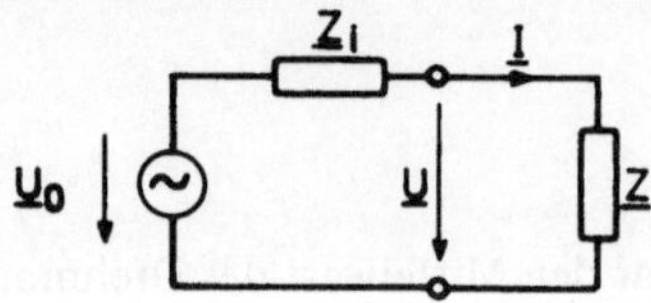

Bild 6.11.3.1

Der Gl. (6.11.1.10) zufolge ist

(6.11.3.1) $P = \mathrm{Re}\{\underline{U}\,\underline{I}^*\}$.

Bei einer Klemmenspannung $\underline{U} = \underline{U}_0 \cdot \frac{\underline{Z}}{\underline{Z} + \underline{Z}_i}$ und einem Strom $\underline{I} = \frac{\underline{U}_0}{\underline{Z} + \underline{Z}_i}$ ergibt sich die Wirkleistung zu

(6.11.3.2) $$P = \mathrm{Re}\left\{\frac{|\underline{U}_0|^2\,\underline{Z}}{|\underline{Z} + \underline{Z}_i|^2}\right\} = \frac{|\underline{U}_0|^2\,R}{(R + R_i)^2 + (X + X_i)^2} \quad \text{mit} \quad \left\{\begin{matrix}\underline{Z} = R + jX \\ \underline{Z}_i = R_i + jX_i\end{matrix}\right\}.$$

Gl. (6.11.3.2) stellt eine Funktion von zwei Veränderlichen, nämlich R und X, dar. Eine notwendige Bedingung dafür, daß die Wirkleistung ein Maximum besitzt, ist die Existenz der beiden Gleichungen

(6.11.3.3) $$\frac{\partial P}{\partial R} = 0$$

und

(6.11.3.4) $$\frac{\partial P}{\partial X} = 0\,.$$

Gl. (6.11.3.3) läßt sich für

(6.11.3.5) $$R^2 = R_i{}^2 + (X + X_i)^2$$

erfüllen und Gl. (6.11.3.4) für

(6.11.3.6) $$X = -X_i\,.$$

Wird Gl. (6.11.3.6) noch in Gl. (6.11.3.5) eingesetzt, so ergibt sich

(6.11.3.7) $$R = R_i\,.$$

Die Werte $R = R_i$ und $X = -X_i$ erfüllen außerdem noch die hinreichende Bedingung für ein Maximum, nämlich die Ungleichung

$$\frac{\partial^2 P(R_i, -X_i)}{\partial R^2}\;\frac{\partial^2 P(R_i, -X_i)}{\partial X^2} > \frac{\partial^2 P(R_i, -X_i)}{\partial R\,\partial X}$$

mit $\frac{\partial^2 P}{\partial R^2} < 0$ und $\frac{\partial^2 P}{\partial X^2} < 0$.

$X = -X_i$ bedeutet Reihenresonanz, und $R = R_i$ heißt, daß der Wirkwiderstand an den inneren Wirkwiderstand angepaßt ist. Es muß also

(6.11.3.8) $\underline{Z} = \underline{Z}_i^*$

sein. Der Maximalwert der Wirkleistung beträgt

(6.11.3.9) $P_{max} = \frac{|\underline{U}_0|^2}{4\,R_i}$.

Wird Gl. (6.11.3.2) durch diesen Maximalwert dividiert, so folgt die normierte Wirkleistung

(6.11.3.10) $\frac{P}{P_{max}} = \frac{4\,R\,R_i}{(R+R_i)^2 + (X+X_i)^2} = \frac{4\,\frac{R}{R_i}}{\left(1+\frac{R}{R_i}\right)^2 + \left(\frac{X+X_i}{R_i}\right)^2}$.

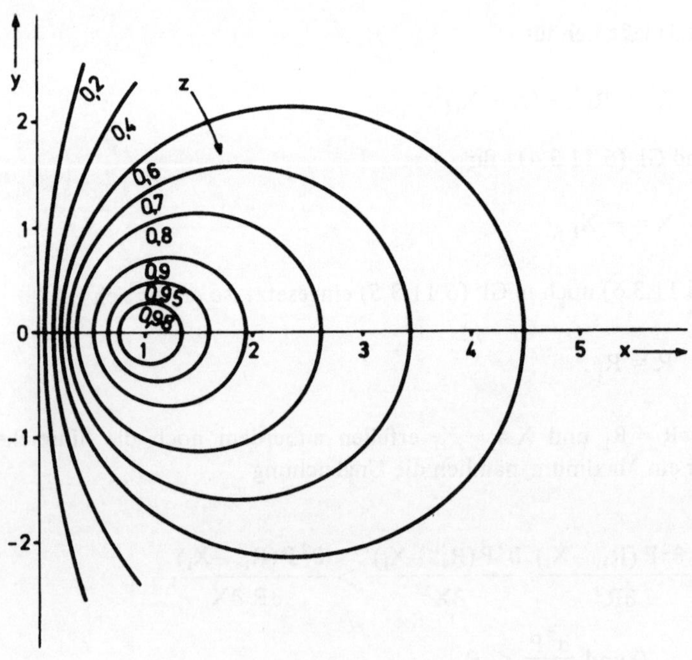

Bild 6.11.3.2

Wie sich zeigen wird, sind die Kurven konstanter normierter Wirkleistung Kreise. Zu diesem Zweck werden die folgenden Abkürzungen angeführt:

$$z = \frac{P}{P_{max}}, \quad x = \frac{R}{R_i} \quad \text{und} \quad y = \frac{X + X_i}{R_i},$$

so daß Gl. (6.11.3.10) jetzt

$$(6.11.3.11) \; z = \frac{4x}{(1 + x)^2 + y^2}$$

lautet. Durch entsprechende Umformung ergibt sich daraus die Kreisgleichung

$$(6.11.3.12) \; \left[x - \left(\frac{2}{z} - 1\right)\right]^2 + y^2 = \frac{4}{z}\left(\frac{1}{z} - 1\right) .$$

Bild 6.11.3.2 zeigt einige Kreise, gekennzeichnet durch die zugehörigen Parameterwerte $z = \frac{P}{P_{max}}$. Diese Kreise sind leicht als Höhenlinien eines Bergkegels vorstellbar. Die Bergkuppe ist dabei relativ flach. Es muß also nicht streng Anpassung der Wirkwiderstände und Reihenresonanz vorliegen, um der Spannungsquelle eine optimale Wirkleistung zu entziehen. Im übrigen gilt hier dasselbe wie im Gleichsstromnetz: Die Anpassung ist nur dort von Interesse, wo die Leistungsübertragung nicht Selbstzweck ist, denn kein Elektrizitätswerk denkt daran, mit einem Wirkungsgrad von 50% zu arbeiten.

Literaturverzeichnis

Bosse, G., Grundlagen der Elektrotechnik I, BI-Hochschultaschenbücher 182, 1966.

Küpfmüller, K., Einführung in die Theoretische Elektronik. Springer-Verlag, Berlin.

Lunze, K./Wagner, E., Einführung in die Elektrotechnik, Teil I. VEB Verlag Technik, Berlin.

Moeller, F., Grundlagen der Elektrotechnik. B. G. Teubner Verlagsges., Stuttgart.

Oberdorfer, G., Lehrbuch der Elektrotechnik, 1. Band. R. Oldenbourg-Verlag, München.

Philippow, E., Grundlagen der Elektrotechnik. A. V. G. Geest & Portig KG, Leipzig.

Reth/Kruschwitz, Grundlagen der Elektrotechnik. Vieweg Verlag, Braunschweig.

Simonyi, K., Grundgesetze des elektromagnetischen Feldes. VEB Deutscher Verlag der Wissenschaften, Berlin.

Formelsammlung

Konstanten

Elektrische Feldkonstante	$\epsilon_0 \approx 8{,}855\ \mathrm{pFm^{-1}} \cong \frac{1}{36\pi} \cdot 10^{-11}\ \mathrm{As\,V^{-1}\,cm^{-1}}$
Magnetische Feldkonstante	$\mu_0 = 1{,}2566\ \mu\mathrm{Hm^{-1}} = 0{,}4\,\pi \cdot 10^{-8}\ \mathrm{Vs\,A^{-1}\,cm^{-1}}$
Elementarladung	$e = 1{,}602 \cdot 10^{-19}\ \mathrm{As}$
Ruhemasse des Elektrones	$m_e = 9{,}11 \cdot 10^{-31}\ \mathrm{kg}$
Erdbeschleunigung (Normalwert)	$g = 9{,}80665\ \mathrm{ms^{-2}}$
Lichtgeschwindigkeit im leeren Raum	$c = 2{,}99792458 \cdot 10^8\ \mathrm{ms^{-1}}$ $c \approx 3 \cdot 10^8\ \mathrm{ms^{-1}}$

Einheiten

$1\ \mathrm{dyn} = 1\ \mathrm{g\,cm\,s^{-2}}$

$1\ \mathrm{p} = 981\ \mathrm{dyn}$

$1\ \mathrm{N} = 10^5\ \mathrm{dyn} = 1\ \mathrm{VAs\,m^{-1}}$

$1\ \mathrm{J} = 1\ \mathrm{VAs} = 1\ \mathrm{Ws} = 1\ \mathrm{Nm}$

$1\ \mathrm{PS} = 75\ \mathrm{mkgs^{-1}} = 0{,}736\ \mathrm{kW}$

$1\ \mathrm{Wb} = 1\ \mathrm{Vs} = 10^8\ \mathrm{M}$

$1\ \mathrm{T} = 1\ \mathrm{Vs\,m^{-2}} = 10^4\ \mathrm{G}$

Mathematische Formeln

Trigonometrische und hyperbolische Funktionen

$$\sin x = \frac{e^{jx} - e^{-jx}}{2j}, \quad \cos x = \frac{e^{jx} + e^{-jx}}{2}, \quad \cos^2 x + \sin^2 x = 1$$

$$\sin(x \pm y) = \sin x \cos y \pm \sin y \cos x; \quad \cos(x \pm y) = \cos x \cos y \mp \sin x \sin y$$

$$\sinh x = \frac{e^{x} - e^{-x}}{2}, \quad \cosh x = \frac{e^{x} + e^{-x}}{2}, \quad \cosh^2 x - \sinh^2 x = 1$$

$$\sinh(x \pm y) = \sinh x \cosh y \pm \sinh y \cosh x$$

$$\cosh(x \pm y) = \cosh x \cosh y \pm \sinh x \sinh y$$

Ableitungen und Integrale

$$\frac{d}{dx} \sin x = \cos x, \quad \frac{d}{dx} \cos x = -\sin x$$

$$\frac{d}{dx} e^{x} = e^{x}; \quad \frac{d}{dx} \ln x = \frac{1}{x} \text{ für } x > 0; \quad \frac{d}{dx} x^{n} = n\, x^{n-1}$$

$$\int \sin x\, dx = -\cos x + c, \quad \int \cos x\, dx = \sin x + c$$

$$\int e^{x} dx = e^{x} + c, \quad \int \frac{dx}{x} = \ln x + c, \quad \int x^{n} dx = \frac{x^{n+1}}{n+1} + c \quad n \neq -1$$

Wechselstrom

Serien-Parallelumwandlung

$$R_p = R_r + \frac{X_r^2}{R_r}, \quad X_p = X_r + \frac{R_r^2}{X_r}$$

$$R_r = \frac{R_p X_p^2}{R_p^2 + X_p^2}, \quad X_r = \frac{R_p^2 X_p}{R_p^2 + X_p^2}$$

Stern-Dreieckumwandlung

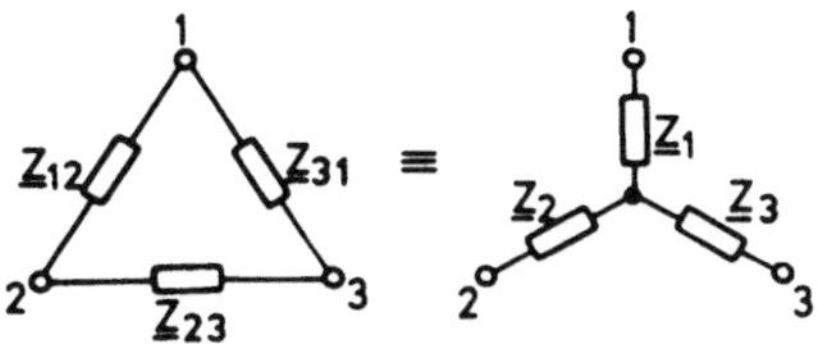

$$\underline{Z}_1 = \frac{\underline{Z}_{12}\,\underline{Z}_{31}}{\underline{Z}_{12} + \underline{Z}_{23} + \underline{Z}_{31}} \quad ; \quad \underline{Z}_{12} = \underline{Z}_1 + \underline{Z}_2 + \frac{\underline{Z}_1\,\underline{Z}_2}{\underline{Z}_3}$$

$$\underline{Z}_2 = \frac{\underline{Z}_{12}\,\underline{Z}_{23}}{\underline{Z}_{12} + \underline{Z}_{23} + \underline{Z}_{31}} \quad ; \quad \underline{Z}_{23} = \underline{Z}_2 + \underline{Z}_3 + \frac{\underline{Z}_2\,\underline{Z}_3}{\underline{Z}_1}$$

$$\underline{Z}_3 = \frac{\underline{Z}_{23}\,\underline{Z}_{31}}{\underline{Z}_{12} + \underline{Z}_{23} + \underline{Z}_{31}} \quad ; \quad \underline{Z}_{31} = \underline{Z}_3 + \underline{Z}_1 + \frac{\underline{Z}_3\,\underline{Z}_1}{\underline{Z}_2}$$

Leistung im Einphasennetz

$$\underline{S} = S\, e^{j\varphi} = \underline{U}\,\underline{I}^* = P + jQ, \quad P = \mathrm{Re}\{\underline{S}\} = U\,I\cos\varphi, \quad Q = \mathrm{Im}\{\underline{S}\} = \underline{U}\,\underline{I}\sin\varphi$$

$$\varphi = \varphi_u - \varphi_i$$

Sachwortverzeichnis